Baumaschinen und Baueinrichtungen

Dritter Band

Baumaschinen und Baueinrichtungen

Von

Professor Dr.-Ing. habil. O. Walch
ehem. Unesco Expert at The Indian Institute of Technology, Kharagpur/Indien

Dritter Band
Übungsbeispiele

Mit 84 Abbildungen

Springer-Verlag

Berlin / Göttingen / Heidelberg

1958

ISBN 978-3-540-02348-7   ISBN 978-3-642-92751-5 (eBook)
DOI 10.1007/ 978-3-642-92751-5

Vorwort

Nachdem im ersten Band die einzelnen Baumaschinen und im zweiten
Band die allgemeinen Probleme der Baueinrichtung behandelt worden
sind, werden im hier vorliegenden dritten Band Übungsbeispiele gebracht,
um zu zeigen, welche Aufgaben bei der Bearbeitung von Baueinrichtungen
zu lösen sind. Es handelt sich zum Teil um theoretische Aufgaben, in
verschiedenen Fällen sind aber die Aufgaben der Praxis entliehen, jedoch
teilweise etwas vereinfacht worden.

Die Erfahrung hat gezeigt, daß es keineswegs genügt, Vorlesungen
über Baueinrichtungen zu hören. Wichtiger ist es noch, daß der Student,
oder junge Ingenieur im Seminar, aber auch im Ingenieurbüro an solche
Aufgaben herangeführt wird; denn erst dann wird er erkennen, welche
Schwierigkeiten vorhanden sind und wie ihnen begegnet werden kann.

Es ist im Rahmen eines Buches nicht möglich, über alle in Betracht
kommenden Probleme Aufgaben zu stellen. Der Verfasser hat sich bewußt auf einige Gebiete beschränkt, und auch in diesen Fällen war es
nur möglich, einzelne Beispiele herauszugreifen, die aber nicht eine er-
schöpfende Behandlung des ganzen in Betracht kommenden Fragen-
komplexes darstellen können.

Es wird so mancher Wunsch nach einem Beispiel unerfüllt bleiben,
dessen ist sich auch der Verfasser bewußt. Er hat es jedoch für richtiger
gehalten, wenige Beispiele zu bringen, sie dafür aber weitgehend durch-
zuarbeiten, um alle Schwierigkeiten diskutieren zu können.

Der Verfasser hofft, daß dieser Versuch, durch Übungsbeispiele viele
der besonders im zweiten Band aufgeworfenen Probleme zu klären, erfolgreich ist. Im übrigen ist er gern bereit, Verbesserungsvorschläge ent-
gegenzunehmen und Anregungen Folge zu leisten.

Bei den Kostenberechnungen konnten nur einige Beispiele für einzelne
Fragen herausgegriffen werden. Es war aber nicht möglich – und auch
nicht eine Aufgabe des vorliegenden Buches – auf Einzelfragen der Kalkulation einzugehen.

Bei Beendigung der Arbeiten für das gesamte Werk dankt der Verfasser nochmals allen Firmen und Behörden, die ihn durch Überlassung
von Material unterstützt haben, ebenso wie auch dem Springer-Verlag
dafür gedankt sei, daß er auch dem dritten Band die gleiche gute Aus-
stattung zukommen ließ wie den ersten Bänden.

Berlin, im April 1958   **Otto Walch**

Inhaltsverzeichnis

Einleitung

Bei der Einrichtung von Baustellen können zwei verschiedene Fälle unterschieden werden:

a) Der Unternehmer hat alle Geräte, die zur Durchführung der Bauarbeiten erforderlich sind, in seinem Besitz und sie sind für die vorliegende Aufgabe verfügbar bzw. sie können dafür rechtzeitig freigemacht werden.

b) Der Unternehmer hat die Geräte nicht in seinem Besitz oder sie sind nicht frei und können auch nicht rechtzeitig freigemacht werden. Die Geräte müssen daher neu beschafft werden.

In der Praxis kann der Fall a) sehr wohl vorkommen, insbesondere wenn man über die Beschaffung kleinerer Geräte hinwegsieht. Der Fall b) wird kaum vorkommen, denn ein Unternehmer, der alle Geräte neu beschaffen muß, kann in verschiedener Beziehung nicht mit einem Unternehmer konkurrieren, der über das notwendige Gerät verfügt. Mit Rücksicht auf die Lieferzeiten für neue Geräte kann er vielleicht nicht einmal die Arbeiten so frühzeitig beginnen, wie das vom Bauherrn gefordert wird. Der häufigste Fall ist aber, daß ein Unternehmer zu dem vorhandenen Gerät zusätzliche Neuanschaffungen vornehmen muß, um ein neues Bauvorhaben in Angriff nehmen zu können. Er wird also, soweit wie nur irgend möglich, vorhandenes Gerät einsetzen und nur zusätzliches Gerät kaufen, soweit sich dies nicht vermeiden läßt.

So ist dem eine Baueinrichtung entwerfenden Ingenieur im allgemeinen die Aufgabe gestellt, soweit irgend möglich, den Einsatz vorhandenen Gerätes vorzusehen. Es kann aber sehr wohl der Fall sein, daß vorhandenes Gerät für die vorliegende neue Aufgabe nicht besonders geeignet ist. Ein neues moderneres Gerät, mit dem sich höhere Leistungen erzielen lassen, mag im Betrieb billiger sein. In einem solchen Fall muß untersucht werden, was die günstigere Lösung ist, Verwendung des vorhandenen Gerätes oder Beschaffung einer neuen Maschine. Doch wird mancher Unternehmer gezwungen sein, vorhandenes Gerät einzusetzen, auch wenn eine solche Untersuchung zugunsten der Beschaffung eines neuen Gerätes spricht, da der Unternehmer vielleicht eine gewisse Unwirtschaftlichkeit lieber in Kauf nimmt als neues Kapital festlegt. Es ist auch der Fall denkbar, daß ein Unternehmer gezwungen ist, das vorhandene Gerät zu verwenden oder auf die Abgabe des Angebotes zu verzichten, da er nicht die Mittel zu einer Neubeschaffung zur Verfügung hat.

Aber selbst wenn neues Gerät beschafft werden soll, muß man überlegen, ob es richtig ist, die Anschaffung vorzunehmen nur unter dem Gesichtspunkt der jetzt gerade vorliegenden Aufgabe. In den allermeisten Fällen ist es richtiger, ein Gerät nicht nur für eine bestimmte Aufgabe zu kaufen, sondern ein Gerät, das für viele Zwecke im Bau verwendet werden kann. Ein bekanntes Beispiel dieser Art sind die Geräte für die Einbringung einer Tondichtung in einem Kanal. Eine große Anzahl solcher meist als fahrbare Brücken ausgebildeter Geräte ist von verschiedenen Firmen – Baufirmen und auch von Maschinenfabriken – gebaut worden. Selbst wenn sie sich bewährt haben – und das kann man nicht von allen Konstruktionen behaupten – konnten sie am Ende der Bauzeit nicht wieder verwendet werden, denn einmal werden nicht so viele Kanäle gebaut, daß ein Unternehmer damit rechnen kann, einen ähnlichen Auftrag zu bekommen, und wenn er wirklich einen solchen Auftrag bekam, waren die Abmessungen des Kanals nicht die gleichen wie im ersten Fall und so mußte das Gerät vollkommen umgebaut werden. So ging es mit vielen Neukonstruktionen von Spezialgeräten. Man sollte nicht vergessen, daß es sich im Bauwesen nicht um Massenherstellungen handelt, sondern daß jede Aufgabe anders geartet ist.

Was hier für ein bestimmtes Beispiel gesagt wurde, gilt allgemein. Man soll ein neues Gerät nicht unter dem Gesichtspunkt kaufen, daß es für eine bestimmte Bauaufgabe besonders gut geeignet ist, sondern man soll im Auge behalten, daß ein Gerät später für neue Aufgaben, die man nicht kennt, ebenfalls verwendbar sein muß.

Wenn man annimmt, daß in sehr vielen Fällen ein Unternehmer vorhandenes Gerät einsetzen muß oder neues Gerät beschafft werden soll, das für viele Zwecke verwendbar sein muß, so besteht die Aufgabe für den die Baueinrichtung entwerfenden Ingenieur nicht darin, herauszufinden, was ist das in diesem besonderen Fall zweckmäßigerweise einzusetzende Gerät, vielmehr muß er untersuchen, ob das vorhandene Gerät ohne allzugroße Nachteile eingesetzt werden kann. Nur wenn der Einsatz der vorhandenen Geräte technisch nicht möglich oder wirtschaftlich sehr ungünstig ist, wird ein Unternehmer sich zu einer Neubeschaffung bereitfinden, wenn er dazu im Hinblick auf die aufzuwendenden Mittel in der Lage ist.

Unter Berücksichtigung dieses Gesichtspunktes sollen im folgenden verschiedene Beispiele und Übungsaufgaben durchgearbeitet werden. Die Aufgabe wird daher meistens sein, einen Entwurf aufzustellen unter Benutzung vorhandener Geräte. In vereinzelten Fällen ist zu untersuchen, ob die Vorteile neuer Geräte so groß sind, daß eine Neubeschaffung gerechtfertigt ist oder welches Gerät vorteilhafterweise neu beschafft wird unter Berücksichtigung der Möglichkeit einer späteren Wiederverwendung, wenn der Unternehmer neue Geräte kaufen will, um seinen Gerätepark zu ergänzen und zu vergrößern.

Es sollen im folgenden unter Anlehnung an die Einteilung des I. und II. Bandes Aufgaben gelöst werden für die Einrichtung von Baustellen verschiedener Art.

Es ist nicht möglich, im Rahmen eines Buches zu zeigen, wie der Entwurf für eine vollständige Einrichtung eines großen Bauvorhabens aufgestellt wird. Es ist dies auch nicht nötig, da es viel instruktiver ist, einzelne Teilentwürfe zu behandeln, wie z.B. eine Baueinrichtung für den Erdaushub einer Baugrube usw.

Eine weitere Schwierigkeit bei der Behandlung solcher Aufgaben sind die wirtschaftlichen Untersuchungen. Ohne Kenntnis der örtlichen Verhältnisse läßt sich eine Kostenberechnung nicht ausführen. Es ist daher bei solchen Übungsaufgaben nicht möglich, eine exakte Kostenberechnung durchzuführen. Immerhin ist es aber möglich, zu zeigen, welche Untersuchungen in einem praktischen Fall anzustellen sind und wie man zweckmäßigerweise vorgeht.

Wie jeder Bauingenieur weiß, sind in allen Fällen verschiedene Lösungen für den Entwurf einer Baueinrichtung möglich und es ist oft nicht zu entscheiden, welche Lösung die beste ist. Man sieht dies deutlich, wenn man die Angebote verschiedener gleichwertiger Firmen für ein und dasselbe Bauvorhaben durcharbeitet. Eine Firma führt den Aushub mit einem Löffelbagger durch, eine andere zieht Eimerseilbagger vor. Bei Betonarbeiten verwendet ein Unternehmer eine kontinuierlich arbeitende Mischmaschine, während ein anderer satzweise Mischung für besser hält. Wenn es schon nicht in der Praxis möglich ist, die beste Lösung eindeutig zu bestimmen, um so weniger ist dies bei Übungsbeispielen der Fall. Die hier behandelten Beispiele erheben daher keinen Anspruch darauf, die beste Lösung zu zeigen, vielmehr sollen sie nur dazu dienen, die verschiedenen Möglichkeiten für eine Lösung aufzudecken und die Arbeitsweise beim Aufstellen eines Entwurfes einer Baueinrichtung klarzumachen.

I. Beispiele für die Einrichtung und Durchführung von Erd- und Felsarbeiten

(Zu Bd. I, Abschn. I, S. 4–129, und Bd. II, S. 31–37)

A. Erdaushub aus tiefen, räumlich beschränkten Baugruben

Es handelt sich hier um ein in der Praxis häufig auftretendes Problem. Bei der Fundierung von Gebäuden, insbesondere Fabrikbauten und Bau-

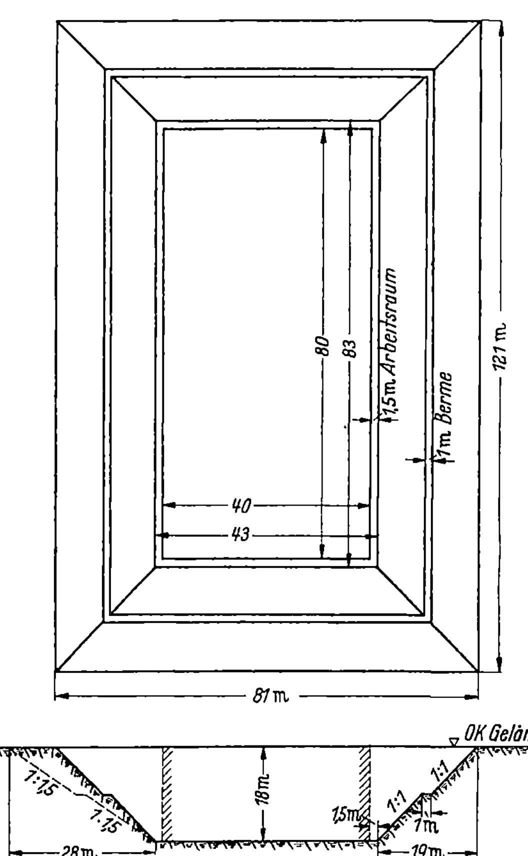

Abb. 1. Lageplan und Querschnitt der auszuhebenden Baugrube

werken verschiedener Art für moderne Industrieanlagen sind oft tiefe Fundierungen nötig, um verschiedene Gebäudeteile, die unter Gelände-
·oberkante liegen müssen, unterbringen zu können. In all diesen Fällen

handelt es sich um Baugruben, deren Längen- und Breitenabmessungen verhältnismäßig gering sind, wo aber Tiefen von 20 m und mehr erreicht werden müssen.

Aufgabe 1. Einsatz von Greifbaggern

Ein Gebäude für eine Industrieanlage ist 18 m unter Gelände zu gründen. Die Abmessungen des im Grundriß rechteckigen Gebäudes sind 40×80 m (Abb. 1).

Das Problem soll unter folgenden Annahmen untersucht werden:

1a. Das Grundwasser steht tiefer als die Gründungssohle. Der Aushub kann daher im Trockenen ausgeführt werden.

1b. Das Grundwasser steht 6 m über der Gründungssohle an.

2. Der Aushub soll unter Anordnung von Böschungen durchgeführt werden. Es ist also hier nicht zu untersuchen, ob eine Umschließung der Baugrube durch Spundwände günstiger ist oder nicht. Die Böschungsneigung soll

a) unter 1:1 und
b) unter 1:1,5 angenommen werden.

3. Der Abtransport des ausgehobenen Materials, soweit es nicht für die Hinterfüllung benötigt wird, soll zu einer Ablagerungsstelle in größerer Entfernung von der Aushubstelle gebracht werden

a) mit Hilfe von Fahrzeugen, die auf Schienen laufen und
b) mit Hilfe von geländegängigen Fahrzeugen.

4. Zum Einsatz stehen Greifbagger zur Verfügung, deren Abmessungen später gegeben werden.

5. Die Bauzeit soll so kurz wie möglich sein, jedoch soll vermieden werden, daß durch eine übermäßige Verkürzung der Bauzeit eine wirtschaftlich nicht vertretbare Verteuerung eintritt.

Lösung. Greifbagger als eine Type eines Universalbaggers haben häufig zwei Ausrüstungen, einen längeren Ausleger mit einem kleineren Korb und einen kürzeren Ausleger mit einem größeren Korb. Der lange Ausleger hat den Vorteil, daß man, wie im folgenden noch gezeigt werden soll, in einem Schnitt bis zu größerer Tiefe ausheben kann. Aber die Leistungsminderung ist so beträchtlich, daß es meist nicht wirtschaftlich ist, bei Aushubarbeiten, noch dazu bei größeren Massen, den kleineren Korb zu benützen, der vorzugsweise bei der Abdeckung von Mutterboden oder beim Freimachen des Baggergeländes von Strauchwerk eingesetzt wird.

Im folgenden seien zuerst die Daten eines Greifbaggers gegeben, der für diese Arbeiten benützt werden soll (s. Abb. 2 und Tab. 1).

Tabelle 1. *Abmessungen eines Menck & Hambrock Greifbaggers Modell M 250*

			1,7		1,2	
	Greifer für allgemeine Bodenbaggerung:					
	Inhalt . . . . cbm		1,7		1,2	
	Gewicht . . . . etwa kg		3800		2680	
a	Größte Weite – geschlossen . . . mm		2550		2280	
b	Größte Weite – geöffnet . . . . . mm		2800		2500	
	Größte Breite . . . . mm		1320		1180	
	Größte Diagonale – geöffnet . . . mm		3000		2680	
	Auslegerlänge . . . . mm		12850		16120	
	Größte Hebehöhe . . . . mm		18900		20500	
	Größte Gesamthöhe bei gleichzeitiger Ausnutzung der Auslegerverstellung		23800		27000	
W	Neigungswinkel		30°	65°	30°	65°
A	Größte Länge des Baggers nach vorn mm		13200	7320	16100	8700
B	Größte Höhe des Auslegers . . . . mm		8540	13800	10400	16800
C	Ausschüttweite . . . . mm		13000	7260	15900	8650
D	Grabweite . . . . mm		14400	8660	17150	9900
E	Ausschütthöhe . . . . mm		3400	8g60	5700	12250
F	Erreichbare Baggertiefe bei Böschung 1:1,5 . . . . mm		6500	2600	8500	3600
G	Baggertiefe bei Ausschütthöhe E . mm		15500	10250	14800	8250
H	Halbe Planumbreite . . . . . . mm		2200	2200	2200	2200
	Konstruktionsgewicht (kurzer Ausleger)				etwa kg 54000	
	Arbeitsgewicht (kurzer Ausleger)				etwa kg 68000	

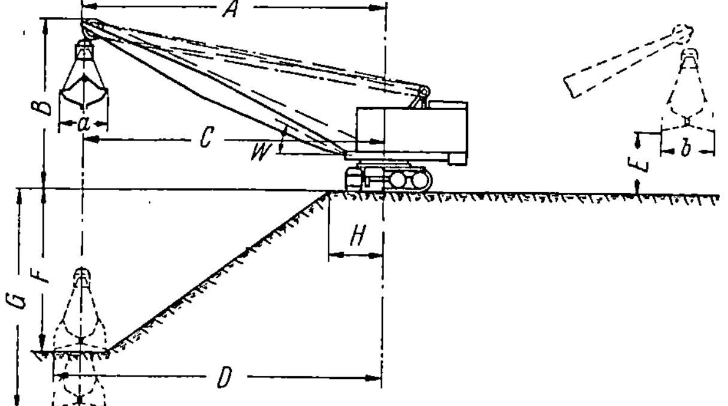

Abb. 2. Schematische Skizze eines Greifbaggers (Menck & Hambrock, Modell M 250)

Man sieht aus den obigen Angaben, die sich auf einen Menck & Hambrock Bagger M250 beziehen, daß der Unterschied der Inhalte der beiden Kübel 1,7 − 1,2 = 0,5 m³ beträgt, bei einem Unterschied in der Grabweite – bei einem Neigungswinkel von 30° – von 17150 − 14400 = 2750 mm. Bei den immerhin großen Aushubmengen, die hier in Betracht kommen, wird man kaum den kleineren Korb einsetzen, selbst wenn man den Vorteil einer größeren Aushubtiefe bei jedem Schnitt berücksichtigt, der aber hier nicht ausgenutzt werden kann, da man auf alle Fälle zwei Schnitte anlegen muß. Die rd. 30 %ige Minderleistung ist zu beträchtlich und würde entweder den Einsatz einer größeren Zahl von

Baggern bedeuten oder eine Verlängerung der Bauzeit. So kann bei den weiteren Betrachtungen der Einsatz des Greifbaggers mit dem längeren Ausleger und dem kleineren Korb vernachlässigt werden.

Bei der Errechnung der zu leistenden Massen ist folgendes zu beachten: Mit Rücksicht auf die auszuführenden Betonierungsarbeiten, vor allem auf die Aufstellung und das Entfernen der Schalung, muß um das Gebäude herum ein Arbeitsraum freigelassen werden von mindestens 1,2 bis 1,5 m. Außerdem ist es mit Rücksicht auf die Tiefe der Baugrube zweckmäßig, mindestens *eine* Berme vorzusehen. Es hängt dies jedoch von der Bodenart, dem Grundwasserstand usw. ab. Es soll hier angenommen werden, daß eine Berme von 1 m Breite genügend ist.

Bei einer Böschung 1:1 ergibt sich eine Länge der Baugrube in Geländehöhe von

$$80 + 2(1{,}5 + 9{,}0 + 1{,}0 + 9{,}0) = 121 \text{ m}$$

und eine Breite von

$$40 + 2(1{,}5 + 9{,}0 + 1{,}0 + 9{,}0) = 81 \text{ m.}$$

Die Grundfläche ist $83 \cdot 43$ m.

Näherungsweise ist die auszuhebende Bodenmenge gleich dem Mittel der Flächen an der Sohle und in Geländehöhe multipliziert mit der Höhe.

Mit Rücksicht auf die Berme, die in halber Tiefe angeordnet wird, soll die Baugrube in zwei Teile zerlegt werden, einmal den oberen Teil bis zur Berme und dann den unteren Teil unterhalb der Berme.

Man erhält dann die Grundfläche zu $83 \cdot 43 = 3569$ m² und
die Fläche in Höhe der Berme zu $\quad 101 \cdot 61 = \underline{6161 \text{ m}^2}$

zusammen $\qquad\qquad\qquad\qquad\qquad 9730$ m²

oder im Mittel $9730 : 2 = 4865$ m².
Der Inhalt des unteren Abschnittes ist daher $4865 \cdot 9 = 43\,785$ m³.
Für den oberen Teil erhält man:

Fläche in Höhe der Berme $103 \cdot 63 = 6489$ m²
und in Geländehöhe $\qquad 121 \cdot 81 = \underline{9\,801 \text{ m}^2}$

$\qquad\qquad\qquad\qquad\qquad\qquad 16\,290$ m²

oder im Mittel $16\,290 : 2 = 8145$ m².
Der Inhalt des oberen Teiles ist somit $8145 \cdot 9 = 73\,305$ m³.
Der Gesamtinhalt der Baugrube ist $43\,785 + 73\,305 = 117\,090$ m³.

Diese Rechnung ist nicht ganz korrekt, aber für den vorliegenden Zweck vollständig ausreichend.

Für den Fall, daß die Böschungen unter 1 : 1,5 angelegt werden müssen, sind die Massen für den unteren Teil 50 715 m³ und für den oberen Teil 98 217 m³, im ganzen somit 148 932 m³.

Um einen ersten Überblick über die erforderliche Bauzeit und die einzusetzende Zahl von Baggern zu erhalten, sei eine Baggerleistung angenommen unter Zugrundelegung von 35 Spielen je Stunde von

$$1{,}7 \cdot 35 = 59{,}5 \sim 60 \ \text{m}^3 \ \text{je Stunde.}$$

Bei Annahme einer täglichen Arbeitszeit von 16 Stunden ist die Tagesleistung $16 \cdot 60 = 960 \ \text{m}^3$.

Somit ist die erforderliche Bauzeit bei Einsatz von einem Bagger (bei Böschung 1 : 1)

$$117\,090 : 960 \cong 123 \ \text{Tage}$$

oder bei Annahme von 22 Tagen je Monat 5,6 Monate.

Die Baggerarbeiten ohne Einrichtungsarbeiten nehmen daher etwa $^1/_2$ Jahr in Anspruch, wenn nur ein Bagger eingesetzt wird. Da im allgemeinen eine so lange Zeit nicht zur Verfügung stehen wird, empfiehlt sich der Einsatz von zwei Baggern. Mehr als zwei Bagger zu verwenden wäre wohl unwirtschaftlich, auch würde die Leistung je Bagger beträchtlich zurückgehen, da das Arbeiten von mehr als zwei Baggern in der räumlich beschränkten Baugrube schwierig wäre.

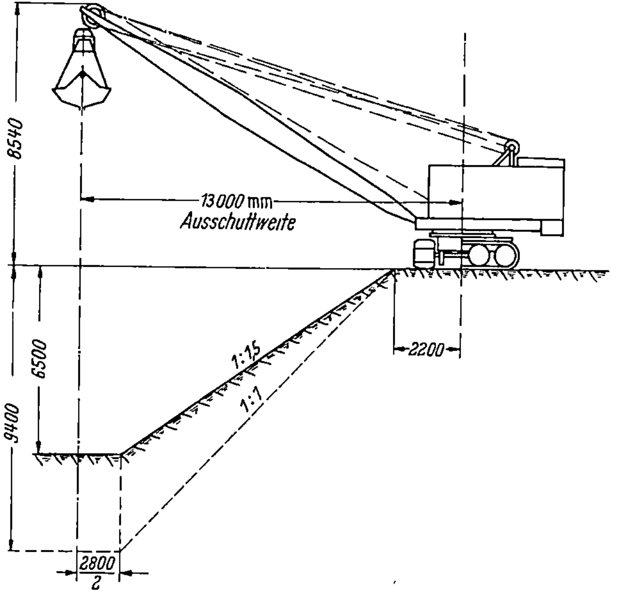

Abb. 3. Baggertiefen bei Böschung 1 : 1 und 1 : 1,5

Nach diesen vorbereitenden Überlegungen kann man daran gehen, die Einzelheiten des Einsatzes des Baggers zu untersuchen.

Der Neigungswinkel des Auslegers kann zwischen etwa 30 und 65° verändert werden. Es ist ohne weiteres klar, daß man in diesem Fall den

Ausleger möglichst flach stellen wird, d.h. also, daß die Ausschütthöhe gerade noch ausreichend ist. Wenn der Bagger auf Geländehöhe steht, ist die Ausschütthöhe bei 30° gemäß der oben gezeigten Tabelle 3,40 m, sie ist auf alle Fälle ausreichend, einerlei ob Fahrzeuge auf Schienen laufend eingesetzt werden oder geländegängige Fahrzeuge.

Die Baggertiefe ist abhängig von der Länge des Auslegers und seiner Stellung, dann aber auch von der Böschungsneigung. Je flacher die Böschung gehalten werden muß, desto geringer bei gleichem Bagger und gleicher Auslegerstellung ist die erreichbare Baggertiefe. Bei einer Böschung 1 : 1 ergibt sich gemäß Abb. 3 eine Tiefe von etwa 9,40 m, während sie bei einer Böschung von 1 : 1,5 nur 6,5 m ist. Im ersten Fall kann daher der Aushub von Gelände bis zur Berme ohne weiteres in einem Schnitt ausgeführt werden, ebenso auch der Aushub von der Höhe der Berme aus bis zur Sohle. Im zweiten Fall ist es nicht möglich mit zwei Schnitten auszukommen, vielmehr sind hier drei Schnitte notwendig. Ob man in diesem Fall die Berme, wie angenommen, auf halber Tiefe anordnet oder tiefer, ist hier nicht zu untersuchen.

· Hat man die Möglichkeit, die Böschungsneigung unter 1 : 1 oder etwas steiler zu wählen, so genügen zwei Schnitte an Stelle von drei Schnitten bei flacherer Böschung. Bei zwei Schnitten wird man den

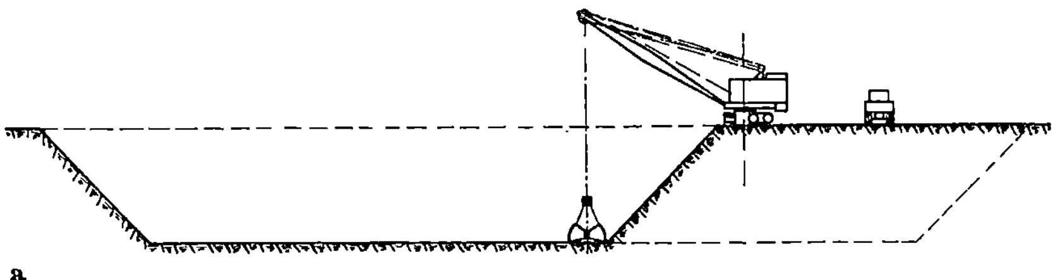

a

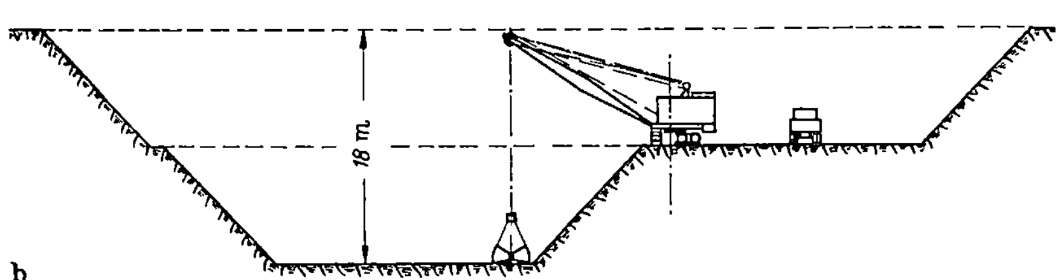

b

Abb. 4a u. b. Arbeitsvorgang beim Einsatz von Greifbaggern
a) im ersten Bauabschnitt, b) im zweiten Bauabschnitt

Bagger zuerst auf Geländehöhe aufstellen und den Aushub bis − 9 durchführen. Die Fahrzeuge für den Abtransport des gebaggerten Materials stehen in diesem Bauzustand auf Geländehöhe und der Bagger hebt das gelöste Gut (s. Abb. 4). Für den zweiten Schnitt wird man den Bagger auf

Ordinate — 9 stellen und auch die Fahrzeuge auf derselben Höhe laufen lassen. Das gelöste Material muß daher noch in den Fahrzeugen von Ordinate — 9 bis auf Geländehöhe hochgefördert werden. Bei Verwendung von Schienenfahrzeugen muß für diesen zweiten Bauabschnitt eine Rampe angelegt werden von — 9 bis auf Geländehöhe. Nimmt man eine Rampenneigung von 1 : 40 an — und man sollte im allgemeinen keine steileren Rampen wählen — so erhält man eine Rampe von 9 · 40 = 360 m Länge. Dies bedeutet einen nicht unbeträchtlichen zusätzlichen Bodenaushub, der einige Zeit in Anspruch nimmt, da man hier auf keinen Fall mit den gleichen Leistungen je Stunde rechnen darf wie beim Aushub aus der Baugrube. Nimmt man zum Abtransport geländegängige Fahrzeuge, so liegen die Verhältnisse insofern günstiger als es sehr wohl möglich ist, eine erheblich steilere Rampenneigung zu wählen als 1 : 40. Es wird daher in diesem Fall ein Teil des Bodenaushubes für die Rampen gespart. Der größte Vorteil aber ist, daß die Rampe wesentlich kürzer wird. Dies ist besonders wichtig bei Arbeiten in einem bebauten Gelände, wo man fast nie eine Rampe von 360 m ausführen kann, aber auch bei Neuanlagen, wo durch solche Rampen andere Arbeiten behindert werden können. Wenn die Anlage einer Rampe unmöglich ist, dann muß man allenfalls den im zweiten Schnitt gewonnenen Boden auf Höhe — 9 abkippen und durch einen anderen Bagger, der auf Geländehöhe steht, hochheben und in Fahrzeuge laden lassen. Dies bedeutet entweder den Einsatz von zusätzlichen Baggern — für jeden Bagger, der im Aushub tätig ist, einen Bagger zum Laden — oder man muß im unteren Schnitt nur mit einem Bagger ausheben und den zweiten Bagger zum Laden benützen. Alle Lösungen bedeuten Mehrkosten und auch zum Teil eine Bauzeitverlängerung (s. auch später).

Zur Verkürzung der Rampenlänge bei Gleisbetrieb wäre auch noch die Möglichkeit gegeben, auf Geländehöhe eine Winde aufzustellen und mit ihrer Hilfe die Wagen auf einer steilen Rampe hochzuziehen. Diese Lösung ist aber nicht günstig, da man hier nicht ganze Züge hochbefördern kann, sondern nur ein oder zwei Wagen, die Züge also auseinanderreißen muß. Dadurch entstehen im Betrieb große Schwierigkeiten und die Leistungsfähigkeit der Bagger wird auf diese Weise stark behindert. Einerlei welche Rampenneigung gewählt wird, sollte man immer darauf achten, die Rampen so breit zu machen, daß zwei Gleise oder zwei Fahrbahnen nebeneinander angeordnet werden können und der Verkehr der vollen Züge aufwärts nicht behindert wird durch den Transport der Leerzüge. Es entstehen durch solch breite Rampen Mehrkosten durch die größeren Aushubmassen, man kann aber dann damit rechnen, daß die Baggerleistung voll ausgenutzt werden kann.

Wenn die Böschungsneigung unter 1 : 1,5 angeordnet werden muß, so bedeutet das nicht nur, daß drei Schnitte vorzusehen sind, man muß auch die Rampe tiefer herabführen. Nimmt man an, daß der erste Schnitt bis Ordinate − 6 hinabreicht und der zweite Schnitt bis − 12, so muß die Rampe bis zur gleichen Tiefe hinabreichen. Die Rampenlänge vergrößert sich dadurch von 360 auf 480 m, was nach dem oben Gesagten in verschiedener Beziehung sehr nachteilig ist. Außerdem aber muß man zuerst eine Rampe haben, die bis auf − 6 herabführt und erst später eine Rampe bis zur Ordinate − 12. Entweder muß man zwei Rampen anlegen oder die erste Rampe so anordnen, daß eine spätere Vertiefung möglich ist, was meist eine Unterbrechung des Aushubbetriebes bedeutet.

Man sieht, daß bei dieser Aufgabe dem Hochheben des Materials große Aufmerksamkeit zu schenken ist. Die Leistung und der Arbeitsfortschritt hängt nicht nur von dem Einsatz der Bagger ab, sondern zu einem beträchtlichen Teil von der richtigen Lösung des Problems des Hochhebens der gelösten Massen von den größeren Tiefen bis auf Geländehöhe. Durch die Wahl von geländegängigen Fahrzeugen vereinfachen sich die hier erwähnten Schwierigkeiten recht beträchtlich.

Die Durchführung der Arbeiten in der eben angegebenen Weise ist ohne weiteres möglich, wenn kein Grundwasser angetroffen wird. Ist Grundwasser vorhanden, so muß man untersuchen, ob es richtig ist, den Aushub unter Wasser durchzuführen oder ob es besser ist, eine Wasserhaltung einzubauen. Für die Erdarbeiten allein wäre es nicht notwendig, eine Wasserhaltung vorzusehen, wenigstens nicht bei Verwendung von Greifbaggern. Der Greifbagger, der auf höhergelegenem Gelände steht, kann Boden unter dem Wasserspiegel lösen, wenngleich in diesem Falle mit einer Leistungsminderung zu rechnen ist. Man könnte entweder zuerst allen Aushub über Grundwasser tätigen und anschließend − also in unserem Beispiel in einem dritten Schnitt − den Aushub unter Wasser. Oder aber man kann ohne Rücksicht auf die Höhe des Grundwasserspiegels den zweiten Schnitt von − 9 bis − 18 herabführen und erhält so zum Teil trockenen und zum Teil nassen Boden. Dies hat den Vorteil, daß man den dritten Schnitt nicht benötigt und zudem hat die Vermengung von trockenem und nassem Boden unter Umständen beim Abtransport Vorteile gegenüber der Abfuhr von nassem Boden allein.

Es wäre aber grundsätzlich falsch, die Frage Wasserhaltung oder Aushub unter Wasser nur unter dem Gesichtspunkt der Ausführung der Erdarbeiten zu behandeln. Hier muß man auch die später nachfolgenden Betonierungsarbeiten berücksichtigen. Die Aufstellung der Schalung, das Verlegen der Stahlbewehrung und das Betonieren erfordert eine trockene Baugrube. Folglich muß für diese Arbeiten der Grundwasserspiegel abgesenkt und eine Wasserhaltung eingebaut werden. Es ist deshalb richtiger, die Wasserhaltungsanlage so frühzeitig einzubauen und in Betrieb zu nehmen, daß schon für die Erdarbeiten der Wasserspiegel gesenkt werden kann. Die Anlagekosten werden dadurch nicht verändert und die

Erhöhung der Betriebskosten der Wasserhaltung wird wettgemacht durch die höhere Leistung beim Baggerbetrieb in der trockenen Baugrube.

Man sieht, daß der Grundwasserstand in diesem Fall, d.h. bei der Verwendung eines Greifbaggers, ohne Bedeutung ist, sofern man eine Grundwasserabsenkung rechtzeitig einbaut und in Betrieb setzt.

Bezüglich des Abtransportes ist in der Aufgabe gesagt, daß er über eine größere Entfernung zu erfolgen hat. Man wird nur den Boden weiter wegbringen, der für diese Bauaufgabe nicht mehr benötigt wird. Dies ist nur ein Teil des ganzen Aushubes. Eine beträchtliche Bodenmenge wird nach Fertigstellung der Betonierungsarbeiten für die Hinterfüllung benötigt und wird im allgemeinen so nahe an der Aushubstelle zwischengelagert wie nur möglich, um an Transportkosten zu sparen. Oftmals wird sich in Anbetracht des Platzbedarfes für die Lagerung der beträchtlichen Bodenmengen ein gewisser Transport nicht vermeiden lassen, da die Bagger keinesfalls den Hinterfüllungsboden direkt abkippen können und in unmittelbarer Nähe der Aushubstelle ein geeigneter Lagerplatz nicht zur Verfügung stehen wird.

Die Mengen für die Hinterfüllung errechnen sich aus der gesamten Aushubmenge vermindert um den Rauminhalt des zu errichtenden Gebäudes. Es ergibt sich folgende Menge:

$$117\,090 - (40 \cdot 80 \cdot 18) = 59\,490 \text{ m}^3.$$

Man hat also nur etwa 50 % des Bodenaushubes abzufahren, der Rest wird in der Nähe gelagert für die spätere Wiederverwendung. Bei Baustellen von wesentlich größerer Ausdehnung als in diesem Beispiel kann es manchmal möglich sein, einen Teil des Ausbaues unmittelbar zum Hinterfüllen eines schon fertiggestellten Teiles des Bauwerkes zu benützen.

Welche Transportart von Vorteil ist, kann nicht allgemein entschieden werden, da die Einzelheiten für den Transport nicht bekannt sind. Es kann jedoch folgendes gesagt werden:

1. Bei Einsatz geländegängiger Fahrzeuge fällt jede Gleisanlage fort. Je nach der Entfernung tritt dadurch eine wesentliche Verkürzung der Bauzeit ein, da Erdarbeiten für den Gleisbau und die Verlegungsarbeiten fortfallen. Wichtig ist die Ersparnis an Fracht für Gleis und Schwellen, Fortfall der Abnutzung der Schwellen usw.

2. Wie bereits erwähnt, ist der Einsatz geländegängiger Fahrzeuge günstiger im Hinblick auf die Anlage der Rampen im zweiten Bauabschnitt.

Die Leistung eines Greifbaggers der vorerwähnten Größe kann nur bestimmt werden, wenn die auszuhebenden Bodenarten bekannt sind. Es sei hier angenommen, daß Sand und Kies auszuheben sind.

Der Inhalt des Greiferkorbes ist 1,7 m³. Nimmt man die Zahl der theoretisch möglichen Spiele mit 100 je 1 Stunde an, so ist die theoretische Stundenleistung 170 m³ (s. hierzu auch Abb. 6). Diese Zahl muß reduziert werden mit Rücksicht auf Bodenart, Schwenkwinkel und dann im Hinblick auf die Unterbrechungen. Für Sand und Kies kommt ein Faktor von etwa 0,92 (s. I. Bd., S. 19) in Frage, für den Schwenkwinkel ein Wert von 0,75 und für die Unterbrechungen ein Wert zwischen 0,39 und 0,50. Wenn man hierfür einen Mittelwert von 0,45 einsetzt, erhält man eine Stundenleistung von $170 \cdot 0,92 \cdot 0,75 \cdot 0,45 \cong 47$ m³, also weniger als bei der ersten Schätzung angenommen. Es mag vielleicht auf den ersten Blick erscheinen, daß diese Leistung sehr niedrig ist, es muß aber beachtet werden, daß dies ein Mittelwert für die ganze Bauzeit ist, also auch die Anlaufzeit mit einschließt, dann aber darf man nicht vergessen, daß bei einer so tiefen Baugrube sehr leicht Störungen und Unterbrechungen eintreten können.

Mit diesem Wert ergibt sich nunmehr eine Bauzeit bei Einsatz von zwei Baggern von

$$117\,090 : (47 \cdot 2 \cdot 16) = 78 \text{ Tagen oder etwas mehr als } 3^1/_2 \text{ Monaten.}$$

Sollte die Anlage von Rampen nicht möglich sein, so kann man, wie bereits erwähnt, im unteren Teil der Baugrube nur einen Bagger für den Aushub einsetzen und den zweiten Bagger zum Heben des Bodens verwenden. Man kann aber nicht zuerst den ganzen Aushub von Geländeoberkante bis — 9 tätigen und dann den Aushub des zweiten Schnittes in Angriff nehmen. Dies ist nicht möglich, da der auf Geländehöhe

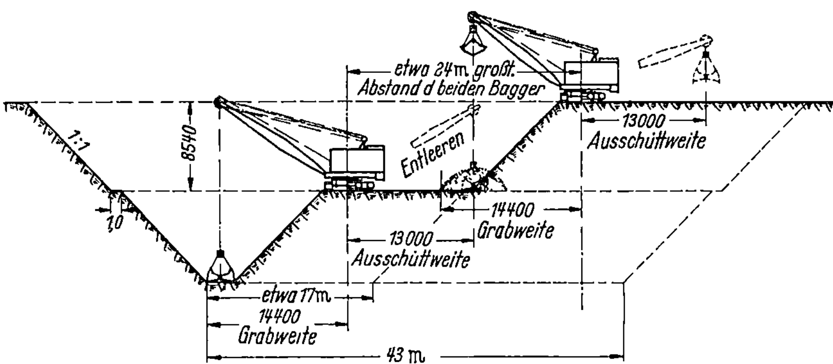

Abb. 5. Aushub der Baugrube mit zwei Baggern, die auf verschiedenen Hohen stehen

stehende Bagger nicht mehr den vom tiefer stehenden Bagger abgekippten Boden aufnehmen könnte. Dies wäre nur bei ganz schmalen Baugruben möglich, in unserem Beispiel von etwa 17 m Breite in der Fundierungshöhe. Man kann vielmehr, wie in Abb. 5 gezeigt, nur einen schmalen Streifen des oberen Teiles der Baugrube ausheben, dann aber muß bereits der untere Teil in Angriff genommen werden. Der eine Bagger muß dazu auf Ordinate — 9 herabgebracht werden, während der andere auf Gelände stehen bleibt. Der untere Bagger hebt von — 9 bis — 18 aus und entleert den Greiferkorb auf Ordinate — 9. Das dort abgeladene Material wird von dem auf Geländehöhe stehenden Bagger erneut aufgenommen, gehoben und unter Schwenkung des Baggers um etwa 180° in die ebenfalls auf Geländehöhe stehenden Fahrzeuge geladen. Mit dem Fortschreiten des Aushubes aus dem tiefen Teil der Baugrube muß dann allmählich der restliche Teil des Aushubes zwischen Geländeoberkante und Ordinate — 9 getätigt werden. Der größte Abstand der beiden Bagger ist etwa zweimal die Grabweite des Baggers bzw. etwas weniger, da die beiden Ausleger sich etwas übergreifen müssen. Aus Abb. 5 geht dieser Arbeitsvorgang klar hervor. So ist es technisch möglich, die Baugrube mit Hilfe von zwei Baggern auszuheben und den Boden in zwei Arbeitsvorgängen bis über Geländeoberkante hochzufördern und in Fahrzeuge zu laden.

Diese Arbeitsweise beeinflußt in sehr starkem Ausmaß das Bauprogramm. Von der oberen Baugrube können nur etwa 47 000 m³ in der gleichen Weise ausgehoben werden, wie zuvor erwähnt, d. h. unter gleichzeitigem Einsatz von zwei Baggern. Für den Rest der oberen Baugrube von etwa 26 000 m³ und für den Aushub der unteren Baugrube mit rd. 44 000 m³ steht nur ein Bagger zur Verfügung, da das Material der unteren Baugrube zweimal aufgenommen werden muß und für den Rest der oberen Baugrube nur der auf Geländehöhe stehende Bagger benutzt werden kann. Es folgt daraus eine wesentliche Verlängerung der Bauzeit, die sich wie folgt errechnet:

Erster Teil der oberen Baugrube mit etwa 47 000 m³

$$47\,000 : (47 \cdot 2 \cdot 16) = 32 \text{ Tage.}$$

Zweiter Teil der oberen Baugrube mit rd. 26 000 m³ und untere Baugrube mit 44 000 m³, zusammen rd. 70 000 m³, die von einem Bagger ausgehoben werden müssen:

$$70\,000 : (47 \cdot 16) = 93 \text{ Tage.}$$

Die gesamte Bauzeit beträgt daher in diesem Fall 125 Tage, fast 6 Monate. Die Verlängerung der Bauzeit von 78 Tagen im ersten Fall auf 125 Tage im zweiten Fall ist sehr beträchtlich, und es ist die Frage, ob eine um mehr als 2 Monate längere Bauzeit in Kauf genommen werden kann. Der Verlängerung der Bauzeit steht als Vorteil gegenüber: Der Fortfall der Rampenanlage und die Ersparnis an Schienen und einem geringen Teil des rollenden Gerätes. Immerhin wird sich diese Lösung teurer stellen als die erstgenannte mit Anlage einer Rampe. Allgemein gesprochen wird wahrscheinlich durch die Kopplung der beiden Bagger die Leistung geringer werden als hier angenommen, denn es kann nur zu leicht vorkommen, daß ein Bagger auf den anderen warten muß. Aus diesem Grund mag die hier gemachte Berechnung der Bauzeit nicht so sicher sein wie im ersten Fall.

Für die Aufstellung eines Bauprogrammes mag es in allen Fällen empfehlenswert sein, nicht für die ganze Bauzeit einen Zweischichtenbetrieb anzunehmen. Es ist, wie auch an anderer Stelle bereits erwähnt, besser, zuerst mit einem Einschichtenbetrieb zu beginnen und erst nach Einarbeitung des Personals zum Zweischichtenbetrieb überzugehen. Es hängt dies jedoch davon ab, ob dies der einzige Auftrag des Unternehmers an dieser Baustelle ist oder ob er bereits andere Arbeiten dort ausgeführt hat und somit solche Schwierigkeiten nicht zu befürchten sind.

Auch am Ende der Aushubarbeiten mag es vielleicht nicht mehr möglich sein, die volle Leistung zu erzielen und es kann erforderlich werden, diesen Umstand bei der Aufstellung des Programms zu berücksichtigen.

Eine weitere Verkürzung der Bauzeit für den Fall, daß die Anlage einer Rampe möglich ist, und zwar durch Einsatz eines dritten Baggers, erzwingen zu wollen, erscheint – wie bereits gesagt – unwirtschaftlich.

In manchen Fällen mag es vorteilhaft sein, den Bagger tiefer als das Abfuhrgleis aufzustellen. Der Bagger muß dann das Material, das er unter seinem Planum ausgehoben hat, hochheben. Bei einer Böschungsneigung unter 1 : 1 hat dieser Vorschlag keinen Vorteil. Um eine große Ausschütthöhe zu erhalten, müßte der Neigungswinkel vergrößert werden, d. h. die Grabweite wird verkleinert. Folglich kann der Bagger nicht mehr tief genug hinabreichen und die Zahl der Schnitte müßte vergrößert werden. Bei einer flacheren Neigung als 1 : 1 wären die Verhältnisse noch ungünstiger.

Zusammenfassend sei hier festgestellt, daß der Einsatz eines Greifers durchaus in Erwägung gezogen werden kann. Ein wesentlicher Vorteil des Greifers ist, daß er nicht auf der Gründungssohle aufgestellt werden muß, sondern höher, in unserem Beispiel auf etwa − 9, daß das Vorhandensein von Grundwasser, auch wenn es nicht abgesenkt wird, den Arbeitsvorgang nicht grundsätzlich beeinflußt und daß man mit zwei Schnitten auskommt, wenn man eine Böschung 1 : 1 zulassen kann. Nachteilig ist die geringe Leistung eines Greifbaggers, wie sie bereits im I. Bd. mehrfach erwähnt worden ist.

Es ist aber noch zu untersuchen, ob der Einsatz eines Greifbaggers die beste Lösung darstellt oder ob nicht ein anderer Bagger vorteilhafter sein mag. Es soll daher im folgenden dasselbe Problem nochmals untersucht werden unter der Annahme, daß Löffelbagger verwendet werden sollen, und zwar Löffelbagger von derselben Type wie der hier benutzte Greifbagger.

Zuvor soll aber noch der Fall untersucht werden, daß ein Unternehmer keinen Bagger von der hier gewählten Größe frei hat und gezwungen ist, Bagger mit einer Ausschüttweite von 9450 statt 13 000 mm einzusetzen, wobei der Greiferinhalt nur 0,6 statt 1,7 m³ beträgt.

Bei einer Ausschüttweite von 9450 mm und einer Planumsbreite von 1600 mm kann der Bagger bei einer Böschung unter 1 : 1 und einer halben Greiferkorbbreite von 1930 : 2 = 965 mm nur 9450 — 1600 — 965 = 6885 mm tief herabreichen.

Man sieht ohne weiteres, daß es mit dem kleinen Bagger nicht möglich ist, den Aushaub bis zu einer Tiefe von 18 m in zwei Schnitten zu tätigen, sondern daß gerade drei Schnitte ausreichend sein werden.

Bei Gleisbetrieb muß die Rampe bis auf — 12 herabgeführt werden, während bei dem größeren Bagger eine Rampe bis — 9 genügte. Die um 3 m größere Tiefe bedeutet eine Verlängerung der Rampe unter den früher gemachten Annahmen um 120 m.

Abgesehen von den mit der Anlage von drei Schnitten verbundenen Nachteilen, wie Verlängerung der Rampen, Vergrößerung der Gleisverlegungsarbeiten usw. ist aber auch der Inhalt des Greifers mit 0,6 m³ zu klein, wenn man den Umfang der Arbeiten betrachtet. Entweder tritt eine Verlängerung der Bauzeit auf mehr als das Doppelte ein oder es müssen entsprechend mehr Bagger eingesetzt werden. Die letztere Lösung ist aber nicht günstig, da für eine größere Anzahl von Baggern die Baugrube zu klein ist. Auch würden auf diese Weise die Lohnkosten sowie die Betriebsstoffkosten erheblich ansteigen.

Man sieht aus diesen kurzen Überlegungen, daß der Einsatz zu kleiner Bagger ungünstig ist und die Wirtschaftlichkeit stark beeinflußt. Es ist daher für einen Unternehmer, der das geeignete Gerät nicht zur Verfügung hat oder es nicht rechtzeitig freimachen kann, besser, sich um eine solche Arbeit nicht zu bemühen, als durch den Einsatz ungeeigneter Geräte Verluste befürchten zu müssen.

Aufgabe 2. Einsatz von Löffelbaggern

Dieselbe Aufgabe wie vor soll nochmals gelöst werden, jedoch unter Verwendung von Löffelbaggern. Der Löffelbagger ist wieder ein Menck & Hambrock Bagger Modell M 250.

Lösung. Ein Löffelhochbagger hat immer den sehr hoch einzuschätzenden Vorteil einer höheren Leistung. Einmal ist im allgemeinen bei Universalbaggern der Inhalt des Löffels beträchtlich höher als der eines Greifkorbes. Dazu kommt aber noch weiter, daß die theoretische und auch die praktisch erreichbare Anzahl der Spiele beim Löffelhochbagger beträchtlich höher ist als beim Greifer. Die Unterschiede in der Anzahl der Spiele hängen von der Größe des Baggergefäßes ab, aber natürlich auch von dem Fabrikat des Baggers. Die Abb. 6 zeigt Kurven für die theoretische Anzahl von Baggerspielen je Stunde für verschieden große Baggertypen, und zwar mit Greifer, Hochlöffel und Schlepplöffelausrüstung. Es geht aus dieser Abbildung sofort der große Unterschied zwischen Löffel- und Greifbagger hervor, der später noch im einzelnen zu berechnen und zu berücksichtigen ist.

Auf der anderen Seite ist zu beachten, daß im Gegensatz zum Greifbagger der Löffelbagger nur in sehr beschränktem Maß unter das Gelände, auf dem der Bagger steht, hinabreichen

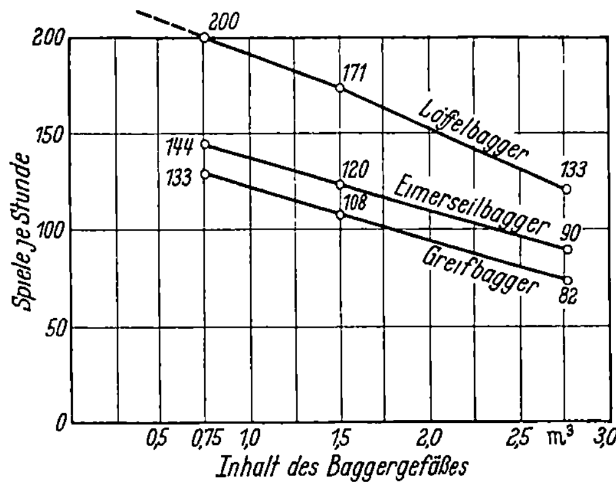

Abb. 6. Theoretische Anzahl von Baggerspielen je Stunde für Löffelbagger, Eimerseilbagger und Greifbagger

kann, während der Greifbagger kaum über seinem Planum ausheben kann, sondern nur unter demselben, und zwar bis zu einer recht beträchtlichen Tiefe, die nur durch die Böschungsneigung, die eingehalten werden muß, beschränkt ist. Der Löffelbagger muß daher in unserem Beispiel auf ein Planum unter Geländeoberfläche gestellt werden, so daß er den Boden oberhalb seines Planums ausheben kann, während ein Greifbagger den Boden unter seinem Planum aushebt. Dies bedeutet, daß sich der Löffelbagger zuerst bis zu einer gewissen Tiefe herunterarbeiten muß und dann erst mit dem richtigen Aushub beginnen kann. Andererseits aber ist die Reichhöhe des Löffelbaggers nicht sehr beträchtlich, das bedeutet, daß die zu ladenden Wagen nicht auf Geländeoberfläche aufgestellt werden können, vielmehr ebenfalls auf Baggerplanum laufen müssen. Deshalb sind, im Gegensatz zum Greifbagger, hier schon im ersten Abschnitt Rampen erforderlich und im letzten Abschnitt muß die Rampe etwa bis zur Gründungssohle hinabführen. Es mag hier eingewendet werden, daß dies nicht richtig sei, da, wie auch in Tab. 2 angegeben, ein Baggern unter Terrain möglich ist. Zugegeben, daß diese Baggerung unter Terrain ausgeführt werden kann, das Maß dieser Baggerung ist aber, wie aus der Tabelle hervorgeht, sehr beschränkt, außerdem bringt diese Art der Baggerung viele Nachteile mit sich, die die Leistung sehr stark herabsetzen. Man sollte im allgemeinen daran festhalten, daß der gewöhnliche Löffelbagger ein Hoch-

18 Beispiele für die Einrichtung und Durchführung von Erd- und Felsarbeiten

Tabelle 2. *Abmessungen eines Menck & Hambrock Löffelhochbaggers Modell M 250*

				30°	45°	60°
	Größte Reißkraft am Löffel		26 000 kg			
	Löffelinhalt		2,5 cbm			
	gestrichen gerechnet		2,25 cbm			
	für leichtes Material		3,4 cbm			
	gestrichen gerechnet		3,0 cbm			
	Felslöffel		2,0 cbm			
	gestrichen gerechnet		1,8 cbm			
W	Neigungswinkel		30°	45°	60°
A	Größte Länge des Baggers nach vorn . . .	mm	9 000	7 700	6 100
B	Größte Höhe des Auslegers	mm	6 400	8 000	9 150
C	Größte Reichweite	mm	12 400	11 800	11 000
D	Größte Reichhöhe	mm	5 700	8 400	10 650
E	Größte Ausschüttweite	mm	11 300	10 500	9 800
F	Größte Ausschütthöhe	mm	3 400	5 600	7 400
G	Größte Baggertiefe unter Terrain	mm	2 600	2 000	1 400
H	Größte Breite des Planums	mm	7 800	7 500	7 000
I	Reichweite bei 2,4 m Reichhöhe	mm	12 300	11 500	10 500
K	Ausschüttweite bei 2,4 m Ausschütthöhe .	mm	11 200	10 200	9 500
L	Reichweite bei größter Reichhöhe	mm	12 200	10 700	8 600
M	Reichhöhe bei größter Reichweite	mm	3 900	4 700	5 300
N	Ausschüttweite bei größter Ausschütthöhe	mm	11 300	10 300	8 700
O	Ausschütthöhe bei größter Ausschüttweite	mm	3 400	4 700	5 300
	Konstruktionsgewicht		etwa kg 60 500			
	Arbeitsgewicht		etwa kg 74 500			

bagger ist und nur ausnahmsweise und in beschränktem Umfang als Tiefbagger benutzt werden kann.

Die Nachteile, die sich durch die tiefe Anordnung der Rampen ergeben, sind schon bei der ersten Aufgabe erwähnt worden.

Es seien nun zuerst die Daten eines solchen Baggers gegeben, s. Abb. 7 und Tab. 2.

Beim Durchsehen der in der obigen Tabelle gegebenen Werte fällt sofort der beträchtlich größere Inhalt des Löffels, 2,25 m³, gegenüber

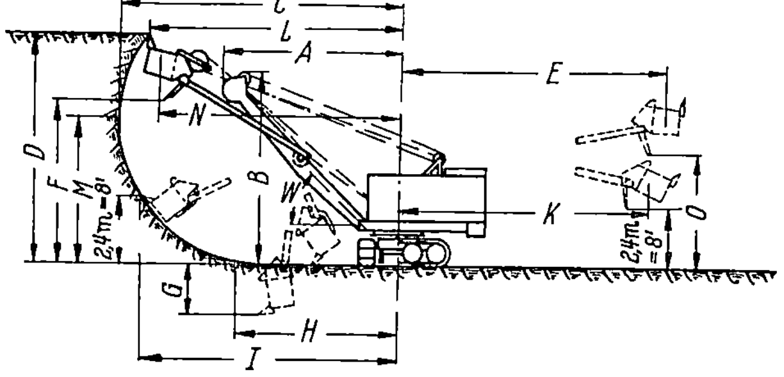

Abb. 7. Schematische Skizze eines Loffelhochbaggers (Menck & Hambrock, Modell M250)

dem Greifer, 1,7 m³, auf. Nicht bei allen Baggertypen ist der Unterschied so beträchtlich, so ist z.B. bei dem im I. Bd. aufgeführten Bagger der

Unterschied nur von 0,6 auf 0,75 gleich 0,15 m³, also 25 % des Greifer-
inhaltes, während er hier etwa 32 % ist. Würde man den Löffelinhalt für
leichtes Material berücksichtigen, so wäre der Unterschied sogar mehr
als 80 %.

Man kann hier einen Neigungswinkel von 60° wählen und erhält damit
eine größte Reichhöhe von rd. 10,50 m bei einer größten Reichweite von
11,00 m. Es ist also nicht nur möglich, den Bagger, wie im ersten Beispiel
erwähnt, auf − 9 zu stellen, sondern sogar noch etwa $1^1/_2$ m tiefer, was,
wie wir noch sehen werden, vorteilhafter ist. Der Bagger wird allerdings
kaum die Böschungen unter der richtigen Neigung ausheben können.
Sofern die Neigung 1 : 1 ist, geht dies noch einigermaßen. Die Reichweite von 11 m ist nicht ganz ausreichend, da die horizontale Projektion
der Böschung 10,5 m ist, wozu noch das erforderliche Baggerplanum
hinzukommt, so daß hier eine gewisse zusätzliche Handarbeit hinzutritt.
Bei einer flacheren Böschung ist der Bagger nicht in der Lage weit genug
zu reichen und es muß hier entweder mehr Handarbeit geleistet werden
oder eine Planierraupe Hilfe leisten.

Die Fahrzeuge müssen auf Ordinate − 10,50 laufen, wodurch die
Rampe etwas länger wird.

Wenn kein Grundwasser ansteht, könnte auch der tiefer gelegene
Teil der Baugrube in derselben Arbeitsweise ausgehoben werden, es ist
jedoch die Tieferführung der Rampe bis auf Ordinate − 18 notwendig.
Eine Rampe von 18 · 40 = 720 m ist einmal kostspielig durch den umfangreichen Erdaushub, der dafür notwendig ist, dann aber wird nur in
den seltensten Fällen die Anlage einer derartig langen Rampe möglich
sein.

Wenn Grundwasser ansteht und eine Absenkungsanlage in Betrieb
genommen wird, ließe sich die Anwendung eines Löffelbaggers in derselben Weise ermöglichen wie vorerwähnt. Wenn jedoch eine Absenkung
des Grundwasserspiegels nicht erfolgt, ist der Einsatz des Löffelbaggers
im unteren Teil der Baugrube unmöglich.

Einerlei, wie die Verhältnisse im einzelnen liegen, für den unteren
Teil der Baugrube ist der Löffelbagger nicht besonders günstig. Man
wird daher sehr wohl den Löffelbagger im oberen Teil der Baugrube verwenden, im unteren Teil aber nach einer anderen Lösung suchen. Ein-
gangs wurde erwähnt, daß die hohe Leistung des Löffelbaggers besonders
vorteilhaft ist. Untersucht man die Leistung des Löffelbaggers unter
gleichen Annahmen wie beim Greifbagger, so findet man folgendes
Ergebnis:

Gemäß Abb. 6 ist die Anzahl der theoretischen Spiele je Stunde
etwa 145. Die theoretische Leistung ergibt sich somit zu 145 · 2,25
$\cong$ 326 m³. Dies stimmt auch mit den im I. Bd. in Tab. 4 angegebenen
Leistungen überein. Dieser Wert muß nun noch reduziert werden im

Hinblick auf Bodenart, Schwenkwinkel und Störungen. Wählt man dieselben Werte wie im ersten Beispiel, so erhält man eine Baggerleistung von $326 \cdot 0{,}92 \cdot 0{,}75 \cdot 0{,}45 = 102$ m³ je Stunde. Diese Leistung ist mehr als doppelt so hoch wie bei einem Greifer. Es mag sein, daß dieser Wert etwas zu hoch ist, aber es wirkt sich hier der große Unterschied im Fassungsvermögen des Greiferkorbes und des Löffels aus. Die Anzahl der stündlichen Spiele mit $102 : 2{,}25 = 45$ ist nicht zu hoch. Würde man die ganze Baugrube mit dem Löffelbagger ausheben können und keine besonderen Behinderungen infolge der Rampen usw. in Betracht ziehen müssen, so wäre die ganze Zeitdauer für die Ausführung der Baggerarbeiten nur 34 Tage. Für den oberen Abschnitt ergibt sich eine Baggerzeit von $73\,305 : (102 \cdot 2 \cdot 16) \cong 22$ Tagen, also einem Monat. Hier könnte man sehr wohl überlegen, ob nicht ein Bagger ausreichend ist, da eine Verlängerung der Bauzeit auf das Doppelte tragbar sein mag.

Es erscheint auf Grund dieser Untersuchungen richtig zu sein, den Löffelbagger im oberen Abschnitt einzusetzen, es muß aber noch geprüft werden, ob es nicht eine bessere Lösung für den Aushub im zweiten Abschnitt gibt.

Außer dem Löffelhochbagger gibt es auch noch den Löffeltiefbagger. Er ist eine Maschine, die vorzugsweise beim Aushub von Gräben eingesetzt wird, die aber auch zum Aushub von Baugruben verwendet werden kann, besonders wenn es sich, wie im vorliegenden Fall, um nicht allzu große Mengen von Aushub handelt. Der Vorteil des Tieflöffels ist, daß er in größerer Tiefe unter dem Gelände, auf dem er steht, Boden ausheben kann. Auf der anderen Seite ist der Nachteil vorhanden, daß die Leistung wesentlich geringer ist als beim Löffelhochbagger. Die Anzahl der Spiele ist etwas geringer; was aber viel mehr ins Gewicht fällt, ist das geringere Fassungsvermögen als beim Löffelhochbagger. Die hier verwendete Type hat als Tieflöffel nur einen Inhalt von 1,4 m³, während der Hochlöffel 2,25 m³ fassen kann. Der Inhalt ist sogar geringer als beim Greifbagger. Die Leistung des Tieflöffels ist etwa die gleiche wie beim Greifbagger.

Im folgenden seien zuerst die Daten für den M 250 als Tieflöffel gegeben, s. Abb. 8 und Tab. 3.

Man sieht, daß die größte Baggertiefe 7800 mm beträgt. Addiert man die Baggertiefe des Tieflöffels und die Reichhöhe des Hochlöffels, so erhält man $10\,650 + 7800 = 18\,450$ mm oder mehr als 18 m, während die gesamte Aushubtiefe in unserem Beispiel 18 m ist. Man könnte also im oberen Teil der Baugrube den Hochlöffel einsetzen, und zwar, wie bereits erwähnt, auf etwa − 10,50 und im unteren Teil den Tieflöffel benutzen, der dann noch etwa 7,50 m auszuheben hätte.

Durch diese Kombinierung des Hoch- und Tieflöffels ist es ohne weiteres möglich, den ganzen Aushub in zwei Schnitten zu bewältigen,

Tabelle 3. *Abmessungen eines Menck & Hambrock Löffeltiefbaggers Modell M 250*

	Löffelinhalt	1,6 cbm
	Löffelinhalt gestrichen	1,4 cbm
	Breite des Löffels	1300 mm
A	Größte Reichweite	13100 mm
B	Größte Reichhöhe	9350 mm
C	Größte Baggertiefe	7800 mm
D	Größte Ausschütthöhe	7600 mm
E	Größte Reichweite bei größter Reichhöhe B	9700 mm
F	Kleinste Ausschüttweite	5000 mm
G	Ausschütthöhe bei kleinster Ausschüttweite	3800 mm
H	Größte Ausschüttweite bei 1,7 m Ausschütthöhe	12500 mm
I	Kleinste Ausschüttweite bei 1,7 m Ausschütthöhe	6400 mm
	Konstruktionsgewicht	etwa 55100 kg
	Arbeitsgewicht	etwa 69100 kg

die unerwünscht tiefe Rampe bis Ordinate − 18 ist nicht erforderlich, vielmehr genügt eine Rampe, die bis Ordinate − 10,5 hinabreicht, sowohl für die Gestellung der Fahrzeuge im ersten als auch im zweiten Abschnitt.

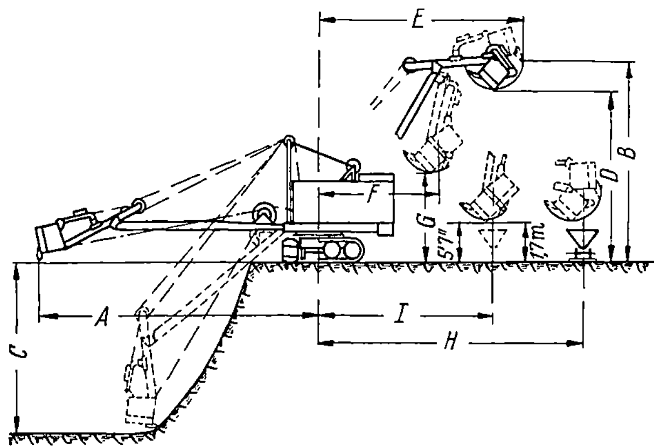

Abb. 8. Schematische Skizze eines Löffeltiefbaggers (Menck & Hambrock, Modell M 250)

Nachteilig ist die geringere Arbeitsleistung des Tieflöffels, die sich aber im zweiten Bauabschnitt nicht so stark auswirkt, als es im ersten der Fall wäre.

Wenn Grundwasser angetroffen wird, empfiehlt sich eine Wasserhaltung arbeiten zu lassen, da der Tieflöffel kein Bagger ist, der für Arbeiten unter Wasser besonders geeignet ist.

Die Leistung des Tieflöffels kann in folgender Weise gefunden werden: Die Zahl der Spiele wird etwa 15% niedriger sein als beim Hochlöffel, somit 145 · 0,85 ≅ 124 je Stunde. Für den Einfluß der Bodenart und die Größe des Schwenkwinkels kann man dieselben Werte wie früher, nämlich 0,92 und 0,75 einsetzen. Es dürfte sich aber empfehlen, den

Störungsfaktor niedriger zu wählen, d.h. länger dauernde Unterbrechungen anzunehmen. Wählt man hier 0,40, so erhält man eine stündliche Leistung von $124 \cdot 1,4 \cdot 0,92 \cdot 0,75 \cdot 0,40 = 48$ m³, also fast die gleiche Leistung wie beim Greifer.

Die Herstellung der Böschung im unteren Abschnitt bereitet keine Schwierigkeiten, da die Reichweite des Tieflöffels mehr als 13 m beträgt, wenigstens nicht bei Böschung 1 : 1. Bei einer flacheren Böschung reicht die Länge des Auslegers nicht aus und es wäre dann der Einsatz des Tieflöffels nicht möglich.

Man sieht, daß beim Einsatz eines Hochlöffels im oberen Teil der Baugrube hohe Leistungen erreichbar sind, daß aber ein Hochlöffel sehr große Nachteile beim Einsatz im unteren Teil der Baugrube hätte. Es ist deshalb richtig, auf den Einsatz des Hochlöffels im zweiten Bauabschnitt zu verzichten und hier entweder einen Tieflöffel zu verwenden oder auch einen Greifer. Letztere Lösung ist besser, wenn die Anlage flacherer Böschungen als 1 : 1 notwendig ist. Der Wechsel vom Hochlöffel zum Tieflöffel oder Greifer läßt sich leicht durchführen, da es sich um einen Universalbagger handelt.

Die gesamte benötigte Arbeitszeit errechnet sich wie folgt, unter der Annahme, daß zwei Bagger eingesetzt werden:

Im oberen Teil der Baugrube ist eine Arbeitszeit von 22 Tagen erforderlich, wie bereits ausgerechnet. Im unteren Teil findet man die Arbeitszeit aus der auszuhebenden Bodenmenge von 43 784 m³ und der Stundenleistung von 48 m³ zu $43784 : (48 \cdot 2 \cdot 16) \cong 29$ Tagen. Die gesamte Zeit für die Ausführung der Aushubarbeiten wäre daher 51 Tage, wozu man noch einen gewissen Zuschlag machen sollte für die Umstellung im Betrieb usw. Immerhin wird die Bauzeit nicht mehr als etwa $2^1/_2$ bis 3 Monate betragen, ohne Berücksichtigung der Zeit für Einrichtung und Abbau der Geräte. Die ursprünglich für den Einsatz von zwei Greifbaggern errechnete Bauzeit von 78 Tagen kann somit durch die Verwendung von Löffelhochbaggern im oberen Abschnitt auf 51 Tage verkürzt werden. Man sieht, daß diese Lösung in vieler Beziehung günstiger ist, denn eine Verkürzung der Bauzeit infolge höherer Leistung muß wirtschaftlicher sein.

Aufgabe 3. Einsatz von Eimerseilbaggern

Dieselbe Aufgabe soll nochmals untersucht werden für den Fall, daß Eimerseilbagger verwendet werden sollen.

Lösung. Der Eimerseilbagger hat eine höhere Leistung als ein entsprechender Greifbagger, aber eine niedrigere als der Löffelbagger. Man wird daher im vorliegenden Fall kaum in Betracht ziehen den Eimerseilbagger für den Aushub des oberen Teiles der Baugrube zu verwenden, da er gegenüber dem Löffelbagger keinen Vorteil bietet, es sei denn, daß man die Aufstellung der Wagen auf Geländehöhe gegenüber der Anordnung der Gleise usw. auf Ordinate − 9 oder − 10,50 beim Löffelbagger als ausschlaggebend ansehen wollte. Dies wäre aber nur der Fall, wenn man im zweiten Bauabschnitt nicht ohnehin die Rampe nötig hätte.

Im zweiten Bauabschnitt ist die Anwendung des Eimerseilbaggers sehr wohl möglich und hat gegenüber dem Greifer den Vorteil einer etwas höheren Leistung und gegenüber dem Tieflöffel den Vorteil, daß ein Eimerseilbagger eine robustere und einfachere Konstruktion ist, bei dem die Störungen voraussichtlich geringer sein werden.

Da somit der Einsatz eines Eimerseilbaggers sehr wohl in Frage kommen kann, ist es notwendig, weitere Einzelheiten dieser Lösung zu untersuchen. Es werden daher in Abb. 9 und in Tab. 4 die Daten des M 250 als Eimerseilbagger gegeben.

Tabelle 4. *Abmessungen eines Menck & Hambrock Eimerseilbaggers Modell M 250*

		2,6		1,7		0,9	
	Eimerinhalt . . . . . cbm	2,6		1,7		0,9	
	Breite des Eimers . . . . mm	1550		1330		1085	
	Auslegerlänge . . . . . mm	12850		16120		19360	
W	Neigungswinkel	25°	40°	25°	40°	25°	40°
A	Größte Länge des Baggers nach vorn . . . . . . mm	13700	11800	16650	14300	19600	16800
B	Größte Höhe des Auslegers mm	7550	10400	8940	12500	10280	14600
C	Baggertiefen, wenn der Eimer sich selbst einschneiden muß, um ein Loch herzustellen, bei Böschung 1:1,5 . . . mm	4700	4400	6500	6000	8100	7600
D	Zugehörige Grabweite . . mm	16720	16150	20300	19600	23800	22800
E	Baggertiefen, wenn ein Loch in der angegebenen Tiefe vorhanden ist, bei Böschung 1:1,5 . . . mm	8100	7100	10250	9100	12300	10300
F	Zugehörige Grabweite . . mm	16150	14850	19600	18000	23000	20000
G	Ausschütthöhe von Terrain bis Unterkante des umgestürzten Eimers . . mm	2650	5300	4500	8050	6200	8800
	Konstruktionsgewicht (kurzer Ausleger) . . . . etwa kg 52900						
	Arbeitsgewicht (kurzer Ausleger) . . . . etwa kg 66900						

Die Leistung des Eimerseilbaggers hängt, wie auch bereits im I. Bd. erwähnt, in viel höherem Maß als bei den anderen Baggertypen von der Geschicklichkeit des Baggerführers und seiner besonderen Erfahrung und Übung in der Bedienung dieser Type ab. Die in der Tabelle gegebenen Maße sind nicht sehr genau, sie hängen zum Teil von der Erfahrung und Übung des Maschinisten ab. Allerdings wird es kaum möglich sein, den Eimer mit 2,6 m³ bei Einbau des kürzesten Auslegers zu verwenden, vielmehr wird man den Ausleger von 16120 m anbauen und den Eimer von 1,7 m³ benutzen müssen, da sonst die Baggertiefe nicht ausreichend ist.

Die Leistung ergibt sich unter Benutzung der Abb. 6 bei einer Spielzahl von 120 zu $120 \cdot 1{,}7 \cdot 0{,}92 \cdot 0{,}75 \cdot 0{,}40 \cong 53 \text{ m}^3$ je Stunde, wenn man hier ebenfalls den gleichen Wert wie beim Tieflöffel verwendet, und liegt, wie zu erwarten war, höher als beim Tieflöffel oder gar beim Greifer.

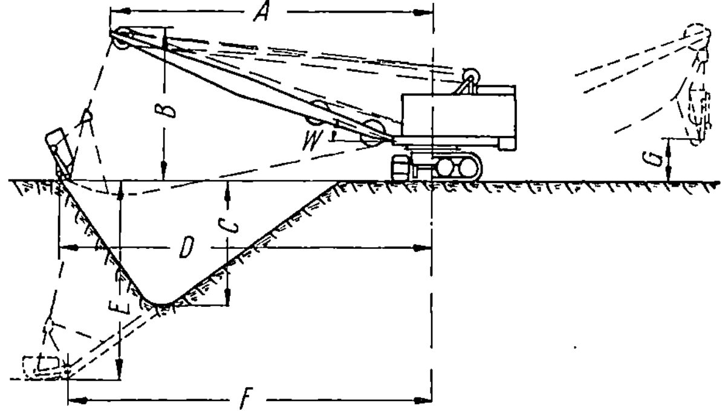

Abb. 9. Schematische Skizze eines Eimerseilbaggers (Menck & Hambrock, Modell M250)

Die Arbeitszeit für den zweiten Abschnitt ergibt sich zu etwa 26 Tagen. Wenn auch die Verkürzung der Bauzeit nicht sehr erheblich ist, so ist doch die Verwendung des Eimerseilbaggers im zweiten Abschnitt sehr wohl denkbar und sie wäre besonders vorteilhaft, wenn ein Teil des Aushubes noch unter Wasser erfolgen muß, wenn z. B. die Grundwasserabsenkung nicht rechtzeitig fertig wird oder die Absenkung langsamer als angenommen vor sich geht. Auch läßt sich mit dem Eimerseilbagger besser als mit den anderen Baggerarten eine flachere Böschung als 1 : 1 anlegen, wenn dies mit Rücksicht auf die angetroffenen Bodenarten wünschenswert ist.

Zusammenfassung der Ergebnisse der Aufgaben 1–3

Zusammenfassend kann man als Ergebnis der Untersuchungen in den bisherigen drei Aufgaben sagen, daß unter den hier angenommenen Verhältnissen – und nur unter diesen, eine Verallgemeinerung des Ergebnisses wäre völlig falsch – der Einsatz eines Löffelhochbaggers im oberen Teil der Baugrube und eines Seilbaggers oder unter Umständen eines Tieflöffelbaggers oder auch eines Greifbaggers im unteren Abschnitt günstig zu sein scheint, wenn die Anlage einer Rampe möglich ist. Die höchsten Leistungen werden in dieser Weise erzielt und somit auch die kürzeste Bauzeit. Man benötigt bei diesem Geräteeinsatz bei Gleisbetrieb eine Rampe, die bis zur Ordinate — 10,5 hinabreichen muß und die demzufolge eine Länge von etwa 420 m hat. Durch Verwendung von gleislosen Fahrzeugen kann die Rampenlänge auf etwa die Hälfte verkürzt werden.

Die Bauzeiten, die unter gleichen Bedingungen errechnet sind, ergeben sich

bei Einsatz von zwei Greifbaggern zu 78 Tagen,

bei Einsatz von zwei Löffelhochbaggern im oberen Teil der Baugrube und von zwei Tieflöffeln im unteren Teil zu 51 Tagen und

bei Einsatz von zwei Löffelhochbaggern im oberen Teil der Baugrube und von zwei Eimerseilbaggern im unteren Teil zu 48 Tagen.

Die Überlegenheit des Einsatzes von Löffelhochbaggern tritt klar in Erscheinung.

Wenn die Anlage einer Rampe unmöglich ist, was in bebautem Gelände sehr wohl der Fall sein kann, muß der gebaggerte Boden, wie bereits erwähnt, fast senkrecht gehoben werden. Sogenannte Baugrubenaufzüge oder ähnliche Aufzüge können hier nicht verwendet werden, da dadurch die Baggerleistung in unwirtschaftlicher Weise beschränkt würde. Es bleibt in einem solchen Fall nur übrig, die in Aufgabe 1 erwähnte Lösung zu benutzen. Man kann hier den Löffelhochbagger im ersten Abschnitt nicht einsetzen, da dann doch eine Rampe notwendig wäre. An Stelle des Greifers den Löffeltiefbagger zu verwenden wäre an und für sich denkbar. In unserem Beispiel reicht jedoch die größte Baggertiefe mit 7,8 m nicht aus, da mindestens 9 m Aushub in jedem

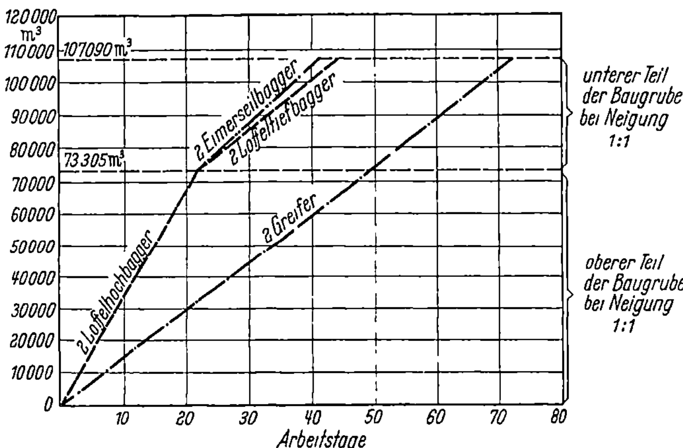

Abb. 10. Bauprogramm bei Einsatz von zwei Universalbaggern und Bau einer Rampe (Böschung 1:1)

Abschnitt getätigt werden muß. Bei Verwendung von Eimerseilbaggern liegen die Verhältnisse etwas besser, doch ist der Zeitgewinn nicht sehr beträchtlich, da die Stundenleistung des Eimerseilbaggers von 53 m³ nur etwa 6 m³ über der Greiferleistung liegt. Es ändert sich also an der oben errechneten Bauzeit von 125 Tagen nur wenig. Steht diese Bauzeit nicht zur Verfügung, so bleibt nichts anderes übrig als die Geräteausrüstung durch zwei weitere Bagger zu verstärken, eine teuere Lösung, vor allem, da der Geräteeinsatz im Verhältnis zu den zu leistenden Massen zu hoch ist.

In Abb. 10 ist ein Bauprogramm gezeigt für den Fall, daß eine Rampe angelegt werden kann und zwei Löffelhochbagger im ersten Abschnitt beschäftigt werden und zwei Eimerseilbagger bzw. zwei Löffeltiefbagger im zweiten Abschnitt. Zur Vereinfachung ist angenommen, daß von Beginn der Bauarbeiten an mit zwei Schichten gearbeitet werden kann und die Leistung gegen Ende der Bauzeit nicht sehr stark abfällt.

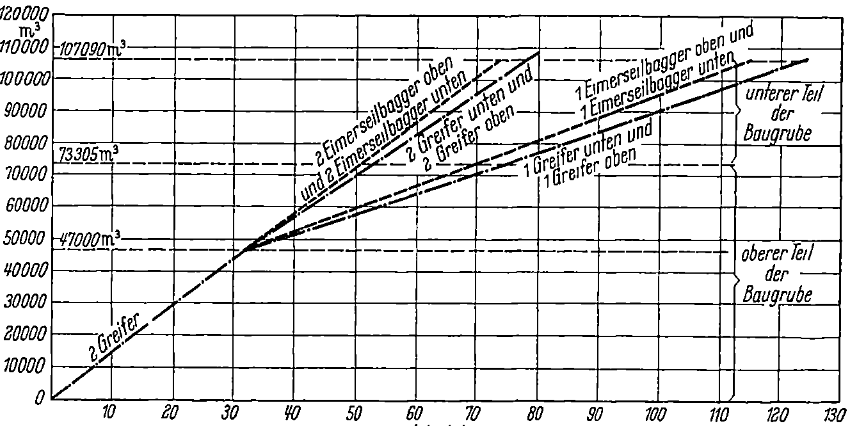

Abb. 11. Bauprogramm bei Einsatz von 2 bzw. 4 Universalbaggern, wenn keine Rampe möglich ist (Böschung 1:1)

Abb. 11 zeigt unter denselben Annahmen das Bauprogramm für den Fall, daß keine Rampe angelegt werden kann, und zwar einmal, wenn nur zwei Bagger eingesetzt werden und dann auch, wenn zwei weitere Bagger zum Einsatz im zweiten Bauabschnitt zur Verfügung stehen.

B. Erdaushub aus tiefen, in einer Richtung weit ausgedehnten Baugruben

Ein anderes Beispiel für Aushubarbeiten ist der Bau eines Kanals, der auf einer größeren Länge ganz oder vorzugsweise im Einschnitt liegt. Hier handelt es sich meist um den Aushub großer Mengen, mehrerer Millionen Kubikmeter. Man hat hier im Gegensatz zu den ersten Aufgaben nicht den Aushub aus einer räumlich beschränkten Baugrube vorzunehmen, vielmehr ist die Ausdehnung des Kanals in einer Richtung sehr groß, in der anderen Richtung jedoch beschränkt sie sich auf die Breite des Kanals.

In einem praktischen Fall wird bei einer größeren Länge des Kanals oder eines Abschnittes des Kanals die Einschnittstiefe entsprechend den topografischen Verhältnissen wechseln. Zur Vereinfachung soll hier angenommen werden, daß das in Abb. 12 gezeichnete Kanalprofil auf der ganzen Länge unveränderlich ist.

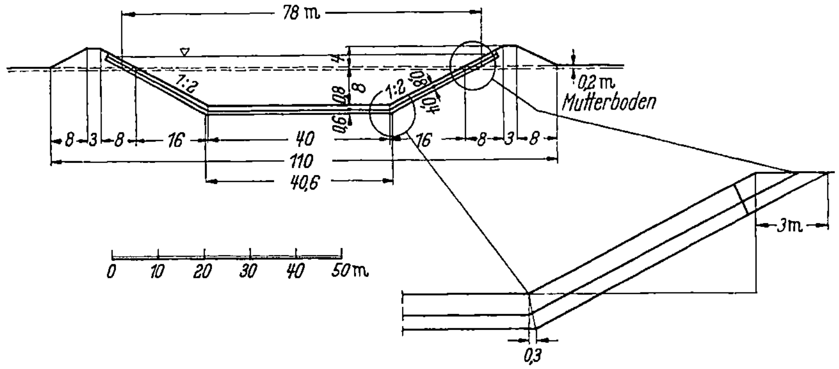

Abb. 12. Querschnitt durch den Kanal

Aufgabe 4. Aushub eines Kanals mit Hilfe von Löffelbaggern

Für einen Kanal ist auf einer Strecke von 4 Kilometern der Boden entsprechend Abb. 12 auszuheben. Die Bettbreite des Kanals beträgt 40 m, die Neigung der Böschung 1 : 2. Die Tiefe des Kanals unter Gelände beträgt 8 m. Das auszuhebende Material ist Sand und Kies, der Grundwasserstand liegt unter der Kanalsohle.

Alle Nebenarbeiten, wie Abdecken von Mutterboden, Andecken von Mutterboden, Aufbringen der Dichtungs- und Schutzschichten sollen mit eingeschlossen werden.

Der zukünftige Kanalwasserspiegel wird etwa 2,5 m über Gelände liegen und es sind daher Dämme längs des Kanals zu bauen mit einer Höhe von 4 m.

Für die Dichtung des Kanals sind zweckentsprechende Vorschläge zu machen.

Für den Aushub des Kanals sollen Löffelbagger eingesetzt werden, deren Abmessungen später gegeben werden.

Es ist zu zeigen, in welcher Reihenfolge die Arbeiten auszuführen sind, welche Anzahl von den verschiedenen zum Einsatz kommenden Geräten erforderlich ist, und welche Bauzeit günstig sein mag, wenn man den Geräteeinsatz gering halten will.

Lösung. Die erste Arbeit, die auszuführen ist, ist das Abdecken des Mutterbodens, wobei angenommen werden soll, daß derselbe getrennt vom anderen Aushub gewonnen und auch getrennt gelagert werden soll, so daß er für andere Aufgaben verwendet werden kann, soweit er nicht schon hier für die Andeckung der Dammböschungen benötigt wird. Der

Mutterboden ist nicht nur über dem zukünftigen Kanalprofil zu entfernen, sondern auch an den Stellen seitlich des Kanalaushubes, wo die Dämme zu errichten sind. Nimmt man an, daß überall Mutterboden ansteht und die Stärke desselben gleichmäßig 20 cm beträgt, so findet man die Gesamtmenge des auszuhebenden Mutterbodens aus der Breite von

$$40 + 2 \cdot 16 + 2 \cdot 19 = 110 \text{ m}$$

multipliziert mit der Länge und der abzuhebenden Stärke. Man muß jedoch auf beiden Seiten der Dämme den Mutterboden etwas breiter ausheben, um Arbeitsraum zur Verfügung zu haben und später den Anschluß besser herstellen zu können. Es soll deshalb mit einer Breite von 114 m gerechnet werden. Die gesamte abzuhebende Menge von Mutterboden ergibt sich dann zu

$$114 \cdot 4000 \cdot 0{,}2 = 91\,200 \text{ oder rd. } 92\,000 \text{ m}^3.$$

Ehe man die Art des Abhebens festlegt und Bestimmungen über Antransport und Lagerung trifft, muß man sich darüber klar sein, welche Mengen für die Andeckung der Dämme erforderlich sind. Mit Mutterboden anzudecken sind die Außenseiten der Dämme (etwa je 11 m), die Krone der Dämme (je 3 m) und die Wasserseite der Dämme bis auf den Wasserspiegel herab (etwa 3,5 m), ferner die Flächen außerhalb der Außenseite der Dämme, die als Arbeitsraum mit abgedeckt worden sind (2 m), zusammen somit rd. 39 m. Nimmt man an, daß der Mutterboden wiederum in 20 cm Stärke angedeckt wird, so sieht man, daß je lfd. m Kanal $39 \cdot 0{,}2 = 7{,}8 \text{ m}^3$ Mutterboden für die Wiederandeckung von den abgehobenen 114 m² Fläche benötigt werden. Erfahrungsgemäß ist der Bedarf an Mutterboden höher, da gewisse Verluste unvermeidlich sind und es ist daher besser, etwas mehr Mutterboden für die Wiederverwendung zu lagern.

Wenn es mit Rücksicht auf die für die Baudurchführung zur Verfügung stehenden Flächen möglich ist, ist es vorteilhaft, den Mutterboden, der wieder anzudecken ist, längs der Außenseiten der Kanaldämme zu lagern, so daß er später nur seitlich bewegt werden muß. Es sind hier auf jeder Seite

$$^1/_2(39 \cdot 0{,}2) = 3{,}9 \text{ m}^3$$

zu lagern, zuzüglich eines Zuschlages für Verluste von etwa 10%. Die restlichen Mutterbodenmengen von etwas weniger als 15 m³ je m Länge des Kanals müssen zu irgendeiner Ablagerungsstätte abgefahren werden.

Für diese Arbeit des Abdeckens eignet sich in hervorragender Weise eine Planierraupe, die sowohl den später wieder benötigten Mutterboden zu beiden Seiten wegschieben kann, so daß er dort zwischengelagert werden kann, als auch den abzutransportierenden Boden auf Haufen zusammenschieben kann, so daß ein Laden mit Hilfe eines Baggers oder eines Laders möglich ist.

Für das spätere Wiederandecken des Mutterbodens wird man dieselben Planierraupen verwenden können, da die Neigung der Dämme flach ist. Da die Transportweite des zwischenzulagernden Mutterbodens gering ist, kann man die Leistung der Planierraupen verhältnismäßig hoch annehmen. Setzt man eine Planierraupe mit einem 80-PS-Traktor ein, so ist die theoretische Leistung bei einem Schwenkschild etwa 50 m³ je Stunde, s. I. Bd., S. 45, Tab. 13.

Nimmt man einen Reduktionsfaktor von 45 % an, so erhält man eine Leistung von 22,5 m³ oder rd. 112 m² je Stunde.

Unabhängig davon, ob man mit einer Planierraupe auskommen kann oder nicht, wird man hier zweckmäßigerweise zwei Raupen einsetzen, einmal, weil außer dem Abdecken von Mutterboden viele andere Arbeiten von der Planierraupe mit erledigt werden können, dann aber auch, weil der Mutterboden auf beiden Seiten des Kanals gelagert werden muß. Der Einsatz von zwei Raupen ist vor allem notwendig bei dem späteren Andecken des Mutterbodens, da dann der Kanal bereits ausgehoben ist und die Raupe nicht ohne weiteres von einer Seite des Kanals zur anderen hinüberwechseln kann.

Bevor man die Mengen des auszuhebenden Bodens errechnen kann, muß man sich über die Art der Dichtung des Kanals klar werden, insbesondere muß man die Stärke der Dichtungs- und auch der Schutzschicht festlegen. Es sei hier angenommen, daß eine Lehmdichtung eingebaut wird mit einer Stärke von 60 cm und eine Schutzschicht von 80 cm, insgesamt also 1,4 m.

Die auszuhebenden Bodenmassen ohne Mutterboden errechnen sich dann wie folgt (s. Abb. 12):

Breite an der Sohle (unter der Dichtung) . . . . etwa 40,6 m
Breite in Geländehöhe . . . . etwa 78,0 m
Tiefe des Aushubes . . . .   9,4 m

Aushub einschl. Mutterboden . . . . [(40,6 + 78,0) : 2] · 9,4   = 557,4 m²
Davon abzusetzen rd. 78 · 0,2 (für Mutterboden) . . . .   = 15,6 m²

Aushub je lfd. Kanal . . . .   541,8 m³

und für die Länge des Kanals von 4000 m

$$541{,}8 \cdot 4000 = 2\,167\,280 \text{ m}^3 \text{ oder rd. } 2\,200\,000 \text{ m}^3.$$

Für die Dämme werden benötigt:

$$[(3 + 19) : 2] \cdot 4 = 44 \text{ m}^3 \text{ je lfd. m Damm.}$$

Dabei ist vernachlässigt, daß die Dammhöhe infolge des Entfernens des Mutterbodens um 20 cm größer ist, aber andererseits auch, daß durch Dichtung, Schutzschicht und Mutterbodenandeckung auf der Luftseite die Schüttmassen verringert werden. Die dadurch entstehende Ungenauigkeit spielt für die vorliegenden Berechnungen keine Rolle. Für beide Dämme insgesamt werden benötigt

$$44 \cdot 2 \cdot 4000 = 352\,000 \text{ m}^3.$$

Diese Massen brauchen nicht abbefördert zu werden, können vielmehr entweder ohne Zwischenlagerung oder mit Zwischenlagerung in der Nähe der Gewinnungsstelle in die Dämme eingebaut werden.

Die erforderlichen Massen von Ton bzw. Lehm für die Dichtung ergeben sich näherungsweise zu $92 \cdot 0,6 \cdot 4000 \cong 222\,000$ m³. Die Schutzschicht benötigt rd. 295 000 m³.

Es sind somit im ganzen folgende Bodenbewegungen auszuführen:

Mutterboden	92 000 m³
Erdaushub	2 200 000 m³
Ton	222 000 m³
Schutzschicht	295 000 m³
Insgesamt	2 809 000 m³

Für den Aushub können verwendet werden: Löffelbagger, Eimerkettenbagger oder Schürfkübelwagen, wenn man den Einsatz von Kabelbaggern usw. vernachlässigt, da sie nur selten gebraucht werden.

Untersucht man zuerst den Einsatz eines Löffelbaggers, so ist vor allem auf folgenden Unterschied gegenüber dem Einsatz in räumlich beschränkten Baugruben, wie in den Aufgaben 1 bis 3, hinzuweisen: Das Heben des gebaggerten Materials, dem in einer engen Baugrube eine sehr wichtige Rolle zukommt, läßt sich in einer Kanalbaugrube fast immer ohne Schwierigkeiten und meist auch mit nur verhältnismäßig geringen Kosten durchführen. Man kann entlang den Kanalböschungen Rampen anlegen mit nur geringen zusätzlichen Erdarbeiten, so daß die zu wählende Neigung nicht so wichtig ist. Man wird im allgemeinen die Rampen in die Kanalböschungen legen, selbst wenn die weitere Abfuhr des Bodens etwa rechtwinklig zur Kanalachse erfolgen muß. Man wird aber die Anlage einer besonderen Rampe als Ausfahrt aus dem Kanal vermeiden, besonders wenn, wie hier, der Kanal über dem Grundwasserspiegel liegt und somit der Wiedereinfüllung und Dichtung des Rampenschlitzes besondere Aufmerksamkeit geschenkt werden müßte. Man kann daher hier sehr wohl einen Löffelhochbagger verwenden, den man tief stellt, während die Fahrzeuge auf dem Baggerplanum laufen und dann an geeigneter Stelle auf einer Rampe hochgezogen werden. Das über die Neigung der Rampen oben bereits Gesagte gilt bei einem Transport von so großen Massen in besonderem Maß.

Eingesetzt werden hier Bagger ähnlich dem Typ 54 B der Bucyrus Erie-Werke mit einem Löffelinhalt von 2,6 cu yd gleich 1,95 m³. Die Daten des Baggers sind in Tab. 5 gegeben.

Tabelle 5. *Abmessungen eines Bucyrus Erie-Löffelbaggers 1,95 m³ Löffelinhalt*

	40°	60°
Neigungswinkel	40°	60°
Ausschütthöhe	5,26 m	7,54 m
Ausschüttweite bei größter Ausschütthöhe	10,06 m	8,08 m
Größte Ausschüttweite	10,29 m	9,30 m
Reichhöhe	8,15 m	10,85 m
Reichweite	11,58 m	10,52 m
Reichweite in Bodenhöhe	7,16 m	6,48 m
Größte Baggertiefe unter Terrain	2,82 m	2,13 m
Radius des oberen Auslegerpunktes . . .	8,23 m	6,10 m
Höhe des oberen Auslegerpunktes	7,70 m	9,60 m
Größte Ausladung des Drehgestells . . .	3,89 m	3,89 m

Maßgebend für den Einsatz des Baggers ist in diesem Fall die Reichhöhe. Sie beträgt bei einem Neigungswinkel von 40° 8,15 m und steigt bei einem Winkel von 60° bis auf 10,85 m an. Die größte Abtragshöhe ist 9,20 m, da bereits 0,20 m von den Planierraupen entfernt worden sind. Bei einem Neigungswinkel von etwa 60° reicht somit die Reichhöhe aus. Allerdings ist es nicht empfehlenswert, die Reichhöhe dauernd fast ganz auszunutzen, die Leistung fällt mit Zunahme der Abtragshöhe ab. Trotzdem aber wird es hier wirtschaftlicher sein, nur in einem Schnitt zu arbeiten und den Nachteil der großen Abtragshöhe in Kauf zu nehmen als zwei Schnitte anzuordnen.

Sollte aber in einem ähnlich gelagerten Fall die Abtragshöhe noch größer sein, so müßte man zwei Schnitte machen, was ohne weiteres möglich wäre.

Der Löffelbagger ist nicht in der Lage, die Böschung unter der Neigung 1 : 2 herzustellen. Er müßte dazu eine Ausladung von erheblich mehr als 20 m haben, was selbst bei flacher Einstellung des Auslegers nicht der Fall ist. Wählt man zwei Schnitte, so ist die Herstellung der Böschung möglich, was in gewisser Hinsicht ein Vorteil wäre. Man darf aber nicht vergessen, daß dann die Abtragshöhe auf etwa 4,60 m je Schnitt zurückgeht, was zu gering ist, um eine größtmögliche Leistung zu erhalten. Bei *einem* Schnitt muß dann eine Planierraupe eingesetzt werden, die die Böschung in der gewünschten Neigung herstellt. Es ist dies eine von den Nebenarbeiten, für die die Planierraupe bestens geeignet ist und man verbessert dadurch gleichzeitig die Leistung des Baggers, da man ihm den zeitraubenden Aushub der dünnen Lagen am Ende des Profils erspart.

So scheint es richtig zu sein, den vorerwähnten Nachteil der im Verhältnis zur Reichhöhe großen Abtragshöhe in Kauf zu nehmen und nur einen Schnitt zu wählen.

Der Abtransport erfolgt durch Fahrzeuge, die auf Ordinate − 9,20 laufen, sei es durch Fahrzeuge auf Schienen oder mit gleislosem Betrieb. Wenn man auf Schienen laufende Fahrzeuge verwendet, so ist die Wahl *eines* Schnittes besonders vorteilhaft, denn bei Anordnung von zwei

Schnitten würden die Gleisverlegungsarbeiten sehr beträchtlich größer sein.

Wie bereits erwähnt, ist nicht aller Boden abzufahren, vielmehr sind auf jeder Seite 44 m³ in die Dämme einzubauen. Man hat früher für den Bau solcher Dämme gern einen Greifbagger verwendet, heute ist es aber wohl gebräuchlicher, dafür eine Planierraupe einzusetzen, die in der Lage ist, den Boden aus dem Kanalprofil in die Dämme zu bringen. Man wird also einen Teil des zuvor erwähnten Bodens über der Böschung 1 : 2 dazu verwenden, und zwar den Teil, der vom Löffelbagger nur schwer zu erreichen wäre.

Die von den Planierraupen zu leistenden Massen vergrößern sich dadurch gegenüber den zuerst gemachten Annahmen beträchtlich, denn zu der Abdeckung von 23 m³ Mutterboden je lfd. m Kanal kommt noch die Schüttung von 44 m³ Boden für den lfd. m Damm hinzu. Ordnet man zwei Planierraupen an, d.h. auf jeder Kanalseite eine, so hat jede 11,5 + 44 = 55,5 m³ je lfd. m zu leisten.

Die Leistungen, die von den Planierraupen auszuführen sind, ergeben sich entsprechend dem oben Gesagten zu:

Mutterboden abdecken . . . . 92 000 m³
Mutterboden wieder andecken . . . . 34 000 m³
Aushub des für die Dammschüttungen benötigten Bodens   . . . . . . 352 000 m³

Zusammen somit   . . . . 478 000 m³

Die stündliche Leistung einer Planierraupe ist 22,5 m³, bei einer 16stündigen Arbeitszeit ist die tägliche Leistung rd. 360 m³.

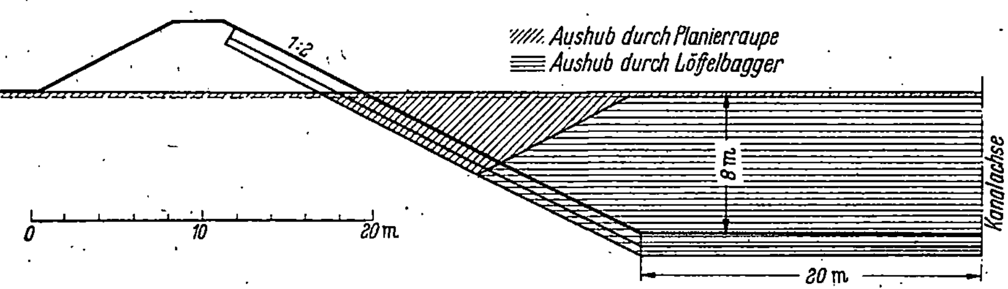

Abb. 13. Verteilung des Aushubs auf Planierraupen und Löffelbagger

Aus Abb. 13 geht hervor, welche Arbeiten durch die Planierraupen und welche durch die Bagger auszuführen sind, wobei angenommen worden ist, daß die Planierraupe vor dem Löffelbagger den in die Dämme einzubauenden Boden aushebt.

Die Leistung eines Löffelhochbaggers ergibt sich in ähnlicher Weise wie früher zu:

Anzahl der theoretischen Spiele · Löffelinhalt · Faktoren für Bodenart,

Schwenkwinkel und Störungen.

Unter Benutzung der Abb. 6 erhält man

$$150 \cdot 1,95 \cdot 0,92 \cdot 0,75 \cdot 0,40 = 80 \text{ m}^3 \text{ je Stunde.}$$

Es ist empfehlenswert, in Anbetracht der großen Abtragshöhe diesen Wert noch um etwa 5% zu verringern, so daß im folgenden mit einer Ausbeute von 75 m³ je Stunde gerechnet werden soll. Bei einer 22stündigen Arbeitszeit ist die zu erwartende Tagesleistung 1650 m³.

Bei Einsatz von nur einem Bagger wäre die ganze Arbeitszeit für den Aushub:

$$2\,200\,000 : 1650 = 1333 \text{ Tage.}$$

Berücksichtigt man, daß die Schüttung der Dämme durch Planierraupen durchgeführt werden kann, so verkürzt sich die Baggerzeit, und zwar um

$$(44 \cdot 2 \cdot 4000) : 1650 = 213 \text{ Tage}$$

auf 1120 Tage.

Da eine Bauzeit von etwa $4^1/_2$ Jahren im allgemeinen nicht zulässig sein wird und auch bestimmt nicht wirtschaftlich wäre, muß man mehrere Bagger einsetzen. Je nach den Erfordernissen kann man zwei oder vielleicht drei Bagger wählen, wodurch man dann auf eine Bauzeit für die Aushubsarbeiten von 560 bzw. 373 Tagen käme. Mehr als drei Bagger einzusetzen und die Bauzeit auf 280 Tage zu verkürzen, erscheint nicht ratsam zu sein, da wohl schon bei drei Baggern, aber erst recht bei vier Baggern eine gewisse Minderleistung unvermeidlich sein wird. Doch kann die günstigste Bauzeit nur durch eine eingehende Kostenberechnung herausgefunden werden.

Der Abtransport der nicht für die Dämme benötigten Bodenmassen kann entweder in Fahrzeugen erfolgen, die auf Schienen laufen oder in geländegängigen Fahrzeugen. Da hier die Anlage der Rampen nicht dieselbe Bedeutung hat wie bei einer beschränkten Baugrube, ist diese Frage für die vorliegende Aufgabe ohne Bedeutung.

Die Gewinnung des Tonbodens für die Dichtung hängt von den örtlichen Verhältnissen ab. Allgemein kann nur folgendes gesagt werden: Ein Löffelbagger ist für die Tongewinnung an und für sich möglich, hat aber in Anbetracht des Verwendungszweckes des Tons den Nachteil, daß das Material in größeren Brocken anfällt, selbst wenn man nur eine kleine Type eines Löffelbaggers verwendet. Diese Klumpen lassen sich an der Einbaustelle nur schwer zerkleinern und setzen dem Walzen und Verdichten einen großen Widerstand entgegen. Dasselbe gilt für die Gewinnung des Dichtungsmaterials mit einem Eimerseilbagger. Gute Erfahrungen wurden mit dem Einsatz von Eimerkettenbaggern gemacht, die den Ton in dünnen Lagen abschälen, so daß er leicht in gleichmäßiger Stärke ausgebreitet und dann gewalzt werden kann. Das Material für die Schutzschicht (etwa 295 000 m³) muß in den meisten Fällen außerhalb der Kanalstrecke gewonnen werden. Hier wird man mit Vorteil einen kleineren Löffelbagger verwenden, dessen Leistung der des Eimerkettenbaggers beim Tonaushub angepaßt sein muß.

In manchen Fällen hat man den Einsatz eines weiteren Baggers für den Kiesaushub ersparen wollen und hat einen Bagger oder seltener zwei Bagger aus dem Hauptbetrieb herausgezogen und zur Kiesgewinnung benutzt. Es sei zugegeben, daß dies manchmal vorteilhaft sein kann, im vorliegenden Fall sind aber immerhin 295 000 m³ erforderlich, wozu wahrscheinlich noch eine mehr oder minder große Menge Abraum hinzukommt, so daß diese Lösung hier nicht möglich ist.

Nimmt man einen Eimerkettenbagger mit 100 l Eimerinhalt für die Tongewinnung, so ergibt sich die Leistung zu $0{,}1 \cdot 22 \cdot 60 = 132 \, \text{m}^3/\text{h}$, wenn die Zahl der Schüttungen mit 22 je Minute angenommen wird. Auch dieser theoretische Wert muß noch umgerechnet werden, um zu einem praktisch brauchbaren Ergebnis zu kommen. Nimmt man für Ton eine Leistungsminderung um 50 % an und einen Störungsfaktor, der in diesem Fall gering sein wird, mit 0,8, so erhält man eine Leistung von $132 \cdot 0{,}5 \cdot 0{,}8 \cong 53 \, \text{m}^3$ je Stunde. Rechnet man mit 50 m³/h, so ist die tägliche Leistung bei 16stündiger Arbeitszeit 800 m³ und die ganze Arbeitszeit des Baggers etwa $222\,000 : 800 = 278$ Tage. Wählt man beim Erdaushub zwei Bagger, so ist, wie bereits errechnet, die Baggerzeit 560 Tage, so daß mit der Tondichtung bei Einsatz nur eines Baggers erst in der zweiten Hälfte der Bauzeit begonnen werden muß. Bei drei Baggern im Erdbetrieb müßte schon etwa 90 Tage nach Beginn der Erdarbeiten die Tongewinnung einsetzen. Es mag dies gerade noch angehen, obwohl der Abstand schon recht gering ist. Es wäre zu überlegen, ob man in diesem Fall für die Tongewinnung nicht besser einen etwas größeren Bagger wählen soll. Bei Einsatz von vier Baggern im Erdbetrieb wird es kaum möglich sein, mit einem Bagger bei der Tongewinnung auszukommen, man wird hier dann zwei Bagger benötigen, was ungünstig ist und nicht zur Verbilligung beiträgt.

Bei der Errechnung der Bauzeit für die Tongewinnung ist nur mit einer täglichen Arbeitszeit von 16 Stunden gerechnet worden, im Gegensatz zur 22stündigen Arbeitszeit im Erdbetrieb. Dies ist mit Absicht geschehen. Die sehr sorgfältig auszuführende Arbeit des Verdichtens des Tones wird besser auf einen Zweischichtenbetrieb beschränkt, sofern man hier nicht überhaupt Nachtarbeit ausschalten will.

Die Schutzschicht muß gleichzeitig mit der Herstellung der Tondichtung aufgebracht werden. Die Arbeitszeit muß daher die gleiche sein wie bei der Tongewinnung. Die notwendige Tagesleistung ergibt sich zu $(800 \cdot 0{,}8) : 0{,}6 = 1064 \, \text{m}^3$ und die Stundenleistung zu $1064 : 16 = 67 \, \text{m}^3$. Mit einem Faktor von 0,8 für die Bodenart und 0,5 zur Berücksichtigung der Störungen erhält man eine notwendige theoretische Leistung von

167 m³/h. Man wird daher einen Löffelbagger mit einem Löffel von mindestens 1,00 m³, besser etwas größer, wählen.

Für die Entfernung des Abraums wird man im allgemeinen keinen zusätzlichen Bagger benötigen, denn entweder kann der Bagger früher eingesetzt werden und das Baggerfeld vor Beginn der Kiesgewinnung säubern oder aber der Bagger muß mehr als 16 Stunden arbeiten, um den Abraum in einer dritten Schicht zu entfernen. Allgemeingesprochen empfiehlt es sich mehr, den Abraum vorweg zu entfernen, da man dann ein sauberes Baggerfeld zur Verfügung hat. Allerdings wird dadurch der Bagger länger an der Baustelle festgehalten. Trotzdem scheint aber diese Lösung besser als ein Dreischichtenbetrieb.

Es soll nunmehr die Aufstellung des Bauprogramms im einzelnen durchgesprochen werden. Nicht nur in Deutschland, sondern in den meisten Ländern ist es von Wichtigkeit, in welcher Jahreszeit mit den Arbeiten begonnen werden kann. Am günstigsten ist es, wenn mit den Einrichtungsarbeiten im frühen Frühjahr angefangen werden kann, so daß die eigentlichen Bauarbeiten sofort aufgenommen werden können, wenn die Witterung dies zuläßt. Dies ist nur möglich, wenn die Ausschreibung im Spätherbst oder im Winter erfolgt. Der genaue Zeitpunkt hängt von der Größe des Bauvorhabens und manchen anderen Umständen ab. In diesem Fall kann die Abgabe der Angebote 1 bis 2 Monate nach der Ausschreibung erfolgen, eine Zeit, die für die gründliche Bearbeitung der Angebote ausreichend ist. Dann setzt die Prüfung der Angebote ein und die Verhandlungen zwischen Bauherrn und Unternehmer folgen nach. Die Auftragserteilung kann dann so rechtzeitig erfolgen, daß dem Unternehmer vor dem Beginn der Arbeiten an der Baustelle noch genügend Zeit bleibt, um alle Vorbereitungen im Stammhaus oder in der Niederlassung zu treffen, so daß er mit dem Beginn der günstigen Jahreszeit mit den Arbeiten anfangen kann. Erfolgt die Vergabe später, so ist ein wertvoller Teil der Bauzeit verloren, was in vieler Beziehung ungünstig ist. Leider wird nur zu oft die Vergabe verzögert, so daß bei der Ausführung Schwierigkeiten entstehen. Dies sind nur allgemeine Richtlinien, die je nach den örtlichen Verhältnissen, der Art der auszuführenden Bauarbeiten usw. veränderlich sind.

Für die Einrichtung einer Erdbaustelle wie im vorliegenden Fall, wird sich die für die Baueinrichtung notwendige Zeit ändern, je nachdem, ob man Gleisbetrieb oder ob man schienenlose Fahrzeuge verwendet. Im ersten Fall wird der Beginn der Bauarbeiten durch vorbereitende Erdarbeiten für die Gleisverlegung und durch die Gleisverlegung selbst erst später erfolgen können als im zweiten Fall. Verwendet man Bagger, die nur wenig Montage erfordern, wie Anbringen des Auslegers usw., und setzt man geländegängige Fahrzeuge ein, so kann man den Aushub kurz nach dem Eintreffen der Geräte an der Baustelle beginnen. Praktisch ist es so, daß man zuerst die Planierraupen an die Baustelle sendet, die gleich mit dem Mutterbodenaushub anfangen können. Bis das Gelände auf eine gewisse Länge abgedeckt ist, sind auch die Bagger usw. einsatzbereit, so daß keine besonderen Verlustzeiten durch die Montagen eintreten.

Zur Vereinfachung der graphischen Darstellung (Abb. 14, s. auch die Zusammenstellung der zu leistenden Massen in Tab. 6) ist angenommen, daß Baubeginn und Eintreffen der Geräte an der Baustelle zusammenfällt, der Antransport der Geräte mit der Bahn ist also nicht in das Bauprogramm eingeschlossen.

Wenn man zunächst annimmt, daß zwei Planierraupen an der Baustelle eingesetzt werden und jeweils eine Raupe auf einer Hälfte des Kanals arbeiten soll, so findet man folgendes Ergebnis:

Nach dem oben Gesagten hat eine Planierraupe je lfd. m Kanal 55,3 m³ Aushub zu leisten. Die stündliche Leistung war zu 22,5 m³ errechnet worden. Eine Planierraupe kann daher in einem 16stündigen Arbeitstag – und man sollte noch dazu am Anfang der Bauzeit keinesfalls eine längere Arbeitszeit vorsehen – $(16 \cdot 22,5) : 55,3 = 6,5$ m Kanal, in der Längsachse gemessen, freilegen. Nimmt man an, daß mindestens 100 m Kanal freigelegt werden müssen, ehe die Bagger die Arbeit aufnehmen können, so müssen die Planierraupen rd. 16 Tage arbeiten, bevor der Einsatz der Bagger erfolgen kann. Dieser Zeit-

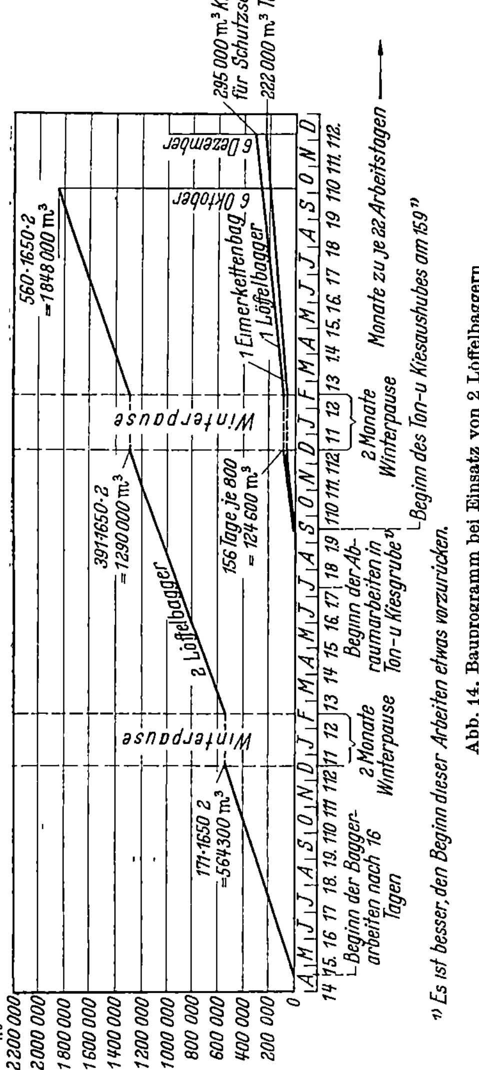

Abb. 14. Bauprogramm bei Einsatz von 2 Löffelbaggern

Tabelle 6. *Zusammenstellung der insgesamt zu leistenden Massen*

	Zu leistende Massen m³	Gerat	Lei- stung je Stunde m³	Täg- liche Ar- beits- zeit Std.	Anzahl der Geräte	Tages- lei- stung m³	Er- forder- liche Zeit Arbeits- tage
Mutterboden abheben	92000	Planier- raupe	22,5	16	4	1440	332
Mutterboden andecken	34000	Planier- raupe	22,5	16	4	1440	
Bodenaushub für die Dämme	352000	Planier- raupe	22,5	16	4	1440	
Bodenaushub, der auf Kippe gefahren wird	1848000	Löffel- bagger	75	22	2	3300	560
Tonaushub	222000	Eimer- ketten- bagger	50	16	1	800	280
Kiesaushub	295000	Löffel- bagger	67	16	1	1064	280

abstand kann – wie schon ausgeführt – für die Montage benutzt werden.

Untersucht man nun die gesamte Arbeitszeit beim Einsatz von zwei Planierraupen, so findet man, daß diese

$$478000 : (360 \cdot 2) = 664 \text{ Tage ist.}$$

Bei Einsatz von zwei Baggern ist, wie bereits errechnet, die Bauzeit für den Erdaushub nur 560 Tage. Die Leistung der zwei Planierraupen ist somit nicht ausreichend. Entweder muß die Zahl der Planierraupen mindestens auf drei, besser auf vier erhöht werden oder die gesamte Leistung der Planierraupen muß herabgesetzt werden, was dadurch möglich ist, daß nicht die gesamten Massen der Dämme von den Planierraupen bewegt werden. Die erste Lösung ist wohl besser. Der Einsatz von vier Raupen an Stelle von drei Raupen, die rechnerisch ausreichend wären, ist damit zu begründen, daß die Raupen viele Nebenarbeiten auszuführen haben, wie Rampen usw., und später das Andecken vom Mutterboden. So scheint der Einsatz von vier Raupen richtig zu sein. Trotzdem aber wird man den Beginn der Erdarbeiten mit den Baggern, wie oben errechnet, etwa 16 Tage nach dem ersten Einsatz der Planierraupen legen und nicht etwa in Anbetracht der vier Planierraupen früher, da am Anfang und bei der zunächst beschränkten Länge der Arbeitsstrecke nur zwei Planierraupen voll arbeiten können.

Bei den Erdarbeiten soll hier mit dem Einsatz von zwei Löffelbaggern gerechnet werden, so daß die Baggerzeit mit 560 Tagen dem Bauprogramm zugrunde zu legen ist.

Die Herstellung der Tondichtung benötigt 280 Tage. Um eine gewisse Sicherheit zu haben, wird man etwa 250 Tage nach dem Beginn der Erdarbeiten mit der Baggerung des Tones anfangen, obwohl man weiß, daß die Arbeiten an der Dichtung nicht mit den Erdarbeiten gleichzeitig beendet werden können, sondern erst einige Zeit später. Ist über dem Gelände, das für die Tongewinnung vorgesehen ist, noch Abraum zu entfernen, so muß die Säuberung des Baggerfeldes früh genug begonnen werden, um die Tongewinnung nicht zu verzögern.

Die Arbeiten für die Gewinnung des Materials der Schutzschicht gehen gleichzeitig mit der Tongewinnung voran. Auch hier muß der Abraum schon im voraus entfernt werden. Es sei im Bauprogramm angenommen, daß dafür 44 Arbeitstage gleich zwei Monaten genug sind. Das Andecken des Mutterbodens kann laufend mit der Fertigstellung der Dämme vorgenommen werden und hat daher keinen Einfluß auf die Ausdehnung des Bauprogramms.

Es wird in diesem Fall angenommen, daß eine Winterunterbrechung von insgesamt zwei Monaten notwendig ist.

Die gesamte Bauzeit errechnet sich somit zu

16 Arbeitstagen für die Einrichtung, d. h. den Zusammenbau der Bagger,

560 Arbeitstagen für die Erdarbeiten. Dazu kommt noch eine Periode für die Fertigstellungsarbeiten, da Tondichtung und Schutzschicht nicht mit den Erdarbeiten gleichzeitig beendet werden können. Nimmt man dafür einen Zeitraum von

22 Arbeitstagen an, so dürfte dies ausreichend sein. Man erhält somit eine Bauzeit von

598 Arbeitstagen.

Nimmt man den Beginn der Arbeiten am 1. 4. an und setzt die Winterpause vom 15. Dezember bis 15. Februar ein, so ist die Bauzeit

im ersten Jahr   8,5 · 22 (bei 22 Arbeitstagen je Monat) 187 Arbeitstage
im zweiten Jahr   10 · 22 (bei 22 Arbeitstagen je Monat) 220 Arbeitstage

407 Arbeitstage

Im dritten Jahr werden noch 191 Arbeitstage benötigt. Demgemäß werden die Arbeiten etwa am 6. Dezember fertiggestellt sein. Eine sehr geringe Überschreitung der obengenannten Termine könnte noch in Kauf genommen werden, ohne eine neue Überwinterung befürchten zu müssen. Immerhin wäre es im Interesse einer Erhöhung der Sicherheit zu begrüßen, wenn, z.B. durch verstärkten Einsatz der Planierraupen, die ganze Arbeit etwas mehr beschleunigt und die Bauzeit etwas stärker verkürzt werden könnte. Abb. 14 zeigt das Bauprogramm unter Beachtung der oben gemachten Annahmen.

Der hier vorgeschlagene Einsatz von Löffelbaggern stellt nur eine der möglichen Lösungen dar. Die Verwendung einer anderen Type des Universalbaggers, z. B. eines Eimerseilbaggers, wird kaum in Frage kommen, mit Rücksicht auf die geringere Leistung als bei der Löffelausrüstung. Man kann aber bei den immerhin nicht unerheblichen Massen an den Einsatz eines Eimerkettenbaggers denken, ferner ist auch die Verwendung von Schürfkübelwagen in Betracht zu ziehen. Es sollen in den folgenden Aufgaben diese beiden Möglichkeiten noch untersucht werden.

Aufgabe 5.
Aushub eines Kanals mit Hilfe von Eimerkettenbaggern

Es soll dasselbe Problem behandelt werden wie in Aufgabe 4, jedoch soll ein Eimerkettenbagger für den Erdaushub zum Einsatz kommen.

Lösung. Wenn man untersuchen will, ob ein Eimerkettenbagger vorteilhafterweise eingesetzt werden kann, so muß man sich von vornherein klar darüber sein, daß dies nur dann der Fall sein kann, wenn die Reichtiefe des Baggers mindestens 10 m ist, so daß der gesamte Aushub in einem Schnitt erfolgen kann. Dies bereitet kaum größere Schwierigkeiten, da fast jeder Eimerkettenbagger von der hier benötigten Größe eine so lange Eimerleiter hat, daß er 10 m tief hinabreichen kann.

Beim Einsatz von Löffelbaggern haben wir festgestellt, daß mindestens zwei Einheiten notwendig sind. Bei Verwendung von Eimerkettenbaggern wird man nochmals untersuchen müssen, wie viele Bagger notwendig sind, und zwar mit der Absicht, wenn möglich den Einsatz von mehr als einem Bagger zu vermeiden. Würde man so kleine Einheiten einsetzen, daß zwei Bagger notwendig sind, so würde die Reichweite und Reichtiefe nicht ausreichend sein.

Eine Maschine hat immer den Nachteil, daß bei einer Störung der ganze Betrieb zum Erliegen kommt. Dieser Nachteil kann nicht abgeleugnet werden. Es hat sich aber in der Praxis gezeigt, daß der Eimerkettenbagger eine zuverlässige Maschine ist und man daher nicht unbedingt mehrere Einheiten einsetzen muß. Jedoch gilt das an anderer Stelle Gesagte auch hier, man wird in einem solchen Fall mehr Ersatzteile nach der Baustelle bringen als dies vielleicht sonst notwendig wäre.

Ein nicht zu unterschätzender Vorteil des Eimerkettenbaggers ist, daß er den gebaggerten Boden bis über Baggerplanum hochbefördert. Es ist also nicht wie beim Löffelbagger notwendig, Gleise oder eine Fahrbahn für gleislose Fahrzeuge auf Kanalsohle anzuordnen, vielmehr erfolgt der Abtransport auf Geländehöhe. Rampen werden auf diese Weise vermieden, was zur Betriebssicherheit und Erhöhung der Leistungsfähigkeit beiträgt.

Nachteilig ist, wie auch schon im I. Bd. erwähnt, die lange Montagezeit gegenüber einem Einsatz von Löffelbaggern. Es ist nicht möglich, allgemein die Dauer der Montage eines solchen Baggers anzugeben. Es spielen hier der Zustand des Baggers, die Erfahrungen des Montagepersonals und viele andere Umstände eine Rolle. Es dürfte aber kaum möglich sein, einen solchen Bagger in weniger als 2 Monaten mit voller Leistung zum Einsatz bringen zu können.

Wenn man etwa dieselbe Bauzeit zulassen will, muß man bei der Errechnung der erforderlichen Tages- oder Stundenleistung diese Verminderung der für produktive Arbeitsleistung zur Verfügung stehenden Zeit berücksichtigen.

Für die übrigen Arbeiten, wie Abdecken des Mutterbodens, Tongewinnung und Baggerung des Materials für die Kiesschutzschicht wird man dieselben Geräte, wie in Aufgabe 4 erwähnt, einsetzen, so daß auf diese Fragen nicht einzugehen ist.

Nimmt man an, daß ein Eimerkettenbagger mit 250 l Eimerinhalt zur Verfügung steht, so kann man die Leistung und die erforderliche Bauzeit wie folgt errechnen:

Eimerinhalt . . . . 250 l
Schüttungen je Minute 22
Theoretische Leistung je Stunde . $0,25 \cdot 22 \cdot 60 = 300$ m³

Die praktische Leistung ergibt sich zu $300 \cdot 0,60 = 180$ m³ je Stunde, wenn man einen Faktor von 0,6 als zulässig ansieht. Es ist bei Einsatz eines Eimerkettenbaggers möglich, einen höheren Reduktionsfaktor zu wählen als bei einem Löffelbagger, da die Füllung der Eimer gleichmäßiger ist und der Betrieb nicht in demselben Maß wie bei Universalbaggern von der Geschicklichkeit des Baggerführers abhängt.

Bei der gleichen täglichen Arbeitszeit wie beim Löffelbagger ergibt sich die Tagesleistung zu $180 \cdot 22 = $ rd. 3960 m³. Die erforderliche Bauzeit findet man zu $2\,200\,000 : 3960 = 555$ Tagen bzw. wenn die Schüttung der Dämme auch in diesem Fall von Planierraupen ausgeführt wird, zu $1\,848\,000 : 3960 = 467$ Tagen. Die Arbeitszeit des Eimerkettenbaggers ist somit um $665 - 555 = 110$ bzw. $560 - 467 = 93$ Tage kürzer. Auch wenn man die längere Montagezeit berücksichtigt, bleibt noch eine nicht unbeträchtliche Verkürzung der Bauzeit gegenüber dem Einsatz von zwei Löffelbaggern bestehen.

Selbst mit einem etwas kleineren Eimerkettenbagger könnte man noch eine ausreichende Leistung erzielen, sofern ein solcher Bagger eine genügend lange Eimerleiter besitzt.

Der Einsatz eines Eimerkettenbaggers ist daher sehr wohl in Betracht zu ziehen, jedoch nur dann, wenn beim Aushub nicht mit dem Vorkommen von Einlagerungen von großen Steinen gerechnet werden muß. Wenn Steine angetroffen werden, ist mit einer wesentlichen Verminderung der Leistung und damit mit einer Verlängerung der Bauzeit zu rechnen, außerdem aber tritt dann eine nicht unbeträchtliche Verteuerung der Arbeiten ein, dadurch, daß versucht werden muß, die Steine vor dem Bagger im Handbetrieb zu entfernen, ferner steigen dann auch die Reparaturkosten für den Bagger und die Ausfallzeiten, selbst wenn man Auffangvorrichtungen in Form von Wanderrechen usw. einbaut.

Aufgabe 6.
Aushub eines Kanals mit Hilfe von Schürfkübelwagen

Es soll dasselbe Problem behandelt werden wie in Aufgabe 4, jedoch sollen Schürfkübelwagen eingesetzt werden.

Lösung. Schürfkübelwagen können nur zur Verwendung kommen, wenn die Entfernung zwischen Gewinnungsstelle und Kippe nicht zu groß ist. Schürfkübelwagen auf Raupen wird man nur verwenden, wenn die Transportweite nicht viel mehr als etwa 500 m ist. Sie kommen daher im vorliegenden Fall nicht in Betracht. Schürfkübelwagen und Schlepper mit Gummibereifung werden für größere Entfernungen eingesetzt, besonders moderne Wagen mit hohen Geschwindigkeiten. Da hier die Entfernung bis zur Kippstelle nicht festgelegt ist, soll angenommen werden, daß solche Schürfkübelwagen noch wirtschaftlich verwendet werden können. Im vorliegenden Fall hat der Einsatz gummibereifter Schürfkübelwagen folgende Vorteile:

Große Anzahl von Schürfkübelwagen, verglichen mit einem Baggerbetrieb, wo nur ein Bagger – im Fall des Einsatzes eines Eimerkettenbaggers – oder zwei Bagger – bei Einsatz von Löffelbaggern – vorhanden sind. Durch die größere Zahl von Einheiten wird die Sicherheit erhöht, denn bei einer Störung kommt nur ein Wagen mit einem Bruchteil der Gesamtleistung zum Ausfall, nicht aber der gesamte Betrieb, wie beim Eimerkettenbagger oder ein wesentlicher Teil des Betriebes beim Einsatz von Löffelbaggern.

Es ist in diesem Fall leicht möglich, wenn sich dies im Betrieb auf Grund ungünstiger Erfahrungen als notwendig oder wünschenswert herausstellen sollte, die Anzahl der Einheiten zu vergrößern, um die dem Bauprogramm zugrunde gelegte Leistung tatsächlich zu erreichen.

Die Schürfkübelwagen sind in der Lage, ein gutes Planum herzustellen, was vor allem beim Löffelbagger nicht in gleichem Maß der Fall ist. Es fallen daher Nacharbeiten vollständig fort.

Auf der anderen Seite sind aber mit dem Einsatz von Schürfkübelwagen auch Nachteile verbunden. Der Schürfkübelwagen hebt nicht den Boden in großer Stärke aus, sondern er schält ihn in dünnen Schichten ab. Bei dieser Arbeitsweise und auch in Anbetracht der größeren Zahl von Schürfkübelwagen, verteilt sich die Aushubsarbeit über eine größere

Länge des Kanals, so daß nicht, wie vor allem beim Eimerkettenbagger, aber auch bei Löffelbaggern, ein Stück des Kanals fast auf einmal vollständig fertiggestellt werden kann. Der zeitliche Abstand zwischen Aushubsarbeiten und dem Einbringen der Dichtung und der Schutzschicht muß daher wesentlich größer sein.

Zum Laden der Schürfkübelwagen muß man einen Schubtraktor einsetzen. Auch bei einer sehr guten Organisation an der Baustelle wird es sich nie erreichen lassen, daß die Schubraupen immer sofort zur Verfügung stehen wenn der Schürfkübelwagen mit dem Aushub beginnen kann, oder die Zahl der Schubraupen muß höher liegen als theoretisch errechnet, so daß die Schubraupen auf den Schürfkübelwagen warten und nicht umgekehrt.

Für die Schürfkübelwagen muß, wie auch im I. Bd. hervorgehoben, ein guter Weg zur Verfügung stehen. Darin unterscheidet sich der Schürfkübelbetrieb in keiner Weise von der Abfuhr des gebaggerten Materials mit Hilfe von geländegängigen Fahrzeugen.

Im ganzen gesehen wird aber der Einsatz von Schürfkübelwagen im vorliegenden Fall nicht besonders vorteilhaft sein, da es sich um Aushub bis zu beträchtlichen Tiefen handelt und weil die Transportweite bei der Länge des Kanalstückes von 4 km sicherlich im Maximum 3 bis 4 km betragen wird. Für solche Entfernungen ist der Schürfkübelwagen kaum noch wirtschaftlich.

Es ist daher nicht notwendig, diese Lösung in allen Einzelheiten zu erörtern, es sei aber auf Aufgabe 7 und 8 hingewiesen, in denen der Zeitaufwand und die Leistung von Schürfkübelwagen errechnet sind.

Allgemeine Bemerkung zum Erdaushub
aus in einer Richtung weit ausgedehnten Baugruben

Wenn als Ergebnis der Untersuchungen in den Aufgaben 4 bis 6 festgestellt wurde, daß ein Löffelbaggerbetrieb günstiger sein wird als die Verwendung von Schürfkübelwagen, so ist diese Schlußfolgerung nicht allgemein gültig. In sehr vielen Fällen, insbesondere bei geringerer Transportweite, wird der Schürfkübelwagen dem Löffelbagger nicht nur gleichwertig, sondern sogar überlegen sein.

Auch die Ausführung von Erdarbeiten im Straßenbau gehört zu der hier behandelten Gruppe von Erdarbeiten. In diesem Fall handelt es sich im allgemeinen um Baustellen, die in einer Richtung sehr große Ausdehnung haben. Allerdings liegen die Verhältnisse im Straßenbau insofern etwas anders als Auftrag und Abtrag meist auf kurzen Entfernungen miteinander abwechseln. Auch wird in den meisten Fällen auf gewissen Längen entweder ein vollständiger oder doch wenigstens ein teilweiser Massenausgleich vorhanden sein, wenn es auch sehr wohl vorkommen kann, daß überschüssiger Boden auf eine Aussatzkippe gefahren werden muß oder fehlende Bodenmassen aus Seitenentnahmen gewonnen werden müssen.

Grundsätzlich aber bestehen in beiden Fällen ähnliche Verhältnisse für die Ausführung der Erdarbeiten und für den Geräteeinsatz. Auch hier wird der Löffelbaggerbetrieb neben dem Einsatz von Schürfkübelwagen in Zukunft bestehen bleiben. Es lassen sich keine Richtlinien geben, wann der Schürfkübelwagen günstiger ist als der Löffelbagger, es hängt dies ganz von den örtlichen Verhältnissen ab, wobei auch nicht verkannt werden soll, daß vielleicht ein Unternehmer lieber mit dem einen Gerät arbeitet als der andere.

Die großen Straßenbauten in den letzten Jahren, insbesondere in Amerika, sind – soweit es sich um die Ausführung von Erdarbeiten handelt – mit Hilfe von Löffelbaggern, vereinzelt auch Eimerseilbaggern und von Schürfkübelwagen, hergestellt worden (s. z.B. die Geräteaufstellung im I. Bd., S. 71).

C. Erdaushub an räumlich ausgedehnten Baustellen mit geringen Abtragshöhen

Beim Bau von Flugplätzen und bei der Errichtung weitausgedehnter moderner Industrieanlagen sind häufig umfangreiche Erdarbeiten auszuführen, bei denen nur geringe Abtragshöhen vorkommen und bei denen es sich im wesentlichen um die Planierung großer Flächen handelt, wobei aber oftmals die Bewegung von einigen Millionen Kubikmetern durchzuführen ist.

Man hat im Anfang des Baues von Flugplätzen für derartige Arbeiten meistens Bagger eingesetzt, ist aber dann mehr und mehr dazu übergegangen, Planierraupen und Schürfkübelwagen zu verwenden, die für solche Aufgaben hervorragend geeignet sind. Bei einer derartigen Baudurchführung fällt jede Gleisanlage fort und der Transport erfolgt bei kurzen Entfernungen durch Planierraupen und bei größeren Entfernungen durch Schürfkübelwagen.

Aufgabe 7. Arbeiten für den Bau eines Flugplatzes

Für den Bau eines Flugplatzes sind auf einem Gelände von 3 km² die erforderlichen Erdarbeiten auszuführen, und zwar sind insgesamt 1 800 000 m³ auszuheben. Die größte Abtragshöhe beträgt etwa 4 m. Von dem gesamten Aushub können 400 000 m³ mit Hilfe von Planierraupen gelöst und zur Einbaustelle gebracht werden bei einer mittleren Transportweite von 40 m, der Rest von 1 400 000 m³ muß mit Schürfkübelwagen gelöst, geladen und zu den Einbaustellen befördert werden, wobei die mittlere Transportweite 700 m beträgt, aber maximale Transportweiten von 1300 m vorkommen.

Die gesamten Erdarbeiten sollen in einem Baujahr von 9 Monaten beendet werden. Die tägliche Arbeitszeit kann mit 22 Stunden angenommen werden. Mutterboden Ab- und Andecken, ebenso alle übrigen Nebenarbeiten sollen hier vernachlässigt werden.

Der Boden ist lehmiger Sand, der verhältnismäßig hohe Leistungen zuläßt.

Es ist die Anzahl der benötigten Geräte zu finden.

Lösung. Wenn ein Unternehmer ein Angebot auf derartige Arbeiten abzugeben hat, erhält er Planunterlagen, aus denen er ersehen kann, wo die Abtrags- und Auftragsflächen liegen. Es ist aber im allgemeinen ihm überlassen, zu entscheiden, an welche Stelle er die Abtragsmassen einer bestimmten Teilfläche bringen will und er erhält somit nicht die oben gemachten Angaben über mittlere und größte Transportweiten, vielmehr muß er sich diese Entfernungen selbst errechnen auf Grund seiner Annahmen über die Massenverteilung. Im vorliegenden Fall sind diese Angaben gemacht, da sonst genaue Planunterlagen usw. gegeben werden müßten. Auf diese Weise ist die zu lösende Aufgabe wesentlich vereinfacht und erleichtert worden.

Die von den Planierraupen zu leistenden Massen betragen 400 000 m³. Die Leistung einer Planierraupe kann bei einer mittleren Transportweite von 40 m mit etwa 40 m³/h angesetzt werden, wenn man einen Schlepper von 130 PS annimmt (s. I. Bd., S. 45, Tab. 13). Es ist hier allerdings nicht korrekt mit einer mittleren Transportweite zu rechnen, da die Leistung mit zunehmender Transportweite nicht proportional abnimmt, doch soll diese Ungenauigkeit absichtlich vernachlässigt werden.

Von der ganzen Bauzeit von 9 Monaten wird man den weitaus größten Teil für die Arbeiten der Planierraupen benutzen können, da diese vom ersten Tag an einsatzbereit sind und auch bis fast zum Ende der Bauzeit verwendet werden können. Die erforderliche Anzahl von Planierraupen findet man somit zu

$$400\,000 : (9 \cdot 22 \cdot 22 \cdot 40) = 2{,}28, \text{ d. h. drei Planierraupen.}$$

(9 Monate, 22 Tage je Monat, 22 Stunden je Tag, 40 m³ je Stunde)

Diese Zahl erscheint sehr niedrig und in der Praxis ist diese Zahl auch nicht ausreichend, nicht weil die Berechnung falsch ist, sondern weil für Mutterboden Ab- und Andecken und viele andere Nebenarbeiten, wie Herrichten der Fahrwege für die Schürfkübelwagen usw. zusätzliche Planierraupen erforderlich sind. Die Anzahl der an der ganzen Baustelle für alle Arbeiten benötigten Planierraupen kann daher nur ermittelt werden, wenn alle Unterlagen vollzählig zur Verfügung stehen und auch die hier nicht aufgeführten Arbeiten berücksichtigt werden können.

Die Schürfkübelwagen haben insgesamt 1 400 000 m³ zu bewältigen. Die dafür zur Verfügung stehende Bauzeit ist etwas kürzer als die gesamte Bauzeit, da am Anfang der Arbeiten einige Zeit die Planierraupen Vorbereitungsarbeiten für den Einsatz der Schürfkübelwagen durchführen müssen und am Ende der Bauzeit die Schürfkübelwagen so frühzeitig fertig sein müssen, daß die letzten Planierungsarbeiten noch innerhalb der vorgeschriebenen Bauzeit von den Planierraupen durchgeführt werden können. Es sollen daher hier nur 8 Monate Bauzeit eingesetzt werden.

Unter diesen Annahmen errechnet sich die erforderliche stündliche Leistung zu

$$\frac{1\,400\,000}{8 \cdot 22 \cdot 22} = 362 \text{ m}^3$$

Die stündliche Leistung eines Schürfkübelwagens muß bestimmt werden unter Beachtung des Inhaltes des Schürfkübelwagens, der zu lösenden Bodenart, der Transportweite und der Art des Weges, wie Straße, Feldweg usw., der Steigungsverhältnisse, der Stärke des Motors und der sich daraus bei den Transportverhältnissen ergebenden durchschnittlichen Geschwindigkeit und verschiedener anderer Umstände.

Es ist also nicht so einfach, die Leistung eines Schürfkübelwagens zu bestimmen, da hier Lösen, Laden *und* Transport von *einer* Maschine ausgeführt wird. Man kann versuchen, die Leistung möglichst genau zu erfassen, indem man vor allem für die für den Transport benötigte Zeit Berechnungen anstellt unter Beachtung der veränderlichen Wegeverhältnisse usw. Ein Beispiel dafür wird in Abschn. D, Aufgabe 8 c, gezeigt. Man vermeidet aber häufig eine umständliche Berechnung und benützt für die Bestimmung der Leistung Tabellen oder Leistungskurven. Es sollen hier diese beiden Wege gezeigt werden.

Diese Methoden sind nicht so genau, dafür aber einfacher. Auch hier können Transportweite, Wegeverhältnisse usw. berücksichtigt werden, es ist aber nicht möglich, die Untersuchungen auf wechselnde Verhältnisse auszudehnen, wie es bei einer genauen Berechnung geschehen kann.

Im folgenden soll zuerst eine Methode mit Hilfe von Tabellen gezeigt werden, und zwar unter Benutzung von Zusammenstellungen, die von der International Harvester Company veröffentlicht wurden.

Bei einer mittleren Transportweite von 700 m kommt nur der Einsatz von gummibereiften Fahrzeugen in Frage. Das oben über den Begriff „mittlere Transportweite" Gesagte gilt auch hier.

Wie bereits im I. Bd. erwähnt, ist bei der Verwendung gummibereifter Fahrzeuge der Einsatz von Schubraupen als Hilfe beim Laden notwendig. Die Zahl der Schubraupen soll später errechnet werden. Zuerst ist es erforderlich, die Bodenart bei der Berechnung der Leistung zu berücksichtigen. Dabei ist in Betracht zu ziehen, wie sich das Material laden läßt, ob es gut in den Schürfkübel hineinrutscht oder dazu neigt, sich vor der Schneide aufzuhäufen, ob die Schlepper auf dem Material rutschen (Einfluß der Witterung!) und wie das gelöste Material den Kübel füllt, ob sich leicht Hohlräume bilden, die das tatsächliche Fassungsvermögen des Schürfkübels herabsetzen usw.

Man teilt die Bodenarten in die in Tab. 7 angegebenen Klassen ein.

Tabelle 7
Einteilung der Bodenarten in 3 Klassen beim Füllen von Schürfkübelwagen

Klasse 1	Klasse 2	Klasse 3
Lehm Sandiger Lehm Sandiger Ton und andere bindige, aber nicht zu fest gelagerte Bodenarten, wie Ton mit Steinen usw.	Ton Schwerer Mutterboden Loser Fels Mit Wurzeln durchsetzter Boden usw.	Reiner Sand Feinkörniger Kies Feuchter, klebriger Ton Gebrochener Fels Loser Kies Vom Wind angewehte Bodenarten usw.

Bei den Bodenarten der Klasse 1 kann man mit einer 95%igen Füllung des Schürfkübelwagens rechnen, bei Bodenklasse 2 mit einer 85%igen und bei Bodenklasse 3 mit einer 75%igen Füllung, jedoch kann man bei Verwendung einer Schubraupe diese Sätze um etwa 15% erhöhen, da dann mehr Kraft zur Verfügung steht, um den Boden in den Kübel hineinzuschieben.

Man sieht aus dieser Aufstellung, daß nicht-bindige Bodenarten für den Einsatz von Schürfkübelwagen nicht sehr günstig sind. Wenn auch bei Verwendung von Baggern ähnliche Erfahrungen gemacht worden sind, so ist bei Verwendung von Schürfkübelwagen der Unterschied noch größer.

Der zweite Punkt, der in Betracht gezogen werden muß, ist die Beschaffenheit des Transportweges. Man nimmt hier nur eine Unterteilung in zwei Gruppen vor,

A. Gute Untergrundverhältnisse und

B. Feuchter Ton oder weicher Untergrund.

Der dritte Punkt ist die Ladezeit.

Angaben darüber sind bereits im I. Bd. gemacht worden. Man nimmt hier für das Laden usw. 1 Minute an, wobei man voraussetzt, daß das Laden entweder auf einer horizontalen oder besser einer etwas geneigten Strecke erfolgt, nie aber auf einem ansteigenden Gelände, da sonst die Schubkraft zu stark verringert wird.

Der vierte Punkt ist die Transportzeit. Länge des Weges, Steigungsverhältnisse und Geschwindigkeit des Schürfkübelwagens sind die wichtigsten Umstände, die hier von Einfluß sind.

In Tab. 8 ist die erforderliche Zugkraft für verschiedene Schürfkübelwagen zusammengestellt, und zwar für volle und leere Wagen.

Tabelle 8. *Erforderliche Zugkraft zum Schleppen leerer und voller Schürfkübelwagen auf ebenem Gelände*

Modell		B–113	B–170 A	B–250	B–250
Fassungsvermögen des Schürfkübelwagens in m³		7,5	12,0	16,5	16,5
Gewicht des leeren Schürfkübelwagens in t		10,3	14,7	18,6	18,6
Gewicht des vollen Schürfkübelwagens in t	Klasse 1	23,2	35,4	47,2	51,5
	Klasse 2	21,9	33,3	44,2	48,5
	Klasse 3	20,5	31,0	41,1	45,6
Erforderliche Zugkraft beim Transport auf ebenem Gelände „A" in kg	leer	515	735	930	930
	Klasse 1	1170	1770	2370	2580
	Klasse 2	1095	1670	2230	2430
	Klasse 3	1025	1550	2060	2230
Erforderliche Zugkraft beim Transport auf ebenem Gelände „B" in kg	leer	1030	1470	1860	1860
	Klasse 1	2340	3540	4740	5160
	Klasse 2	2190	3340	4460	4860
	Klasse 3	2050	3100	4120	4460

„A" Gute Wegeverhältnisse, „B" schlechte Wegeverhältnisse.

Die Zugkräfte sind errechnet unter der Annahme von einem Rollwiderstand von 45,3 kg für Straßen „A" und 90,6 kg für Straßen „B". In der folgenden Tab. 9 sind Zugkraft und die entsprechenden Ge-

Tabelle 9. *Zugkraft und Geschwindigkeiten von Schleppern*

Modell	Gang	TD — 14 A	TD — 18 A	TD — 24
Dienstgewicht in t		7,7	11,3	18,7
Geschwindigkeit in m/h . . .	1	2580	2743	2580
	2	3219	3548	3219
	3	4189	4353	3859
	4	5469	5633	4993
	5	7078	7399	6438
	6	9182	9182	8377
	7	—	—	9822
	8	—	—	12547
Zugkraft in kg für Wege Klasse „A"	1	6500	9040	15300
	2	5220	6770	12100
	3	3930	5230	9700
	4	3030	4050	7560
	5	2270	2950	5540
	6	1640	2110	4220
	7	—	—	3190
	8	—	—	2220
Zugkraft in kg für Wege Klasse „B"	1	6360	8750	14600
	2	5050	6520	11350
	3	3640	4920	9210
	4	2650	3620	7010
	5	1980	2530	5100
	6	1350	1790	3510
	7	—	—	2500
	8	—	—	1520

schwindigkeiten für verschiedene Schlepper angegeben. Sie beziehen sich auf Maschinen der International Harvester Company und ändern sich je nach den zur Verfügung stehenden Maschinen. Wenn man die erforderliche Zugkraft kennt, kann mit Hilfe dieser Tabelle die erreichbare Geschwindigkeit für vollen und leeren Schürfkübelwagen gefunden werden, und zwar zunächst für ebenes Gelände und unter Berücksichtigung der Bodenklassen.

Wenn das Gelände nicht eben ist, sondern eine Steigung überwunden werden muß, so vergrößert sich die erforderliche Zugkraft. In Tab. 10 sind die Werte der zusätzlich erforderlich werdenden Zugkraft für ver-

Tabelle 10. *Zusätzlich erforderlich werdende Zugkraft bei einer Steigung von 1%*
(Zahlenwerte in kg)

Fahrzeuge	bei leerem Schurfkubelwagen	Zusätzlich erforderliche Zugkraft in kg bei vollem Schürfkübelwagen und Boden der Klasse		
		1	2	3
TD — 18A + B — 113	217	348	332	318
TD — 24 + B — 170A	330	539	518	496
TD — 24 + B — 250	370	658	626	597
TD — 24 + B — 250 mit Schubraupe beim Laden	370	700	671	645

schiedene Fahrzeuge – Schlepper und Schürfkübelwagen – gegeben, und zwar für eine Steigung von 1%. Bei anderen Steigungsverhältnissen sind diese Werte entsprechend umzurechnen. Diese zusätzliche Zugkraft ist zu der für ebenes Gelände hinzuzurechnen. Die mögliche Geschwindigkeit kann erst gefunden werden, nachdem die zusätzliche Zugkraft mit eingerechnet ist.

Mit Hilfe der hier gemachten Angaben und der Tabellen kann die Leistung eines Schürfkübelwagens näherungsweise berechnet werden, wie weiter unten an Hand des gestellten Problems gezeigt wird.

In Tab. 11 sind ungefähre Leistungen in m³ je Stunde gegeben.

Die oben angegebenen Werte sollten erreichbar sein bei Bodenart der Klasse 2, einem Transport auf ungefähr ebenem Gelände und Wegeverhältnissen „B“, einem geübten Maschinisten und je Stunde, die mit 50 Minuten Arbeitszeit angenommen ist.

Noch einfacher, aber auch ungenauer, ist die Benutzung von Leistungskurven, von denen Beispiele in Abb. 15 bis 17 gegeben sind. Die Kurven der Abb. 15 beziehen sich auf Schürfkübelwagen mit Raupenschlepper, und zwar von 11 und 19 m³ Fassungsvermögen. Man sieht den starken Leistungsabfall bei zunehmender Transportweite, der den Einsatz dieser Maschinen nur bei kurzen Entfernungen wirtschaftlich macht.

Tabelle 11. *Ungefähre Leistung eines Schürfkübelwagens in m^3/h*

Transportlange eines Weges in m	Fahrzeuge		
	TD – 18 A B – 133	TD – 24 B – 170 A	TD – 24 B – 250 mit Schubraupe
30	163	274	417
60	133	229	339
100	100	190	282
150	83	155	220
200	70	130	180
250	60	112	158
300	54	98	136
350	49	90	120
400	45	83	105
450	43	75	96
500	41	70	88
550	40	65	84
600	39	60	82
650	38	57	80
700	38	55	78

In den Kurven der Abb. 16 und 17 sind die Leistungen von 5,25 und 12 m^3 Schürfkübelwagen bei guten und ungünstigen Wegeverhältnisse gegeben. Diese Schürfkübelwagen mit gummibereiften Schleppern sind auch bei großen Entfernungen leistungsfähig.

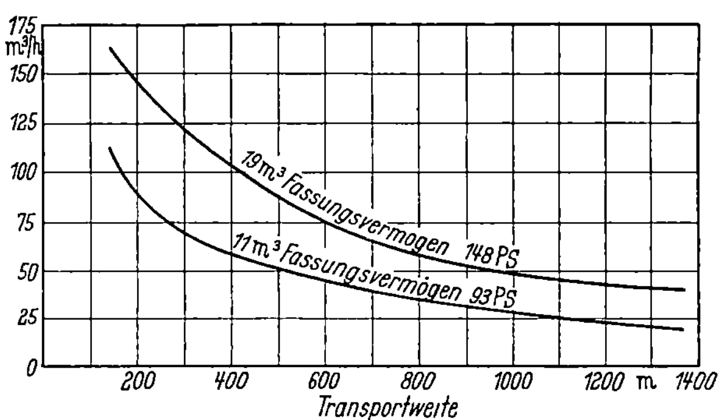

Abb. 15. Stündliche Leistung von Schurfkübelwagen mit Raupenschleppern

Die Leistungsfähigkeit eines Schürfkübelwagens ist in erster Linie abhängig von der Geschwindigkeit, die mit dem Fahrzeug unter den gegebenen Verhältnissen erreicht werden kann. Bei dem großen Unterschied in der Leistung bei guten und schlechten Wegeverhältnissen sollte man alles tun, um die Fahrwege zu verbessern. Ausgaben für die Instandsetzung und Unterhaltung machen sich hier, wie insbesondere aus Abb. 16 und 17 hervorgeht, bezahlt.

In unserer Aufgabe ist die mittlere Transportweite 700 m, der Boden ist lehmiger Sand und gehört daher zu Klasse 1. Für den Transportweg wird angenommen, daß er zur Gruppe „A" gehört. Es soll aber auch noch der Unterschied gegenüber den Wegeverhältnissen der Gruppe „B“ errechnet werden. Es soll weiter eine Steigung von 3 % auf der Hinfahrt, also bei beladenen Schürfkübelwagen, in Rechnung gezogen werden. Es sollen Schürfkübelwagen vom oben angegebenen Modell B–170A mit einem Fassungsvermögen von 12 m³ eingesetzt werden.

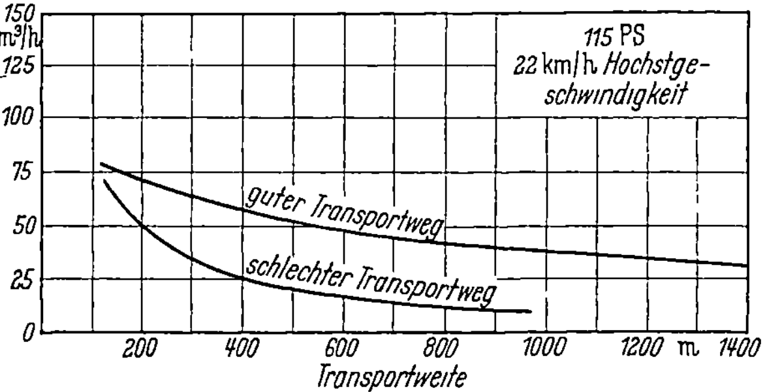

Abb. 16. Stündliche Leistung eines 12 m³ Schürfkübelwagens

Die Rechnung kann nun in der folgenden Weise durchgeführt werden: Gemäß den Angaben in Tab. 7 kann man bei Bodenklasse 1 mit einer 95 %igen Füllung des Kübels rechnen. Der Nutzinhalt des Kübels ist daher 12 · 0,95 = 11,4 m³. (Der erwähnte 15 %ige Zuschlag bei Einsatz von Schubraupen wird hier zugunsten der Sicherheit vernachlässigt.) Die Ladezeit wird mit einer Minute angenommen, dazu kommt ein Zuschlag von etwa einer halben Minute für das Wenden.

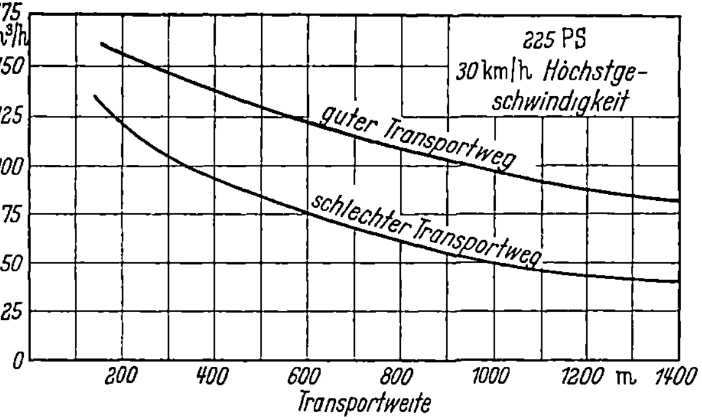

Abb. 17. Stündliche Leistung eines 5,25 m³ Schürfkübelwagens

Der Schürfkübelwagen B–170A, der das hier geforderte Fassungsvermögen von 12 m³ hat, benötigt nach Tab. 8 bei Transport auf ebenem Gelände folgende Zugkräfte:

Bei Wegeverhältnissen „A“ leer   735 kg, voll 1770 kg.
Bei Wegeverhältnissen „B“ leer 1470 kg, voll 3540 kg.

Dazu kommt für die 3%ige Steigung ein Zuschlag gemäß Tab. 10 von 539 kg je Prozent Steigung, somit $539 \cdot 3 = 1617$ kg.

Die erforderliche Zugkraft für den Volltransport ergibt sich daher zu $1770 + 1617 = 3387$ kg bei „A" und $3540 + 1617 = 5157$ kg bei „B". Für den Schlepper Modell TD–24 findet man aus Tab. 9, daß bei günstigen Wegeverhältnissen mit dem 6. Gang bei Volltransport und dem 8. Gang beim Leertransport gefahren werden kann. Die Geschwindigkeit ist 8377 bzw. 12 547 m/h.

Die Transportzeit findet man zu

$$\frac{60 \cdot 700}{8377} = \text{rd. } 5 \text{ Minuten für die Hinfahrt und}$$

$$\frac{60 \cdot 700}{12\,547} = 3,3 \text{ Minuten für die Rückfahrt.}$$

Die Zeitdauer für ein Spiel beträgt somit:

$$1,5 + 5 + 3,3 = 9,8 \text{ Minuten oder abgerundet } 10 \text{ Minuten.}$$

Bei den amerikanischen Methoden wird die Stunde nur mit 50 Minuten reine Arbeitszeit eingesetzt. Unter dieser Annahme beträgt die Zahl der Spiele 5 je Stunde und die Leistung $5 \cdot 11,4 = 57$ m³. Da die stündliche Leistung 362 m³ beträgt, sind $362 : 57 = \text{rd. } 7$ Schürfkübelwagen notwendig.

Bei ungünstigen Wegeverhältnissen („B") findet man, daß mit dem 4. Gang bei Volltransport gefahren werden muß, während für den Leertransport der 8. Gang noch ausreichend ist.

Die Transportzeit für die Hinfahrt ergibt sich, da nach Tab. 9 die Geschwindigkeit 4993 m/h ist, zu

$$\frac{60 \cdot 700}{4993} = \text{rd. } 8,4 \text{ min}$$

Die Zeitdauer für ein Spiel beträgt somit

$$1,5 + 8,4 + 3,3 = 13,2 \text{ Minuten.}$$

Die Zahl der Spiele ergibt sich zu $50 : 13,2 = \text{rd. } 3,8$ je Stunde. Die Leistung je Stunde ist daher $3,8 \cdot 11,4 = 43$ m³.

In diesem Fall sind daher 9 Schürfkübelwagen erforderlich.

Es sind also in dem vorliegenden Beispiel insgesamt:

3 Planierraupen und 7 Schürfkübelwagen einzusetzen, um die Arbeiten innerhalb der vorgesehenen Bauzeit durchzuführen.

Es soll nun noch untersucht werden, zu welchem Ergebnis man bei Anwendung der Kurven kommen würde. Aus Abb. 16 findet man für einen 12 m³ Schürfkübelwagen bei 700 m Transportweite eine stündliche Leistung von

115 m³, verglichen mit den oben errechneten 57 m³ bei guten Wegeverhältnissen und

70 m³, verglichen mit den oben errechneten 43 m³ bei ungünstigen Wegeverhältnissen. Der Unterschied ist außerordentlich groß und könnte zur Schlußfolgerung Anlaß geben, daß entweder eine der zwei Methoden oder vielleicht sogar beide fehlerhaft wären. Bei einer näheren Untersuchung aber findet man, daß die eingesetzten Maschinen sehr verschieden sind und deshalb auch die Leistungen nicht die gleichen sein können. Außerdem darf man nicht übersehen, daß in unserem Beispiel eine Steigung von 3% für den Volltransport berücksichtigt worden ist, während sich die Kurven, ebenso wie auch die Leistungsangaben in Tab. 11, auf einen Transport bei ebenem Gelände beziehen. Läßt man in unserem Beispiel die Steigung außer Betracht, so ergibt sich bei „A" die Zeitdauer eines Spieles zu etwa 8,1 Minuten und die stündliche Leistung zu 71 m³ und bei „B" zu 10,4 Minuten bzw. zu 57 m³.

In dem vorliegenden Beispiel ist die Höchstgeschwindigkeit des Schleppers 12,5 km/h und für die Kurven ist ein Schlepper mit einer sehr hohen maximalen Geschwindigkeit von 30 km/h angenommen. Rechnet man in unserem Beispiel die Transportzeiten unter Außerachtlassung der Steigung und unter Verwendung eines derartig schnellen Schleppers um, so findet man, daß die in den Kurven angegebenen Leistungen tatsächlich richtig sind. Rechnet man z. B. die oben gefundene Dauer eines Spieles (ohne Berücksichtigung der Steigung) von 8,1 Minuten, in der 6,6 Minuten Transportzeit enthalten ist, im Verhältnis der Höchstgeschwindigkeiten der beiden Schlepper um, was nur annähernd richtig ist, da die Zeit des Anfahrens usw. nicht berücksichtigt ist, so erhält man eine Transportzeit von 2,8 Minuten und eine Spieldauer von 4,3 Minuten. Daraus ergeben sich 11,6 Spiele je Stunde und eine Leistung von $11,6 \cdot 11,4 = 132$ m³. Dieser Wert ist sogar noch höher als der aus der Kurve entnommene.

Wenn auch somit der Wert aus der Kurve richtig sein mag, so ist es doch bestimmt nicht empfehlenswert, eine Kalkulation auf einen solchen theoretischen Wert aufzubauen, der in der Praxis, vor allem in einem Dauerbetrieb, nicht erreicht werden kann.

Es scheint daher bei der Anwendung der Werte aus den Kurven doch Vorsicht am Platz zu sein, mindestens sollte man diese theoretischen Werte noch für die Anwendung in der Praxis nachprüfen, und, soweit erforderlich, reduzieren.

Die Anzahl der benötigten Schubraupen errechnet sich aus der Zahl der Spiele der Schürfkübelwagen und der für die Hilfeleistung benötigten Zeit. Die Ladezeit beträgt nur 1 Minute, dazu kommt aber noch eine gewisse Zeit für das Rangieren der Schubraupen. Rechnet man mit einer Zeitdauer von 2,5 Minuten und nimmt man, wie oben errechnet, die Spieldauer des Schürfkübelwagens mit 10 Minuten an, so könnte eine

Schubraupe vier Schürfkübelwagen bedienen. Bei sieben Schürfkübelwagen sind daher mindestens zwei Schubraupen nötig. Dasselbe gilt
auch für den zweiten untersuchten Fall der Wegeverhältnisse „B".

D. Transport von gebaggertem Material zur Kippe

Es ist nicht einfach, ein Beispiel für den Transport von gebaggertem
Boden auf eine in größerer Entfernung liegende Kippe zu geben, da oftmals für die Linienführung mehrere Möglichkeiten gegeben sind, außerdem die Steigungsverhältnisse einen großen Einfluß auf die Transport-
methoden haben. Es kann im folgenden daher nur ein stark vereinfachtes
Beispiel gegeben werden, um zu zeigen, welche Möglichkeiten bestehen,
wie eine Untersuchung über die verschiedenen Lösungen zu führen ist
und wie das Ergebnis unter bestimmten Annahmen ausfallen wird. Es
können aber aus einem solchen Beispiel keine verallgemeinernden Schlußfolgerungen gezogen werden, da sich das Ergebnis stark ändern kann,
wenn auch nur eine der gemachten Annahmen und Bedingungen sich
ändert.

Vor allem sei hier erwähnt, daß die Bodenverhältnisse auf dem Transportweg von ausschlaggebender Bedeutung sind, aber auch die klima-
tischen Bedingungen. Was in Deutschland richtig sein mag, ist vielleicht
in einem anderen Land, wie z.B. England, mit viel häufigeren Regen-
fällen, falsch. Es ist klar, daß in einem theoretischen Beispiel nicht alle
Gesichtspunkte berücksichtigt werden können, wie dies in einem besonderen praktischen Fall notwendig und auch möglich ist.

Aufgabe 8.
Kiesgewinnung und Transport über eine Entfernung von 2 km

Von einer Kiesgewinnungsstelle mit einer stündlichen effektiven
Leistung von 170 m³ ist das gebaggerte Material über eine Entfernung
von 2 km zu transportieren und abzukippen. Es soll der Gerätebedarf
und Gerätewert festgestellt werden unter der Annahme, daß sich die
Arbeit über eine längere Zeit erstreckt, sich aber die Lage der Entnahmestelle und der Kippe nicht grundsätzlich während der Arbeitszeit ändert.
(Theoretische Annahme zur Vereinfachung!) Es sollen folgende Einrichtungen und Arbeitsmethoden untersucht werden:

a) Einsatz von Löffelbaggern und von Fahrzeugen, die auf Schienen
laufen,

b) Einsatz von Löffelbaggern und von Fahrzeugen, die keine Schienen
benötigen,

c) Einsatz von Schürfkübelwagen.

Es wird angenommen, daß bei Gleisbetrieb ein annähernd gleichmäßiges Gefälle von der Gewinnungsstelle zur Kippe durch eine günstige Wahl der Trasse möglich ist. Im Fall b und c ist zuerst eine Steigung von 2% zu überwinden, wie im Profil des Transportweges (s. Abb. 8) angegeben.

Wenn auch durch diese verschiedenartigen Annahmen die Bedingungen für den Gleistransport vielleicht etwas günstiger gestaltet werden,

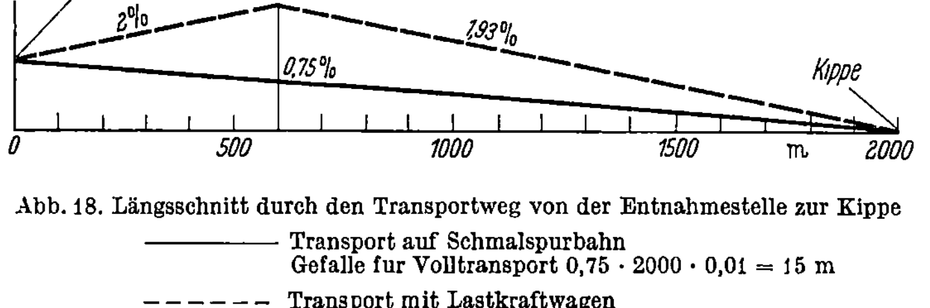

Abb. 18. Längsschnitt durch den Transportweg von der Entnahmestelle zur Kippe

———————— Transport auf Schmalspurbahn
Gefälle für Volltransport 0,75 · 2000 · 0,01 = 15 m

– – – – – – Transport mit Lastkraftwagen
Steigung auf 600 m 2% = 12 m
Gefälle auf 1400 m 1,93% = 27 m

so ist doch diese Annahme gemacht worden, um zu zeigen, wie die Berechnung der erforderlichen Transportzeiten in Fall b und c zu erfolgen hat.

Weiter wird angenommen, daß unabhängig von der Transportart die Kippe jederzeit aufnahmefähig ist. Auch diese Annahme ist für den Gleistransport sehr günstig, da in Wirklichkeit in diesem Fall viel leichter Störungen an der Kippe eintreten können, die zudem größere Auswirkung haben, als beim gleislosen Transport.

Die höhere Empfindlichkeit des gleislosen Betriebes gegen Witterungseinflüsse soll durch einen entsprechenden Störungsfaktor berücksichtigt werden.

Ohne Berücksichtigung der Lohnaufwendungen, d. h. ohne vollständige Kostenberechnung ist es nicht möglich, zu einem klaren Ergebnis zu kommen, welche Lösung die wirtschaftlichste ist. Da hier eine solche umfangreiche Kostenberechnung nicht durchgeführt werden kann, muß man sich mit der Feststellung begnügen, welche Lösung bezüglich des Geräteeinsatzes am günstigsten ist, womit aber nicht gesagt sein soll, daß unter Berücksichtigung der Lohnaufwendungen, der Kosten der Betriebsmittel und auch der Reparaturkosten das Ergebnis der Untersuchungen das gleiche wäre.

Lösung

a) Einsatz von Löffelbaggern und Fahrzeugen, die auf Schienen laufen

Die Solleistung beträgt 170 m³/Std. Es soll angenommen werden, daß zwei Bagger zum Einsatz kommen, und zwar gleicher Größe. Die theoretische Anzahl von Spielen ändert sich mit der Größe des Baggers (s. Abb. 6). Nimmt man zunächst einen Bagger mit einem Löffel von 1,5 m³ Fassungsvermögen an, so findet man aus der oben angegebenen Abbildung eine Zahl von 171 Spielen je Stunde und eine theoretische Leistung von 256 m³. Setzt man ähnliche Faktoren ein wie früher, nämlich 0,92 für Kies, 0,75 für Drehung um 180° und einen Faktor für Störungen von 0,45, so findet man eine effektive Leistung von

$$1{,}5 \cdot 171 \cdot 0{,}92 \cdot 0{,}75 \cdot 0{,}45 = 80 \text{ m}^3$$

oder für zwei Bagger 160 m³. Die Leistung ist also etwas kleiner als gefordert, aber nur so unbeträchtlich, daß es ohne weitere Untersuchung klar ist, daß größere Bagger nicht erforderlich sind. Es sollen daher die oben erwähnten Bagger zum Einsatz vorgesehen werden.

Für den Transport sollen eiserne Kastenselbstkipper verwendet werden, 900 mm Spurweite, mit einem Kasteninhalt von 5,3 m³. Berücksichtigt man die Auflockerung gemäß Tab. 1, I. Bd., S. 9, mit etwa 14%, so findet man, daß in einen solchen Wagen ungefähr 4,7 m³ geladen werden können. Drei Spiele eines Löffels geben 1,5 · 3 = 4,5 m³. Es kann jedoch mit der oben errechneten Zahl von 4,7 m³ gerechnet werden, da eine Überladung des Löffels innerhalb der engen Grenzen von 4,5 und 4,7 m³ möglich sein mag. Man findet, daß infolge der Überladung des Löffels die gewünschte Leistung von insgesamt 170 m³ besser erreicht wird, sie ist 1,57 · 171 · 0,92 · 0,76 · 0,45 = 165,2 m³.

Die Ladezeit für einen Zug muß errechnet werden, um bestimmen zu können, wieviel Züge und Wagen erforderlich sind. Es soll zunächst angenommen werden, daß in einem Zug 15 Wagen mitgeführt werden können. Der Inhalt eines Zuges ist somit 15 · 4,7 = 70,5 m³ feste Masse. Für das Beladen des Zuges sind

$$\frac{70{,}5 \cdot 60}{82{,}6} = 51 \text{ min}$$

erforderlich, wenn man der Rechnung die oben gefundene Stundenleistung von 165,2 : 2 = 82,6 m³ zugrunde legt.

Es muß nun weiter festgestellt werden, welche Zeit für den Transport und das Kippen aufzuwenden ist. Die Transportweite ist 2 km, der ganze Weg somit 4 km. Die vollen Züge laufen unter Gefälle, während die leeren Züge eine geringe Steigung heraufbefördert werden müssen. Nimmt man eine Durchschnittsgeschwindigkeit an von 10 km je Stunde, was eine gute Gleisanlage erfordert, so ist die Transportzeit 24 Minuten. Dazu muß man aber noch für Rangieren der Züge mindestens 5 Minuten hinzurechnen. Die Zeitdauer des Kippens hängt davon ab, ob man Handbetrieb wählt und wieviel Kolonnen zum Kippen eingesetzt werden oder ob man eine mechanische Entleerung der ganzen Züge vorsieht. Im allgemeinen hat man das hydraulische Kippen der Züge von der Lokomotive aus nur selten angewandt, obwohl damit eine Zeiteinsparung möglich ist. Es sind aber andere Nachteile damit verknüpft, vor allem eine Überbeanspruchung des Gleises usw. Daher soll im vorliegenden Fall angenommen werden, daß das Kippen wagenweise durch auf der Kippe bereitstehende Kolonnen erfolgt. Einschließlich des vollständigen Entleerens der Wagen wird der Zeitaufwand für das Kippen der 15 Wagen nicht weniger als 20 Minuten betragen können. So dauert Transport und Abkippen einschließlich der Nebenarbeiten mindestens $24 + 5 + 20 = 49$ Minuten, also etwa 2 Minuten weniger als das Laden. Es spielt in diesem Fall keine Rolle, ob die oben gemachten Annahmen für Transport und Kippen etwas zu günstig oder zu ungünstig waren. Auf jeden Fall müssen je Bagger mindestens zwei Züge zur Verfügung stehen und diese Zahl ist solange ausreichend, als die Zeit für Transport und Kippen kürzer ist als die Ladezeit. Eine – allerdings nur sehr kurze – Überschreitung der hier angenommenen Zeitdauer für das Kippen würde keine größere Bedeutung haben, solange die im Grenzfall zur Verfügung stehenden 51 Minuten nicht überschritten werden.

An und für sich ist es in der Praxis nicht richtig, in einem solchen Fall nur zwei Züge vorzusehen. Bei einer geringfügigen Verzögerung auf der Kippe oder beim Transport wird der Zug nicht rechtzeitig zurück sein und der Bagger muß stillstehen. Richtiger ist es, entweder drei Züge je Bagger vorzusehen oder mindestens die Zahl der Wagen in jedem Zug zu erhöhen. Mit jedem Wagen mehr verlängert man die Ladezeit, aber die Transportzeit bleibt unverändert, wenn die Zugkraft der Lokomotive ausreichend ist, und die Zeit für das Kippen erhöht sich nur geringfügig, auf jeden Fall weniger als die Ladezeit, die je Wagen 3,4 Minuten ausmacht.

Es ist jetzt nur noch zu untersuchen, ob tatsächlich 15 Wagen in einem Zug bei Einsatz von Lokomotiven von 200 PS eingestellt werden können. Beim Transport der vollen Züge besteht darüber kein Zweifel, da es sich um einen Taltransport handelt. Es ist nur Vorsorge zu treffen, daß in jedem Zug Bremswagen vorhanden sind.

Für den Leertransport ergibt sich folgende Berechnung:

Lokomotivgewicht 17,2 t (Leergewicht).

Das Dienstgewicht kann mit etwa 23 t angenommen werden.

Das Gewicht der Wagen ist 4,1 t je Stück.

Das Gewicht des Leerzuges beträgt somit $23 + 15 \cdot 4,1 = 84,5$ t.

Der Fahrwiderstand ist für Lokomotive und Wagen verschieden. Er kann für die Lokomotive mit 17 kg/t angenommen werden und für die Wagen mit 6,5 kg/t. Er ist somit

$$23 \cdot 17 + 15 \cdot 4,1 \cdot 6,5 = 790 \text{ kg.}$$

Der Steigungswiderstand macht ebensoviel Kilogramm aus wie die Steigung in pro mille. Er ist somit

$$84,5 \cdot 7,5 = 634 \text{ kg, da die Steigung } 7,5\,{}^0/_{00} \text{ beträgt.}$$

Der gesamte Widerstand ist also $790 + 634 = 1424$ kg, also bedeutend geringer als die Zugkraft am Haken, die in der Geräteliste mit 4450 kg angegeben ist. Es ist also noch genügend Reserve vorhanden für Krümmungswiderstand usw., auch wenn man berücksichtigt, daß die Strecke in der Steigung 2 km lang ist. Es wäre vielleicht möglich, mit einer schwächeren Lokomotive auszukommen, doch hat es sich in der Praxis immer gezeigt, daß es günstiger ist, starke Lokomotiven einzusetzen, insbesondere während Perioden von schlechtem Wetter. Aus diesem Grund soll davon Abstand genommen werden, schwächere Lokomotiven einzusetzen.

Die für diese Lösung notwendigen Geräte sind in der folgenden Tab. 12 zusammengestellt. An Stelle der theoretisch ausreichenden vier

Tabelle 12. *Neuwerte und Abschreibungsbeträge fur die Geräte bei Schienenbetrieb*

Nr. der Baugerateliste	Anzahl	Gerateart	Große	Gewicht der Einheit t	Mittl. Neuwert DM	Monatl. Abschr. Betrag DM	Gesamtgewicht t	Neuwert DM	Abschr. Betrag DM
226	2	Dieseluniversalbagger auf Raupen	1,5 m³	45	134 000	2000	90	268 000	4 000
227	2	Hochloffeleinrichtungen	1,5 m³	9,8	26 000	390	19,6	52 000	780
8	5	Dampflokomotiven	200 PS 900 mm	17,2	59 000	650	86	295 000	3 250
63	75	Eiserne Kastenselbstkipper	5,3 m³ 900 mm	4,1	4600	78	307,5	345 000	5 850
96	12 000	Schienen	S 33	0,034	15,5 DM je m	0,20 DM je m	414	186 600	2 400
116	15	Zungenweichen	18 m	3,5	2550	82	52,5	38 250	1 230
							969,6	1 184 850	17 510

Bei Einsatz einer Gleisruckmaschine wird zusatzlich eine weitere Lokomotive notwendig werden

Nr. der Baugerateliste	Anzahl	Gerateart	Große	Gewicht der Einheit t	Mittl. Neuwert DM	Monatl. Abschr. Betrag DM	Gesamtgewicht t	Neuwert DM	Abschr. Betrag DM
143	1	Gleisruckmaschine Bruckenmaschine	15 m				22	55 000	930
8	1	Dampflokomotive	900 mm				17,2	59 000	650

Bei Einsatz eines Planierpfluges wird noch eine weitere Dampflokomotive erforderlich

Nr. der Baugerateliste	Anzahl	Gerateart	Große	Gewicht der Einheit t	Mittl. Neuwert DM	Monatl. Abschr. Betrag DM	Gesamtgewicht t	Neuwert DM	Abschr. Betrag DM
139	1	Planierpflug					8	13 500	175
8	1	Dampflokomotive	900 mm				17,2	59 000	650
Gesamter Geräteeinsatz einschl. Gleisruckmaschine und Planierpflug und zwei zusatzlichen Lokomotiven							1034,0	1 371 350	19 915

Bemerkung. Laschenbolzen und Schienennägel sind nicht eingerechnet. Zu dem Gerat kommen noch etwa 4000 Stuck Schwellen hinzu mit einem Gewicht von etwa 40 kg · 4000 = 160 t zuzuglich Gewicht der Weichenschwellen. Das gesamte anzutransportierende Gerat einschl. Schwellen wird daher etwa 1200 t betragen.

Züge sind fünf Züge, d. h. fünf Lokomotiven und insgesamt 75 Wagen vorgesehen, also ein vollständiger Zug als Reserve, dafür sind aber keine weiteren Wagen als Reserve eingesetzt. Für die Gleisverbindung reichen 4000 m Gleis nicht aus, da auch Rangiergleise erforderlich sind. Eine keineswegs immer zutreffende Faustregel gibt an, daß man die einfache Entfernung mit drei multiplizieren muß, um die benötigte Gleismenge zu erhalten. In Ermangelung besserer Unterlagen sind hier 12000 m Schienen eingesetzt, was bestimmt nicht zu reichlich sein wird. Außerdem sind 15 Weichen eingesetzt, also je 200 m Gleis eine Weiche, ein sehr geringer Satz, der ebenfalls nicht als Regel angesprochen werden kann.

Auf der Kippe kann man entweder Handbetrieb einführen oder einen Planierpflug und auch eine Gleisrückmaschine verwenden. Die Zweckmäßigkeit eines solchen Einsatzes muß von Fall zu Fall untersucht werden. Sie ist abhängig von der insgesamt zu leistenden Menge, von der Lohnhöhe und verschiedenen anderen Umständen, die hier nicht untersucht werden können. Der Wert dieser zusätzlichen Geräte ist in der Tab. 12 getrennt aufgeführt. Das auf jeden Fall erforderliche Gerät hat einen Wert von fast 1,2 Millionen DM, das Gewicht beträgt einschließlich der Schwellen etwa 1130 t. Bei einer stärkeren maschinellen Ausrüstung erhöhen sich diese Werte auf fast 1,4 Millionen DM bzw. rd. 1200 t.

b) Einsatz von Löffelbaggern und Fahrzeugen, die keine Schienen benötigen

Wenn man nun den Fall b untersucht, so bleibt die Zahl der Bagger unverändert.

Es soll nun der Einsatz folgender Wagen untersucht werden:

α) Hinterkipper der Fa. Carl Kaelble, Backnang, Type KDV 832 E,
β) Euclid 15 t Hinterkipper Modell 80 FD,
γ) Euclid 34 t Hinterkipper Modell 4 FFD,
δ) Euclid 35 t Bodenentleerer Modell 18 LDT.

α) *Hinterkipper der Fa. Carl Kaelble, Type KDV 832 E* (Abb. 19)

Motor: 200 PS.
Geschwindigkeiten: 1. Gang 3,9 km/h, 2. Gang 6 km/h, 3. Gang 9,5 km/h, 4. Gang 15 km/h, 5. Gang 25 km/h, 6. Gang 35 km/h, Rückwärtsgang 4,2 km/h.
Nutzlast: 22 t.
Eigengewicht: 15,5 t (Achslast vorn 5900 kg, hinten 2 × 4800 kg).
Gesamtgewicht: 37,5 t (Achslast vorn 7500 kg, hinten 2 × 15000 kg).
Motordrehzahl: 1400 U/min.
Die Nutzlast von 22 t entspricht etwa 11,5 m³ Inhalt des Wagens.

Die Ladezeit ist entsprechend dem geringen Fassungsvermögen gegenüber dem Inhalt eines ganzen Zuges sehr kurz. Sie errechnet sich zu

$$\frac{11,5 \cdot 60}{82,6} = 8,4 \,\text{min},$$

wobei 82,6 die Stundenleistung des Baggers ist, wie oben bereits gefunden.

Für das Rangieren an der Beladestelle kann man, je nach den örtlichen Verhältnissen, 0,15 bis 1 Minute rechnen und für das Wenden an der Kippstelle und das Kippen 1 bis 2 Minuten. In diesem Beispiel sollen für beide Vorgänge zusammen 2 Minuten eingesetzt werden.

Abb. 19. Hinterkipper der Fa. Carl Kaelble, Backnang, Type KDV 832 E

Es ist jetzt noch die Dauer des Transportes festzustellen. Man kann hier auf Grund von Erfahrungen Annahmen machen, es ist aber besser, die Dauer des Voll- und Leertransportes unter Berücksichtigung des zur Verfügung stehenden Wagens (Motorstärke usw.) und der Straßenbeschaffenheit und Steigungsverhältnisse zu errechnen. Diese Untersuchung muß für jede Wagentype getrennt durchgeführt und der Transportweg muß in einzelne Abschnitte unterteilt werden.

Es wird angenommen, daß die ersten 100 m in der Nähe der Beladestelle ungünstig sind und keine gute Straße vorhanden ist. Bei Benutzung der im I. Bd., S. 41, Tab. 9, angegebenen Werte findet man einen Widerstand für eine schlechte Chaussee oder eine schlechte ungewalzte Straße von 100 kg je Tonne Gewicht. Dann folgen weitere 200 m mit einem Widerstand von 30 kg je Tonne. Nach diesen 300 m beginnt eine Straße mit 18 kg je Tonne mit einer gesamten Länge von 1500 m, die aber mit

Tabelle 13. *Widerstände beim Volltransport*

	Weglänge in m	Widerstand in kg/t	in %	Steigung in %	Summe in %
a	100	100	10	+ 2	12
b	200	30	3	+ 2	5
c	300	18	1,8	+ 2	3,8
d	1200	18	1,8	− 1,93	− 0,13
e	100	30	3	− 1,93	1,07
f	100	35	3,5	− 1,93	1,57

Rücksicht auf die Steigungsverhältnisse in 300 und 1200 m zerlegt werden muß. In der Nähe der Kippstelle werden 100 m mit einem Widerstand von 30 kg/t und 100 m mit 35 kg/t angetroffen. In Tab. 13 sind alle Annahmen übersichtlich zusammengestellt.

Diese Werte gelten nur für den Hinweg, für den Rückweg ergeben sich folgende Werte (s. Tab. 14).

Tabelle 14. *Widerstände beim Leertransport*

	Weglange in m	Widerstand		Steigung in %	Summe in %
		in kg/t	in %		
a	100	100	10	— 2	8
b	200	30	3	— 2	1
c	300	18	1,8	— 2	— 0,2
d	1200	18	1,8	+ 1,93	3,73
e	100	30	3	+ 1,93	4,93
f	100	35	3,5	+ 1,93	5,43

Bei Gefällstrecken kann die Summe der Widerstände negativ werden. Man wird in einem solchen Fall mit dem höchsten Gang fahren können, es wäre aber falsch, eine Beschleunigung infolge des Gefälles zuzulassen. Im Gegenteil, man muß auf langen und steilen Gefällstrecken den gleichen Gang einschalten wie auf der Bergfahrt, um den Wagen immer in der Gewalt zu haben. In einem solchen Fall muß dann in der Berechnung die bei dem entsprechenden Gang zulässige Geschwindigkeit berücksichtigt werden.

Wenn man die erforderliche Transportdauer errechnen will, muß man für jede Teilstrecke errechnen, welcher Gang benutzt werden muß und dann die diesem Gang entsprechende Geschwindigkeit finden, wobei aber auch noch die Länge der einzelnen Abschnitte in Betracht zu ziehen ist, ferner auch, ob es sich um ein Anfahren vom Stand aus handelt oder nur um ein Schalten usw. Die ganze Berechnung ist ziemlich umständlich und zeitraubend, sofern man nicht die von den Lastkraftwagenfabrikanten herausgegebenen Katalogangaben benutzt. Es soll hier in möglichst abgekürzter Form der Berechnungsgang gezeigt werden. Für Kraftwagen gilt die Formel:

$$Z_{(kg)} = \frac{270\,N_{e(PS)}}{V_{(km/h)}}, \tag{1}$$

worin N_e in PS die Dauerleistung eines Kraftwagens, auf die Triebräder bezogen ist, Z die Zugkraft in kg an den Triebrädern und V die Geschwindigkeit in km/h.

Es ist aber auch

$$Z_{(kg)} = G_{(kg)}\left(\frac{p}{100} + \frac{f}{100}\right). \tag{2}$$

Man erhält somit

$$G_{kg}\left(\frac{p}{100} + \frac{f}{100}\right) = \frac{270 \cdot N_{e(PS)}}{V_{(km/h)}} \tag{3}$$

und
$$p + f = \frac{27 \cdot N_{e\,(PS)}}{V_{(km/h)}\, G_{(t)}} \,. \tag{4}$$

Hierin ist der Wirkungsgrad noch nicht berücksichtigt. Führt man dafür ζ ein, so kann man die obige Gleichung schreiben:

$$p + f = \frac{27 \cdot N_{e\,(PS)} \cdot \zeta}{V_{(km/h)}\, G_{(t)}} \,. \tag{5}$$

Für den Hinterkipper, Fabrikat Kaelble, erhält man für Voll- und Leertransport folgende zulässige Roll- und Steigungswiderstände, wenn man die in Abb. 20 angegebenen Geschwindigkeiten einführt, $N = 200\ \text{PS}$ einsetzt und das Gewicht voll mit 37,5 t und leer mit 15,5 t (s. Tab. 15).

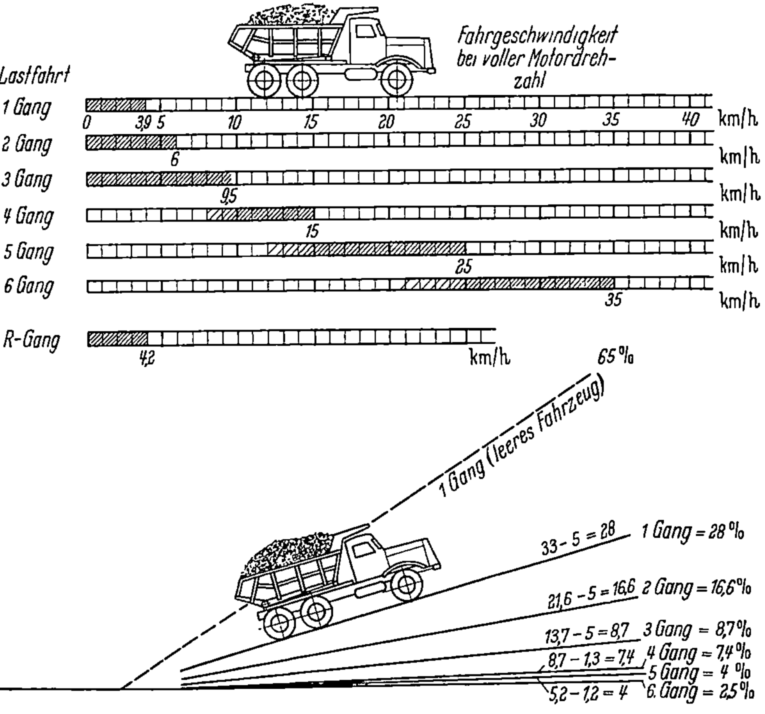

Abb. 20. Fahrdiagramm für einen Hinterkipper KDV 832 E der Fa. Carl Kaelble, Backnang

Tabelle 15. *Maximal zulässige Widerstände bei Voll- und Leertransport*

Gang	$p + f$ bei Volltransport	$p + f$ bei Leertransport
1	33	80 (s. unten)
2	21,6	52 (s. unten)
3	13,7	33 (s. unten)
4	8,7	20,8
5	5,2	12,5
6	3,7	9
R	31	74,5

Es ist jedoch noch zu prüfen, ob kein Rutschen der Triebräder eintritt, was der Fall ist, wenn die Reibungszugkraft überschritten wird. Die Reibungszugkraft $Z_1 = f_1 Q_r$ muß daher größer sein als der Wert für Z Hierin ist Q_r das auf die Triebräder entfallende Gewicht des Wagens und für f_1 können die in Tab. 16 angegebenen Werte benutzt werden.

Tabelle 16. *Reibungszahlen für Gummibereifung*

Straßenzustand	Reibungszahl f_1 für Gummibereifung Mittelwerte
Groß- und Kleinpflaster, trocken	0,50—0,6
Stampfasphalt, trocken	0,35—0,4
Rauhasphalt, trocken	0,60—0,7
Schlüpfrige Decken	0,23
Trockener Grasboden auf festem Untergrund .	0,5
Feuchter Grasboden	0,33
Völlig durchnäßter Grasboden	0,20

Nimmt man im vorliegenden Fall einen Wert von 0,5 an und ein Gewicht auf die Triebräder von 30 t bei vollem Wagen und von 9,6 t bei leerem Wagen, so findet man als höchst zulässige Werte 35 bzw. 26%.

Aus Abb. 20 und Tab. 17 u. 18 findet man die Gänge, die für die einzelnen Strecken eingeschaltet werden müssen.

Tabelle 17

Zusammenstellung der Gänge, Geschwindigkeiten und Transportzeiten auf dem Hinweg

Strecke	Länge m	Widerstand	Gang	Geschwindigkeit km/h	Zeitdauer min
a	100	12	3	9,5	0,63
b	200	5	5	25	0,48
c	300	3,8	6	35	0,52
d	1200	— 0,13	6	35	2,06
e	100	1,07	6	35	0,17
f	100	1,57	6	35	0,17
					4,03

Tabelle 18

Zusammenstellung der Gänge, Geschwindigkeiten und Transportzeiten auf dem Rückweg

Strecke	Länge m	Widerstand	Gang	Geschwindigkeit km/h	Zeitdauer min
a	100	8	6	35	0,17

Ebenso alle übrigen Strecken, somit Gesamtzeit 3,44 Minuten.

Die theoretische Zeitdauer für Hin- und Rückweg beträgt 7,47 Minuten.

Da das Verhältnis Gesamtgewicht : Motorleistung $= \dfrac{37\,500}{200}$ bei Volltransport zwischen 150 und 180 kg/PS liegt, kann mit einem mittleren Geschwindigkeitsfaktor gerechnet werden (130 bis 150 größter und bei mehr als 180 kg/PS kleinster Geschwindigkeitsfaktor).

Zur Berechnung der Durchschnittsgeschwindigkeit kann man entweder die im I. Bd., S. 42, gegebenen Tabellenwerte benutzen oder auch die in Tab. 19 gemachten Angaben. Dabei ist aber zu berücksichtigen, daß die Angaben für die Fahrt aus dem Stillstand nur für den 1. und 2. Gang gültig sind, nicht aber für die übrigen Gänge.

Tabelle 19

Geschwindigkeitsfaktor bei Lastfahrt in Abhängigkeit von der Transportstrecke

Länge des Transportweges (Abschnitt) in m	Fahrt aus dem Stillstand	Fliegender Start
0—100	0,20—0,50	0,50
100—250	0,30—0,60	0,60—0,75
250—500	0,50—0,65	0,70—0,80
500—800	0,60—0,70	0,75—0,80
800—1200	0,65—0,75	0,80—0,85
1200 und mehr	0,70—0,85	0,80—0,90

Mit Hilfe der in Tab. 19 gegebenen Werte kann man dann die praktische Transportzeit errechnen.

Die tatsächliche Transportzeit ist in Tab. 20 errechnet.

Tabelle 20. *Tatsächliche Transportzeit auf dem Hinweg*

Strecke	Geschwindigkeits-faktor	Tatsächliche Transportzeit in min
a	0,30	0,63 : 0,30 = 2,1
b	0,67	0,48 : 0,67 = 0,72
c—f	0,85	2,92 : 0,85 = 3,44
		6,26

Für den Rückweg findet man bei Benutzung des größten Geschwindigkeitsfaktors eine Zeitdauer von etwa 3,44 : 0,90 = 3,82 min, wozu noch für das Anfahren ein Zuschlag zu machen ist von etwa 0,15 min, so daß für den Rückweg rd. 4,0 Minuten benötigt werden.

Man findet somit für ein Spiel:

Ladezeit	8,4 min
Wenden und Kippen . . .	2,0 min
Fahrzeit, Hinweg	6,26 min
Fahrzeit, Rückweg	4,00 min
	20,66 rd. 21 min.

Da die Ladezeit 8,4 Minuten beträgt, sind 21 : 8,4 = 2,5, d. h. in Wirklichkeit drei Fahrzeuge je Bagger erforderlich.

Für zwei Bagger würden theoretisch fünf Fahrzeuge genügen, es empfiehlt sich aber, mit sechs Fahrzeugen zu rechnen, womit etwaige günstige Annahmen reichlich kompensiert sein dürften.

β) *Euclid 15 t Hinterkipper Modell 80FD* (Abb. 21)

Motor: 165 PS.
Geschwindigkeiten: 1. Gang 3,36 km/h, 2. Gang 6,55 km/h, 3. Gang 12,5 km/h,
4. Gang 21,9 km/h, 5. Gang 34,4 km/h und Rückwärtsgang 4,3 km/h.
Nutzlast: 13,6 t.
Eigengewicht: 13,6 t.
Gesamtgewicht: 27,2 t.
Motordrehzahl: 1800 U/min.
Die Nutzlast von 13,6 t entspricht etwa 7,2 m³ Boden.

Die Ladezeit errechnet sich zu

$$\frac{7,2 \cdot 60}{82,6} = 5,2 \text{ min.}$$

Abb. 21. Hinterkipper 15 t der Firma Euclid, Modell R-15

Für das Rangieren, das Wenden und Kippen werden, wie im vorhergehenden Beispiel, 2 Minuten eingesetzt.

Die Annahmen über die Straßen- und Steigungsverhältnisse bleiben unverändert, Tab. 13 und 14 haben somit auch hier Gültigkeit. In amerikanischen Büchern und Katalogen sind etwas andere Ableitungen für die Errechnung der Werte p und f gegeben, die aber ungefähr zu den gleichen Ergebnissen führen.

Geht man von der Formel Gl. (1) aus und berücksichtigt man, daß die Geschwindigkeit auch in folgender Weise ausgedrückt werden kann:

$$V_{(km/h)} = \frac{2\pi r_{(m)} 60}{1000} U_{(Umdreh./min)} = U r \cdot 0,3768 , \qquad (6)$$

so erhält man aus Gl. (1) und (6)

$$Z = \frac{715\,N_{e(PS)}}{U_{(\text{Umdreh./min})}\,r_{(m)}} ,\tag{7}$$

wobei r der Radhalbmesser in m ist.

Das Drehmoment in mkg ist

$$M_{(mkg)} = Z_{(kg)}\,r_{(m)} = \frac{715\,N_{e(PS)}\,r_{(m)}}{U_{(\text{Umdreh./min})}\,r_{(m)}} = \frac{715\,N_{e(PS)}}{U_{(\text{Umdreh./min})}} .\tag{8}$$

Für die Errechnung der größten zulässigen Steigung bei bekanntem Rollwiderstand f kann die Formel benutzt werden:

$$p + f = \frac{100\,E_T\,M_{(mkg)}\,R_T}{r_{(m)}\,G_{(kg)}} .\tag{9}$$

Hierin ist:

p = Steigungswiderstand,
E_T = mechanischer Wirkungsgrad, im folgenden mit 0,81 angenommen,
M = Drehmoment in mkg,

$$R_T = \frac{2\,\pi\,r_{(m)}\,U_{(\text{Umdreh./min})}\cdot 60}{V_{(km/h)}\cdot 1000} ,$$

r = wie vor Halbmesser der Räder,
G = Das gesamte Gewicht in kg, wobei man die Gewichte bei Voll- und Leertransport unterscheiden muß.

Man erhält durch Einsetzen des Wertes für M [s. Gl. (8)], und des oben angegebenen Wertes für R

$$\begin{aligned}
p + f &= \frac{100\,E_T\,715\,N_{e(PS)}\,2\,\pi\,r_{(m)}\,U_{(\text{Umdreh./min})}\cdot 60}{U_{(\text{Umdreh./min})}\,V_{(km/h)}\,r_{(m)}\,G_{(kg)}\cdot 1000} \\
&= \frac{100\cdot 0,81\cdot 715\cdot 2\pi\cdot 60\,N_{e(PS)}}{1000\,V_{(km/h)}\,G_{(kg)}} \\
&= \frac{21\,800\,N_{e(PS)}}{V_{(km/h)}\,G_{(kg)}} \\
&= \frac{21,8\,N_{e(PS)}}{V_{(km/h)}\,G_{(t)}} ,
\end{aligned}\tag{10}$$

also fast die gleiche Formel wie in Gl. (5), nur verschieden infolge des niedriger angenommenen Wirkungsgrades (0,81 statt 0,9).

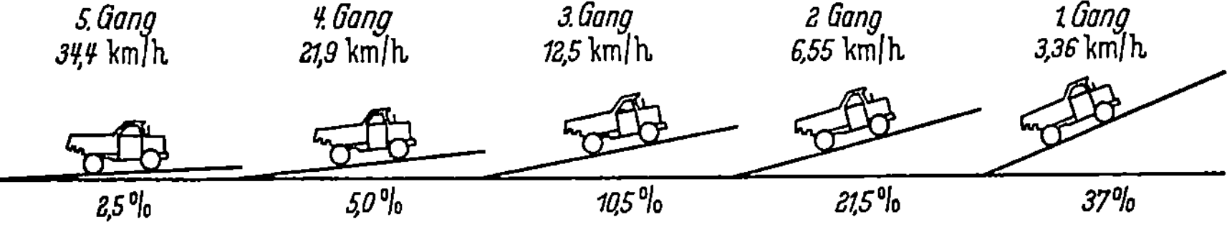

Abb. 22. Größte Geschwindigkeiten bei verschiedenen Steigungsverhältnissen bei einem Hinterkipper 15 t Fabrikat Euclid

Man erhält für den Euclid 15 t Hinterkipper folgende zulässige Roll- und Steigungswiderstände für Voll- und Leertransporte (s. Tab. 21 und Abb. 22).

Tabelle 21. *Zulässige Roll- und Steigungswiderstände bei Volltransport*

Gang	$p + f$ bei Volltransport	$p + f$ bei Leertransport
1	39 (theoretisch)	78 (theoretisch)
2	20	40 (theoretisch)
3	10,5	21
4	6,0	12
5	3,8	7,6

Die Reibungszugkraft $Z = f Q_r$ errechnet sich unter Zugrundelegung des Gewichtes auf die Antriebsachse von 20,4 t bei Volltransport und 8,3 t bei Leertransport und Annahme von $f = 0,5$ zu 10,2 bzw. 4,15 t. Andererseits ist gemäß Gl. (2)

$$Z_{(kg)} = G_{(kg)} \left(\frac{p}{100} + \frac{f}{100} \right).$$

Man findet als höchstzulässigen Wert für $p + f$

für Volltransport: $\dfrac{10,2 \cdot 100}{27,2} = 37,5$

und für Leertransport: $\dfrac{4,15 \cdot 100}{13,6} = 30,4$.

Die oben in Tab. 21 errechneten Werte für den 1. Gang (Voll- und Leertransport) und den 2. Gang (Leertransport) sind daher zu hoch.

Man findet nunmehr die Gänge, die für die einzelnen Strecken eingeschaltet werden müssen (s. Tab. 22).

Tabelle 22
Errechnung der theoretischen Geschwindigkeiten und Transportdauer für den Hinweg

Strecke	Länge m	Widerstand	Gang	Geschwindigkeit km/h	Zeitdauer min
a	100	12	2	6,5	0,92
b	200	5	4	21,9	0,55
c	300	3,8	5	34,4	0,53
d	1200	— 0,13	5	34,4	2,10
e	100	1,07	5	34,4	0,17
f	100	1,57	5	34,4	0,17
					4,44

Auf dem Rückweg kann auf den Strecken b bis f der 5. Gang benutzt werden, nur auf der Strecke a muß der 4. Gang eingeschaltet werden. Man findet hier eine Transportdauer von 3,3 + 0,28 = 3,58 Minuten.

Für Hin- und Rückweg werden somit 4,44 + 3,58 = 8,02 Minuten benötigt, also nur unbedeutend mehr als im ersten Beispiel.

Da das Verhältnis Gesamtgewicht : Motorleistung = 27 000 : 165 = 163,6 können die gleichen Geschwindigkeitsfaktoren benutzt werden wie früher. Man erhält für den Hinweg 0,92 : 0,30 + 0,55 : 0,67 + 2,97 : 0,85 = 7,42 min und für den Rückweg 3,58 : 0,9 $\cong$ 4 min zuzügl. 0,15 min für Anfahren, insges. 4,15 min. Die gesamte Transportzeit ist 11,57 oder rd. 12 min.

Für ein Spiel werden benötigt:

$$
\begin{array}{ll}
\text{Ladezeit} \ldots \ldots \ldots & 5,2 \text{ min} \\
\text{Wenden und Kippen} \ldots \ldots & 2,0 \text{ min} \\
\text{Fahrweg hin und zurück} \ldots & \underline{12,0 \text{ min}} \\
& 19,2 \text{ min}
\end{array}
$$

Es sind in diesem Fall je Bagger vier Fahrzeuge erforderlich, also eins mehr als im ersten Beispiel. Es zeigt sich schon hier, daß, je kleiner das Fassungsvermögen des Fahrzeuges, desto größer die Anzahl der Wagen sein muß, da die Transportzeit sich nicht sehr stark ändert.

Abb. 23. Hinterkipper 34 t der Fa. Euclid, Modell 4 FFD

γ) *Euclid 34 t Hinterkipper Modell 4FFD* (Abb. 23)

Motor:
Geschwindigkeiten: niedrig 12,2 km/h, mittel: bei Vollfahrt 19 km/h, bei Leerfahrt 20,8 km/h, hoch: bei Vollfahrt 45 km/h, bei Leerfahrt 47 km/h.
Nutzlast: 31 t.
Eigengewicht: 32,4 t.
Gesamtgewicht: 63,4 t.
Motordrehzahl: 2100 Umdr./min.
Die Nutzlast von 31 t entspricht etwa 16,5 m³ Boden.

Die Ladezeit errechnet sich zu

$$
\frac{16,5 \cdot 60}{82,6} = 12 \text{ min.}
$$

In diesem Fall soll ein Leistungsdiagramm verwendet werden, s. Abb. 24. In diesem Diagramm sind bereits 2% Rollwiderstand berücksichtigt. Die in Tab. 13 und 14 gegebenen Werte für Roll- und Steigungswiderstand sind daher um 2 zu vermindern. Für den Hinweg sind folglich die Widerstände auf Strecke a 10%, auf Strecke b 3%, auf den übrigen Strecken kleiner als 2%.

Man findet aus dem Diagramm folgende Geschwindigkeiten (s. Tab. 23).

Tabelle 23. *Geschwindigkeiten auf den einzelnen Wegestrecken (Hinweg)*

Wegstrecke	Widerstand	Gang	Geschwindigkeit km/h	theoretische Transportdauer in min
a	10	klein	8,6	0,7
b	3	mittel	16,8	0,71
c	1,8	groß	25,6	0,70
d		groß	45,0	1,60
e		groß	45,0	0,13
f		groß	45,0	0,13
				3,97

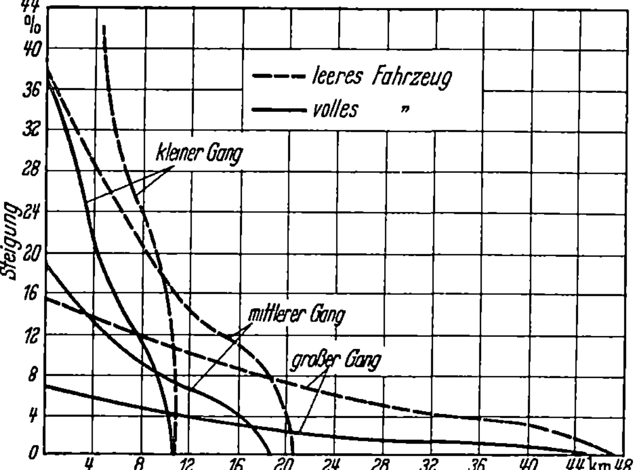

Abb. 24. Leistungsdiagramm für einen Hinterkipper 34 t der Fa. Euclid, Modell 4 FFD

Für den Rückweg sind die Geschwindigkeiten und Transportzeiten in Tab. 24 gegeben.

Mit den gleichen Geschwindigkeitsfaktoren wie früher erhält man Transportzeiten von 6,7 + 3,3 = 10 Minuten.

Tabelle 24. *Geschwindigkeiten auf den einzelnen Strecken des Rückweges*

Wegstrecke	Widerstand	Gang	Geschwindigkeit km/h	theoretische Transportdauer in min
a	6	groß	24,7	0,25
b		groß	48,0	0,25
c		groß	48,0	0,38
d	1,73	groß	45,0	1,60
e	2,93	groß	40,0	0,15
f	3,43	groß	38,0	0,16
				2,79

Für ein Spiel werden somit benötigt:

$$\begin{array}{ll}
\text{Ladezeit} & 12 \text{ min} \\
\text{Wenden und Kippen} & 2 \text{ min} \\
\text{Fahrweg hin und zurück} & \underline{10 \text{ min}} \\
& 24 \text{ min,}
\end{array}$$

demgemäß genügen hier – allerdings ohne besondere Reserve – zwei Fahrzeuge. Man kann bei Wahl der großen Fahrzeuge im ganzen mit fünf Wagen auskommen.

Abb. 25. Bodenentleerer 35 t der Fa. Euclid, Modell 18 LDT

δ) *Euclid 35 t Bodenentleerer Modell 18 LDT* (Abb. 25)

Motor: 300 PS.

Geschwindigkeiten:

    I. Kleine Übersetzung: 1. Gang 4,15 km/h, 2. Gang 7,05 km/h, 3. Gang 12,0 km/h, 4. Gang 21,0 km/h, 5. Gang 33,0 km/h, Rückwärtsgang 21,0 km/h.

    II. Große Übersetzung: 1. Gang 5,6 km/h, 2. Gang 9,3 km/h, 3. Gang 15,8 km/h, 4. Gang 27,6 km/h, 5. Gang 43,3 km/h, Rückwärtsgang 7,2 km/h.

Nutzlast: 36,3 t.
Eigengewicht: 29,5 t.
Gesamtgewicht: 65,8 t.
Die Nutzlast von 36,3 t entspricht 19,5 m³ Boden.

Die Ladezeit errechnet sich zu

$$\frac{19,5 \cdot 60}{82,6} = 14,2 \text{ min} \, .$$

Aus den oben gemachten Leistungsangaben findet man die in Tab. 25 zusammengestellten Gänge, Geschwindigkeiten und theoretischen Transportzeiten.

Tabelle 25. *Geschwindigkeiten auf den einzelnen Strecken des Hinwegs*

Wegstrecke	Widerstand	Gang	Geschwindigkeit km/h	theoretische Transportdauer in min
a	10	I/2	7,05	0,86
b	3	II/3	15,8	0,76
c	1,8	I/4	21,0	0,86
d		II/5	43,3	2,16
e		II/5	43,3	0,14
f		II/5	43,3	0,14
				4,92

Für den Rückweg sind die Angaben in Tab. 26 zusammengestellt.

Tabelle 26. *Geschwindigkeiten auf den einzelnen Strecken des Rückwegs*

Wegstrecke	Widerstand	Gang	Geschwindigkeit km/h	theoretische Transportdauer in min
a	6	II/4	27,6	0,22
b		II/5	43,3	0,28
c		II/5	43,3	0,42
d		II/5	43,3	1,66
e	2,93	II/5	43,3	0,14
f	3,43	I/5	33,0	0,18
				2,90

Mit den gleichen Geschwindigkeitsfaktoren wie früher erhält man Transportzeiten von $8 + 3{,}4 = 11{,}4$ Minuten.

Für ein Spiel werden somit benötigt:

$$\begin{aligned}
\text{Ladezeit} & \quad \dots \quad 14{,}2 \text{ min} \\
\text{Wenden und Kippen} & \quad \dots \quad 2{,}0 \text{ min} \\
\text{Fahrweg hin und zurück} & \quad \dots \quad \underline{11{,}4 \text{ min}} \\
& \quad \qquad 27{,}6 \text{ min}
\end{aligned}$$

Es genügen hier zwei Fahrzeuge je Bagger, doch ist die Reserve nicht sehr hoch.

Zusammenfassend ist folgendes festzustellen:

Bei den Kaelble-Wagen sind sechs Fahrzeuge erforderlich, bei den Euclid 15 t acht Fahrzeuge, bei den Euclid 34 t fünf Fahrzeuge und bei den Bodenentleerern vier Fahrzeuge.

Man sieht, daß bei großen Wagen die Anzahl wesentlich vermindert werden kann. Somit ist die Anzahl der Fahrer geringer. Man versteht daher sehr wohl das Bestreben, größere Fahrzeuge einzusetzen. Aber man darf nicht vergessen, daß mit abnehmender Zahl der Fahrzeuge auch die Sicherheit vermindert wird, insbesondere wenn man, wie im letzten Fall, nur vier Fahrzeuge einsetzt.

Bei einem Vergleich muß man aber auch die Anschaffungskosten berücksichtigen. Mit ungefähren Werten erhält man die in Tab. 27 zusammengestellten Anschaffungskosten und Abschreibungssätze.

Tabelle 27.

Anschaffungskosten und Abschreibungen bei Einsatz von geländegängigen Fahrzeugen

Nr. der Baugeräteliste	Anzahl der Geräte	Geräteart	Große Nutzlast t	Gewicht t	Mittl. Neuwert[1][2] DM	Monatl. Abschr. Betrag[2] DM	Gesamtgewicht t	Neuwert[2] DM	Monatl. Abschreibungsbeträge[2]
S. 72 Nr. 24	6	LKW mit Kippeinrichtung	22	15,5	70 000 15 000	2240 900	93	420 000 90 000	13 440 5400
								510 000	18 840
S. 73 Nr. 28	8	LKW mit Kippeinrichtung	13,6	13,6	120 400 16 480	3800 990	109	963 200 131 840	30 400 7920
								1 095 040	38 320
S. 73 Nr. 30	5	LKW mit Kippeinrichtung	31	32,4	223 500 32 500	7150 1950	162	1 117 500 162 500	35 750 9750
								1 280 000	45 500
S. 74 Nr. 37	4	Bodenentleerer	36,3	29,5	160 000 53 200	5100 3200	145	640 000 212 800	20 400 12 800
								852 800	33 200

[1] Ungefähre Werte.

[2] Die ersten Angaben beziehen sich auf das Gerät, die zweiten auf die Bereifung.

Sowohl bezüglich Anschaffungskosten als auch bezüglich Abschreibung ist der Lastkraftwagen System Kaelble am günstigsten. Bei den übrigen drei Fahrzeugen sind große Unterschiede in den Anschaffungskosten festzustellen, aber nur kleinere Unterschiede in den Abschreibungssätzen, da sich hier der höhere Abschreibungssatz für die Reifen auswirkt (6 % an Stelle von 3,8 %).

Zu den in Tab. 27 aufgeführten Gerätekosten sind in allen vier Fällen noch die Baggerkosten gemäß Tab. 12 hinzuzurechnen. Dadurch erhöht sich der Abschreibungsbetrag jeweils um 4780 DM.

c) Einsatz von Schürfkübelwagen

Es ist jetzt noch der Fall c zu untersuchen, nämlich der Einsatz von Schürfkübelwagen.

Vorgesehen sind zwei verschiedene Typen:

α) Euclid S-7 und

β) Euclid S-18.

α) *Euclid S-7* (Abb. 26)

Motor: 143 PS.
Geschwindigkeiten: s. Tab. 28.
Nutzlast: 9,5 t.
Eigengewicht: 12,1 t.
Gesamtgewicht: 21,6 t.
Die Nutzlast von 9,5 t entspricht etwa 5 m³.

Tabelle 28. *Geschwindigkeiten und größte Steigungen für Voll- und Leerfahrt*

Gang	Geschwindigkeit km/h bei 2100 Umdreh./min	% Steigung bei	
		Vollfahrt	Leerfahrt
1	4,5	31,0	39,5
2	7,7	17,1	32,0
3	13,6	8,7	17,1
4	24,5	4,0	8,7
5	40,0	1,6	4,5
Rückwärts	4,5	31,0	39,5

Die Ladezeit kann zu etwa 1,5 Minuten angenommen werden, unter Berücksichtigung, daß eine Raupe beim Laden mithelfen muß. Für Wen-

Abb. 26. Schürfkübelwagen 5,25 m³ der Fa. Euclid, Modell S-18

den und Entleeren reicht 1 Minute aus, für Rangieren an der Ladestelle 0,2 Minuten. Die Gesamtzeit dieser Arbeiten von 2,7 Minuten soll zur Erhöhung der Sicherheit auf 3 Minuten erhöht werden.

Die möglichen Geschwindigkeiten und die theoretischen Transportzeiten sind in den folgenden Tab. 29 und 30 errechnet.

Tabelle 29. *Geschwindigkeiten auf den einzelnen Strecken des Hinwegs*

Wegstrecke	Widerstand	Gang	Geschwindigkeit km/h	theoretische Transportdauer in min
a	10	2	7,7	0,78
b	3	4	24,5	0,49
c	1,8	4	24,5	0,73
d		5	40,0	1,80
e		5	40,0	0,15
f		5	40,0	0,15
				4,10

Tabelle 30. *Geschwindigkeiten auf den einzelnen Strecken des Rückwegs*

Wegstrecke	Widerstand	Gang	Geschwindigkeit km/h	theoretische Transportdauer in min
a	6	4	24,5	0,25
b—f		5	40,0	2,85
				3,10

Unter Berücksichtigung der Geschwindigkeitsfaktoren erhält man 9,9 Minuten oder rd. 10 Minuten.

Ein Spiel dauert $10,0 + 3,0 = 13,0$ min.

Leistung eines Schürfkübelwagens in der Stunde $(60 : 13) \cdot 4 = 18,5$ m³ feste Masse, wenn man die 5 m³-Füllung des Schürfkübelwagens gleich 4 m³ feste Masse einsetzt.

Bei einer Stundenleistung von 165 m³, wie bei den Löffelbaggern, benötigt man 8,7 oder rd. 9 Schürfkübelwagen.

β) *Euclid S-18*

Motor: 300 PS.
Geschwindigkeiten s. Abb. 27 und Tab. 31 und 32.
Nutzlast: 27,2 t.
Eigengewicht: 31,0 t.
Gesamtgewicht: 58,2 t.
Die Nutzlast entspricht etwa 14,3 m³ loser Masse oder 11 m³ fester Masse.

Unter Berücksichtigung der Geschwindigkeitsfaktoren erhält man 11,76 Minuten für Hin- und Rückweg $\sim$ 12 Min.

Ein Spiel dauert $12 + 3 = 15$ Minuten.

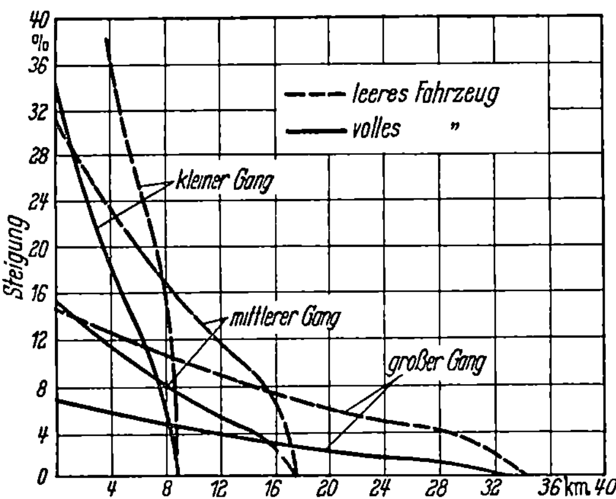

Abb. 27. Leistungsdiagramm für einen Schürfkübelwagen der Fa. Euclid, Modell S-18 von 13,5 m³ Fassungsvermögen

Leistung eines Schürfkübelwagens in der Stunde: $(60 : 15) \cdot 11 = 44$ m³ feste Masse.

Bei einer Stundenleistung von 165 m³ benötigt man $3,86 \cong 4$ Schürfkübelwagen.

Tabelle 31. *Geschwindigkeiten und theoretische Transportdauer auf dem Hinweg*

Wegstrecke	Widerstand	Gang	Geschwindigkeit km/h	theoretische Transportdauer in min
a	10	klein	7,2	0,84
b	3	groß	15,2	0,79
c	1,8	groß	24	0,75
d		groß	32	
e		groß	32	2,62
f		groß	32	
				5,00

Tabelle 32. *Geschwindigkeiten und theoretische Transportdauer auf dem Rückweg*

Wegstrecke	Widerstand	Gang	Geschwindigkeit km/h	theoretische Transportdauer in min
a	6	groß	21,0	0,29
b		groß	34,5	0,35
c		groß	34,5	0,52
d		groß	32,0	1,96
e		groß	30,5	0,17
f		groß	29,0	0,18
				3,47

Die Gerätekosten und Abschreibungsbeträge sind in Tab. 33 zusammengestellt.

Tabelle 33. *Anschaffungskosten und Abschreibungen bei Einsatz von Schürfkübelwagen*

Nr. der Baugerateliste	Anzahl der Geräte	Geräteart	Größe Inhalt m³	Gewicht t	Mittl. Neuwert DM	Monatl. Abschr. Betrag DM	Gesamtgewicht t	Neuwert DM	Monatl. Abschreibungsbetrage
S. 74 Nr. 39	9	Motorschürfwagen	5	11	90000	3500	99	810000	31500
					16000	960		144000	8640
								954000	40140
S. 74 Nr. 42	5	Motorschürfwagen	14	22,3	149500	5850	111	747500	29250
					40090	2400		200450	12000
								947950	41250

In beiden Fällen sind aber außer den Schürfkübelwagen noch Schubraupen erforderlich. Im ersten Beispiel sind mindestens zwei Raupen notwendig, im zweiten genügt eine Schubraupe. Bei einer Spieldauer von 13 bzw. 15 Minuten stehen für das Spiel einer Schubraupe im ersten Fall rd. 2,9 Minuten und im zweiten Fall 3 Minuten, also fast dieselbe Zeit zur Verfügung. Diese Zeit ist ausreichend, da man im allgemeinen dafür nicht mehr als 2 Minuten rechnet (s. I. Bd., S. 50).

Für die Raupe kann man ein Gewicht von etwa 14 t einsetzen, einen mittleren Neuwert von 80000 DM und einen monatlichen Abschreibungsbetrag von 2560 DM. Es mag sein, daß man bei dem kleineren Schürfkübelwagen auch mit einer kleineren Raupe auskäme, doch ist der Unterschied hier nicht von Bedeutung.

Wir erhalten somit für den Einsatz von Schürfkübelwagen folgende Gesamtwerte (s. Tab. 34):

Tabelle 34.
Gesamtgewicht, Neuwerte und Abschreibungsbeträge beim Einsatz von Schürfkübelwagen

Gesamtgewicht t	Neuwert DM	Abschreibungsbetrag in DM
127	1114000	45260
125	1027950	43810

Vergleich der hier behandelten Lösungen

Vergleicht man nun für alle hier behandelten Lösungen die Gewichte der nach der Baustelle zu bringenden Geräte, die Anschaffungskosten und die monatlichen Abschreibungsbeträge, die in Tab. 35 zusammengestellt sind, so findet man folgendes Ergebnis:

Die Gewichte bei Gleisbetrieb sind mehrfach so hoch wie bei allen anderen Vorschlägen. Das bedeutet hohe Frachtkosten und hohe Kosten für Auf-, Ab- und Umladen. Dazu kommen die sehr beträchtlichen, aber in einer allgemeinen Kostenberechnung nicht erfaßbaren Ausgaben für die Gleisverlegung einschließlich der dafür notwendigen Erdarbeiten.

Bei den Neuwerten sind die Unterschiede nicht so beträchtlich. Beim Schürfkübelwagenbetrieb sind die Anschaffungskosten etwa die gleichen wie beim Gleisbetrieb, beim Kraftwagenbetrieb sind sie im allgemeinen höher, jedoch muß man dabei berücksichtigen, daß beim Schienentransport die Kosten für die Schwellen nicht in die Gerätekosten eingeschlossen sind, so daß sich das Bild bei einer vollständigen Kostenberechnung noch zugunsten des gleislosen Betriebes verschiebt. Weiter darf man nicht vergessen, daß beim Schienenbetrieb durchweg mit deutschem Gerät gerechnet ist, während in den anderen Beispielen zum großen Teil amerikanische Geräte mit viel höheren Gestehungskosten berücksichtigt wurden.

Das Bild ändert sich, wenn man die Abschreibungsbeträge betrachtet.

Diese sind weitaus am niedrigsten beim Gerät für Gleisbetrieb und sehr viel höher beim schienenlosen Betrieb. Eine Ausnahme davon machen die Hinterkipper, 22 t, in der Hauptsache wohl, weil es sich um deutsche Wagen handelt und nicht um amerikanische Fabrikate. Außerdem aber ist bei diesem Wagen das Verhältnis Nutzlast zu Eigengewicht bedeutend günstiger als bei anderen Wagen oder mit anderen Worten, dieser Wagen ist leichter gebaut als die anderen Typen.

Bei der PS-Zahl der eingesetzten Geräte sind keine allzu großen Unterschiede festzustellen, es fällt nur der Hinterkipper, 31 t, aus dem Rahmen. Auf jeden Fall spart man bei dem Schienenbetrieb nicht am Brennstoffverbrauch, wie man vielleicht annehmen möchte.

Es ist nicht möglich, auf Grund einer allgemeinen Untersuchung zu sagen, welcher Geräteeinsatz am günstigsten ist. Dazu wäre es notwendig, nicht nur Gerätekosten und Abschreibungen miteinander zu vergleichen, sondern es müßten auch noch Löhne, Betriebskosten, Frachten und Reparaturkosten untersucht werden. Aber selbst dann wäre es nicht möglich, zu einem abschließenden Urteil zu kommen, welche Betriebsart am günstigsten ist, denn dies hängt von den besonderen Umständen in jedem einzelnen Fall ab.

Hier sollte nur gezeigt werden, wie solche Berechnungen für Schienenbetrieb und für gleislose Arbeitsweise durchgeführt werden können. Es

Tabelle 35. *Zusammenstellung der Neuwerte, Abschreibungen usw.*
bei den verschiedenen Geräteeinsätzen

Art des Geräteeinsatzes	Gewicht des Gerätes in t	Gesamte PS-Zahl der Gerate	Neuwert aller Geräte in DM	Monatliche Abschr. Beträge in DM
Schienenbetrieb ohne Gleis-rückmaschine und ohne Planierpflug	762 zuzüglich etwa 160 t für Schwel-len	1300	1 184 856 ohne Schwellen	17 510 nur Geräte, aber keine Schwellen
Schienenbetrieb mit Gleis-rückmaschine und mit Planierpflug	827 zuzüglich etwa 160 t für Schwel-len	1700	1 371 350	19 915 nur Geräte, aber keine Schwellen
Löffelbagger, Transport mit Hinterkippern, 22 t Nutzlast	93 gemäß Tab. 27 zu-züglich 110 t für Bagger	1500	510 000 + 320 000 ———— 830 000	18 840 + 4 780 ———— 23 620
Löffelbagger, Transport mit Hinterkippern, 13,5 t Nutzlast	109 gemäß Tab. 27 zu-züglich 110 t für Bagger	1620	1 095 000 + 320 000 ———— 1 415 000	38 320 + 4 780 ———— 43 100
Löffelbagger, Transport mit Hinterkippern, 31 t Nutzlast	162 gemäß Tab. 27 zu-züglich 110 t für Bagger	2300	1 280 000 + 320 000 ———— 1 600 000	45 500 + 4 780 ———— 50 280
Löffelbagger, Transport mit Bodenentleerern	145 gemäß Tab. 27 zu-züglich 110 t für Bagger	1500	852 000 + 320 000 ———— 1 172 000	43 200 + 4 780 ———— 47 980
Schürfkübelwagen, 5 m³ Inhalt	127 gemäß Tab. 34	1647	1 114 000	45 260
Schürfkübelwagen, 14 m³ Inhalt	125 gemäß Tab. 34	1760	1 027 950	43 810

sei hier nur noch erwähnt, daß der Einsatz von Schürfkübelwagen nicht auf einfache Entfernungen von etwa 750 m beschränkt ist, wie manchmal von deutschen Firmen angenommen wird. Bei starken und schnellen Schürfkübelwagen mit einem großen Fassungsvermögen liegt die Grenze der wirtschaftlichen Transportweite wesentlich höher, wie auch aus den gezeigten Beispielen hervorgeht.

Einer der größten Vorteile des gleislosen Betriebes ist die fast sofortige Einsatzbereitschaft, der Antransport ist einfach, in manchen Fällen auf eigener Achse, dazu kommt der Fortfall jeglicher Montage an der Bau-stelle. Während beim Gleisbetrieb oft ein wesentlicher Teil der Bauzeit durch die Gleisverlegungsarbeiten verloren geht, kann man hier sofort mit den produktiven Arbeiten beginnen. Man spart also beträchtlich an Bauzeit oder, wenn dies nicht erforderlich ist, erhält man eine entsprechend geringere durchschnittliche Tagesleistung und damit einen geringeren Geräteeinsatz. Dieser Umstand wird immer zugunsten des gleislosen Betriebes sprechen.

Daß die Unternehmer sich erst auf den neuen Betrieb umstellen müssen, ist schon früher erwähnt worden, ebenso daß die Maschinisten erst mit den neuen Maschinen umzugehen lernen müssen.

E. Verdichtung von geschüttetem Boden

Aufgabe 9. Verdichtung eines geschütteten Erddammes

Beim Bau eines großen Erddammes sind täglich in einer achstündigen Schicht 1000 m³ Boden zu verdichten. Die Anfuhr erfolgt in gummibereiften Fahrzeugen, die Verdichtungsarbeiten werden somit nicht durch Gleise behindert.

Es sollen untersucht werden: Schaffußwalzen, Gummiradwalzen und schwingende Gummiradwalzen.

Es soll in allen Fällen festgestellt werden, wieviel Einheiten notwendig sind, um die geforderte Leistung zu erreichen.

Lösung

Um eine solche Berechnung durchführen zu können wäre es notwendig, die Art des zu verdichtenden Bodens genau zu kennen und sein Verhalten bei der Verdichtung durch Versuche zu erforschen. Es gibt viele Bodenarten, bei denen die Anwendung aller drei Verdichtungsgeräte nicht in Frage kommt, sondern nur das eine oder andere. Es hängt dies von dem Gehalt an tonigen Bestandteilen ab, von dem im allgemeinen vorhandenen Feuchtigkeitsgehalt und anderen Umständen. Unabhängig von diesen Tatsachen soll hier angenommen werden, daß alle Geräte mit Erfolg verwendbar sind.

Wenn man die Wirksamkeit der Geräte einer solchen Berechnung zugrunde legen will, so muß man verlangen, daß die Verdichtung in allen Fällen die gleiche ist. Man muß also wissen oder durch Versuche feststellen, wieviel Verdichtungsvorgänge erforderlich sind, um bei jedem Gerät ungefähr einen gleichhohen Prozentsatz der maximalen Dichte zu erhalten. In unserem Beispiel können solche Werte nur auf Grund allgemeiner Erfahrungen angenommen werden. Dabei ist auch die Stärke der einzelnen Lagen und ihr Einfluß auf die Verdichtung zu berücksichtigen. Es soll hier angenommen werden, daß eine Verdichtung von etwa 95 % erreicht werden muß.

a) Schaffußwalze (s. I. Bd., Abb. 75) ·

Bei der Schaffußwalze wird eine Lagenstärke von 20 cm, in gewalztem Zustand gemessen, den weiteren Untersuchungen zugrunde gelegt. Auf Grund allgemeiner Untersuchungen kann man erwarten, daß bei einem zehnmaligen Walzen die geforderte Verdichtung erreicht werden kann. Die zu verdichtende Fläche ergibt sich dann wie folgt:

$$1000 \cdot 5 \cdot 10 = 50000 \text{ m}^2 \text{ je 8-Stundentag.}$$

Die Arbeitsbreite einer einzelnen Walze wird mit 1,0 m angenommen. Es werden beim Schleppen der Walzen durch Schlepper meist drei Walzen gleichzeitig gezogen, und zwar in der Anordnung, daß zuerst hinter dem Schlepper eine Walze folgt und in der nächsten Reihe zwei. Man erhält somit bei einem Gang der Walze auf dem etwa 1 m breiten Mittelstreifen eine zweifache Verdichtung, an den beiden Seitenstreifen jedoch nur eine einfache Verdichtung. Es ist aber zu beachten, daß auch der Zwischenraum zwischen den beiden in einer Reihe angeordneten Walzen nur einmal verdichtet wird. Es ist deshalb nicht möglich, die teilweise doppelte Verdichtung bei einem Walzengang zu berücksichtigen. Wichtiger aber ist folgender Umstand: Die Walzen werden durch Schlepper gezogen, unter deren Bändern eine recht beträchtliche zusätzliche Verdichtung eintritt. Die Erfahrung hat gezeigt, daß diese Verdichtung unter den Raupen günstig ist und unter Umständen noch gesteigert werden kann, wenn man auf die Raupenbänder in gewissen Abständen Stahlplatten aufbringt und so einerseits das Gewicht erhöht, dann aber auch ein besseres Durchkneten des Bodens erreicht. Es kann sehr wohl sein, daß man durch diese zusätzliche Verdichtung in die Lage versetzt wird, die Anzahl der Arbeitsvorgänge herabzusetzen. Allerdings muß dann die Gewähr gegeben sein, daß die zusätzliche Verdichtung unter den Raupenbändern überall stattfindet, was in der Praxis nur sehr schwer zu erreichen sein wird. Es soll daher hier die Anzahl der Walzengänge unverändert beibehalten und die Verdichtung durch den Schlepper nicht besonders in Rechnung gestellt werden.

Die Lagenstärke richtet sich nach der Länge der Schaffüße. Im allgemeinen soll die Lagenstärke etwa die gleiche sein wie die Länge der Füße oder höchstens das 1,2fache davon. Die Länge der Füße schwankt, wenn man von besonderen Konstruktionen absieht, zwischen 18 und 21 cm. Es mag daher richtig sein, die Lagenstärke, wie oben schon erwähnt, mit 20 cm anzunehmen.

Um die oben errechneten 50000 m² zu walzen, muß der Schlepper 50000 : 2 = 25000 m in 8 Stunden zurücklegen, da die gesamte Walzenbreite etwa 2 m beträgt. Der stündliche Weg ist daher mehr als 3 km. Dazu kommen aber noch erhebliche verlorene Wege, z.B. beim Wenden usw., deren Länge während des Baues stark veränderlich sein wird, je nach der Größe und Form der jeweils zu walzenden Flächen. Man wird mit einem gesamten zurückzulegenden Weg von 4 bis 5 km/h. rechnen müssen. Ein Schlepper mit drei Walzen reicht daher nicht aus, vielmehr müssen mindestens zwei Einheiten zur Verfügung stehen. Es sind somit erforderlich: Zwei Raupenschlepper mit je drei Walzen, zu deren Bedienung mindestens zwei Maschinisten notwendig sind.

Es kann aber unter ungünstigen Verhältnissen sogar notwendig werden, noch einen dritten Schlepper mit Walzen einzusetzen, wenn bei ungünstiger Lage der Arbeitsstellen der Anteil der verlorenen Wege ansteigt.

b) Gummiradwalze

Man unterscheidet, wie bereits im I. Bd. ausgeführt, zweiachsige und einachsige Gummiradwalzen, erstere mit einem Gewicht etwa zwischen 5500 und 13000 kg (s. I. Bd., Abb. 76), letztere erheblich schwerer, meist zwischen 45000 und 50000 kg schwer (s. Bd. I, Abb. 77, und II. Bd., Abb. 73). Es sei zuerst eine zweiachsige Gummiradwalze mit einem Gewicht von 11000 kg untersucht. Der Reifendruck ist verhältnismäßig niedrig, nämlich nur 1,97 kg/cm². Die Schaffußwalzen haben demgegenüber einen Fußflächendruck von etwa 25 kg/cm². Wenn man auch den Reifendruck nicht mit dem Fußflächendruck vergleichen kann, so ist doch klar, daß die Wirkung der zweiachsigen Gummiradwalze gering ist und die Tiefenwirkung wahrscheinlich geringer sein wird als bei der Schaffußwalze. Deshalb werden die zweiachsigen Gummiradwalzen auch bevorzugt im Straßenbau benutzt und nur seltener bei den übrigen Erdarbeiten.

Wenn man daher im vorliegenden Fall eine zweiachsige Gummiradwalze verwenden will, muß man die Lagenstärke gering halten, am besten unter 20 cm. Dadurch wird die zu walzende Fläche ungefähr die gleiche bleiben wie bei Verwendung einer Schaffußwalze. Man erreicht aber bei der Gummiradwalze eine wesentlich höhere Geschwindigkeit und damit eine höhere Leistung. Die Schleppgeschwindigkeit einer solchen Walze wird mit 15 bis 20 km/h angegeben. Selbst wenn man diese Geschwindigkeit unter Berücksichtigung des Wendens, der doppelten Wege usw. stark reduziert, kann die hier erforderliche Leistung ohne weiteres erreicht werden. Die zu walzende Fläche errechnet sich zu:

$$1000 \cdot 5 = 5000 \text{ m}^2.$$

Nimmt man an, daß ein sechsfaches Walzen ausreichend ist, so müssen insgesamt 30000 m² gewalzt werden. Dies ergibt eine Stundenleistung von rd. 4000 m². Die Arbeitsbreite der Walze ist 2,30 m, somit muß die Walze einen Weg von rd. 2000 m/h zurücklegen. Dies ist eine geringe Leistung in Anbetracht der obengenannten Schleppgeschwindigkeit.

Es genügt also in diesem Fall eine Gummiradwalze, die von einem Schlepper gezogen wird.

Wenn man nun noch den Einsatz einer einachsigen Gummiradwalze untersucht, so findet man, daß hier der Reifendruck erheblich höher ist, nämlich 5 bis 10 kg/cm². Nimmt man eine einachsige Gummiradwalze mit einem Gewicht von 50000 kg an, so ist der Reifendruck etwa 6,3 kg/cm². In einem solchen Fall kann man sowohl eine größere Lagenstärke annehmen als auch eine geringere Anzahl von Arbeitsgängen. Es wird – um gleiche Ergebnisse wie vor zu erzielen – möglich sein, die Lagenstärke auf 40 cm zu erhöhen und die Arbeitsgänge auf vier zu beschränken. Dies heißt, daß die zu walzende Fläche 1000 · 2,5 · 4 = 10000 m² beträgt. Da die Walzenbreite 2,5 m ist, beträgt der zurückzulegende Walzweg 4000 m/8 h oder 500 m/h. Bei einer so geringen Leistung ist die Gummiradwalze kaum völlig ausgenutzt. Selbst bei einer höheren Leistung würde der Einsatz einer einzigen einachsigen Gummiradwalze mit Schlepper ausreichend sein.

c) Schwingende Gummiradwalze (s. I. Bd., Abb. 80)

Die schwingende Gummiradwalze hat eine große Tiefenwirkung, man rechnet im allgemeinen mit einer ausreichenden Verdichtung bis zu einer Tiefe von etwa 90 cm bei einer viermaligen Überrollung. Zur Vorsicht soll hier nur mit einer Lagenstärke von 60 cm gerechnet werden. Die zu walzenden Flächen ergeben sich zu

$$(1000 : 0,6) \cdot 4 = 6664 \text{ m}^2.$$

Die gesamte Breite der Walze beträgt 2,80 m. Die Entfernung von Mitte bis Mitte Rad beträgt jedoch nur rd. 1,8 m. Dieser Wert kann als nutzbare Breite der Walze eingesetzt werden. Somit ist der theoretische Weg der Walze 6664 : 1,80 = 3700 m je 8 Stunden Schicht oder rd. 465 m je Stunde.

Die Leistung ist sehr gering und eine Walze ist kaum ausgenutzt.

Aus diesen Untersuchungen sieht man, wie groß der Vorteil ist, wenn die Lagen stark angenommen werden können und die Zahl der Arbeitsgänge gering gehalten werden kann. Im ersten Fall war die zu walzende Fläche je Tag 50000 m², im zweiten Fall nur noch 10000 m² und im letzten Beispiel sogar nur noch 6664 m². Dabei ist weiter zu beachten, daß bei der Gummiradwalze und bei der schwingenden Gummiradwalze die Geschwindigkeit erheblich höher sein kann als bei der Schaffußwalze.

Wenn die Verdichtung in allen Fällen, wie hier angenommen, gleich ist, spricht vieles für den Einsatz der Gummiradwalzen. Sie sind wirtschaftlicher und leistungsfähiger. Gegenüber den Schaffußwalzen haben sie den Vorteil, daß ein leichterer Schlepper gewählt werden kann, da die

Widerstände bei Gummiradwalzen viel geringer sind als bei Schaffuß-walzen.

Im übrigen aber kann hier auf Vor- und Nachteile der verschiedenen Walzensysteme nicht eingegangen werden. Hierbei spielt die Bodenart eine ausschlaggebende Rolle, ferner Feuchtigkeitsgehalt und verschiedene andere Umstände, die Probleme der Bodenmechanik berühren.

F. Felsaushub im Übertagebetrieb

Aufgabe 10. Felsaushub in einem Steinbruch

Für den Bau einer Talsperre müssen die Zuschlagstoffe aus Fels-material hergestellt werden, das in einem Steinbruch gewonnen wird. Die Betonleistung soll im Monatsdurchschnitt 60 000 m³ betragen. Wie hoch muß die Leistung im Steinbruch sein, wenn angenommen wird, daß die tägliche Arbeitszeit an der Sperre und im Steinbruch die gleiche ist? Welche Geräte können im Steinbruch eingesetzt werden und welche Zahl der einzelnen Geräte ist erforderlich?

Lösung

a) Vorbereitende Überlegungen

Wenn die durchschnittliche Betonleistung im Monat 60 000 m³ be-tragen soll, so muß die erreichbare Spitzenleistung je Monat erheblich höher liegen, da erfahrungsgemäß am Beginn und Ende der Betonie-rungsperiode nur geringere Leistungen erreicht werden können. Die Spitzenleistung, für die die Einrichtung bemessen werden muß, wird daher zu 80 000 m³ Beton im Monat angenommen.

Die Zahl der Arbeitstage sei 22 je Monat und die tägliche Arbeitszeit 16 Stunden. Es ergibt sich daher eine theoretische Betonleistung je Stunde von $80 000 : 22 : 16 = 227$ m³. In der Praxis muß dieser Wert nochmals erhöht werden, da die Höchstleistung nicht immer erreicht werden kann aus Gründen, die in den ersten Bänden mehrfach erörtert worden sind. Die theoretische Stundenleistung wird daher um 25% er-höht und zu $227 \cdot 1,25$ angenommen, also zu 285 m³. Man mag einwen-den, daß bei einem gut geleiteten Betrieb eine Erhöhung in dem hier vor-geschlagenen Ausmaß nicht notwendig wäre. Die Erfahrung hat aber gezeigt, daß die hier gewählten Werte sich durchaus im Rahmen des üblichen halten. Vergleicht man z. B. die hier vorgeschlagenen Werte mit den im II. Bd. (s. II. Bd., S. 252f.) angegebenen Werten für die Tal-sperre La Dixence, so ergibt sich folgendes: Stündliche Spitzenleistung in unserer Aufgabe: 285 m³. Monatliche theoretische Leistung: $285 \cdot 22 \cdot 16 \simeq 100 000$ m³. Geforderte Durchschnittsleistung 60 000 m³.

Erhöhung somit gleich 66%. Für die Talsperre La Dixence erhält man: Stündliche Spitzenleistung 300 m³. Die tägliche Arbeitszeit war dort jedoch 20 Stunden. Die theoretische Tagesleistung betrug $300 \cdot 20$ = 6000 m³. Man hat dort angenommen, daß 1700000 m³ in drei Arbeitsabschnitten von je 150 Tagen, zusammen 450 Tagen, betoniert werden könnten. Es ergibt sich daraus eine Tagesleistung von $1700000 : 450$ = 3780 m³ je Tag oder 189 m³ je Stunde. Die als erreichbar angenommene Durchschnittsstundenleistung von 189 m³ steht der theoretischen Stundenleistung von 300 m³ gegenüber, der Zuschlag beträgt somit 59%, ist also nur wenig geringer als in unserem Beispiel angenommen. Die Sicherheit in beiden Fällen ist ungefähr gleich, die hier gemachten Annahmen sind als richtig anzusehen. Es kann somit die Leistung von 285 m³ Beton je Stunde für die Bemessung der Zerkleinerungsanlage und ·die Berechnung der Leistung im Steinbruch zugrunde gelegt werden.

Die Menge der benötigten Zuschlagstoffe errechnet sich unter Zugrundelegung der zuvor errechneten Menge von 285 m³/h und der für einen m³ Beton erforderlichen Menge von Zuschlagstoffen. Je nach der Art des zu verwendenden Materials ändern sich die Gewichte der Zuschlagstoffe. Es soll hier angenommen werden, daß die Zuschlagstoffe in einem m³ Beton 2,25 t wiegen. Somit werden erforderlich $285 \cdot 2{,}25$ = 645 t je Stunde. Bei einem spezifischem Gewicht von etwa 2,45 werden rd. 254 m³ Felsmaterial notwendig. Eine Berechnung unter Benutzung ·der Gewichte von Sand, Schotter usw. führt zu ähnlichen Ergebnissen.

Es ist nun die Frage, wieviel m³ Felsaushub erforderlich werden, um 1 m³ gutes Material, das für die Betonbereitung geeignet ist, zu gewinnen. Es wird auch in einem guten Steinbruch, von dem der Abraum, soweit er über dem Fels liegt, schon entfernt worden ist, eine gewisse Menge unbrauchbares Material anfallen. Auf jeden Fall muß die für einen m³ brauchbare Zuschlagstoffe zu lösende Menge Fels größer sein als 1 m³. Es ist aber schwer, allgemeine Angaben darüber zu machen. Auch wenn man den Steinbruch nach Entfernung des Abraums sieht, kann es sich nur um eine rohe Schätzung handeln. Dazu kommt weiter, daß die unbrauchbare Menge Abraum, die im Fels eingeschlossen ist und mit dem Fels zugleich anfällt, nicht während der ganzen Bauzeit konstant sein wird, vielmehr starken Schwankungen unterworfen ist. Auch die Übertragung von an einer Stelle gewonnenen Erfahrungswerten auf einen anderen Steinbruch kann irreführend sein. Unter sehr günstigen Verhältnissen mag der Verlust an nicht brauchbarem Felsmaterial vielleicht etwa 15% betragen. Legt man diesen Wert den weiteren Berechnungen zugrunde, so erhalten wir eine Felsmenge von rd. 330 m³ je Stunde. Dieser Prozentsatz ist niedrig und er hat nur dann Berechtigung, wenn das Material sauber anfällt. Muß das im Steinbruch gewonnene Material während des Zerkleinerungsvorgangs ganz oder teilweise gewaschen werden – oder ist

eine Waschung und teilweise Aussortierung nach dem Zerkleinerungs-
prozeß erforderlich –, so wird der Abfall im allgemeinen höher sein und der
oben gewählte Wert von 15% muß erhöht werden. Welche Abfallmengen
unter ungünstigen Verhältnissen anfallen können, wurde bereits im
II. Bd. bei der Durchsprache der Zerkleinerungsanlage für den Bau der
Talsperre Ancipa erwähnt. Hier betrug der Abfall etwa die Hälfte des
im Steinbruch gewonnenen Materials (s. II Bd., S. 263f.).

b) Leistungsfähigkeit des Steinbruches

Erst nach diesen vorbereitenden Überlegungen kann man an die
Lösung der eigentlichen Aufgabe herantreten. Die erste Frage ist, kann
ein Steinbruch überhaupt die Menge von 330 m³ je Stunde liefern und
welchen Bedingungen muß ein derartiger Steinbruch genügen?

Als bei den ersten großen Betontalsperren in Deutschland der Ge-
danke auftauchte, die Bauzeit wesentlich abzukürzen, war man sich klar
darüber, daß dies bei dem Baustoff Beton wohl möglich wäre, nicht aber
bei dem bis dahin üblichen Bruchsteinmauerwerk. Es wurde aber schon
bei der ersten Bearbeitung des Projektes die Frage laut, ob es möglich
wäre, die für solche Betonleistungen erforderlichen Mengen von Felsmaterial zu gewinnen. Steinbruchfachleute verneinten diese Frage rund-
weg. Sie waren gewohnt, aus einem Steinbruch eine beschränkte Menge
von Gestein zu gewinnen, und zwar unter dem Gesichtspunkt der Verwendung des Felsmaterials für bestimmte Zwecke, wie Grabsteine, Bord-
steine, Pflaster usw. Hier waren die benötigten Mengen, verglichen mit
dem Bedarf beim Talsperrenbau, sehr beschränkt. Auch Steinbrüche, die
vorwiegend Schotter und Sand lieferten, waren durchweg auf eine kleine
Produktion eingestellt. Inzwischen hat die Erfahrung der letzten 35 Jahre
eindeutig gezeigt, daß so hohe Leistungen sehr wohl möglich sind, wenn
nur der Steinbruch für solche Massenproduktion geeignet ist.

Abgesehen davon, daß das im Steinbruch anstehende Material allen
Anforderungen bezüglich der Qualität des Gesteins genügen muß, muß
aber die Größe des Steinbruches so ausgedehnt sein, daß die erforderlichen Leistungen möglich sind. Dazu gehört, daß die Ausdehnungen des
Steinbruches ausreichend sind, um eine genügende Anzahl von Arbeitsstellen für Bohren, Sprengen und Laden des zu gewinnenden Materials
anlegen zu können. Es muß beachtet werden, daß nach dem Sprengen
das Bohren neuer Löcher nicht unmittelbar an der gleichen Stelle aufgenommen werden kann, da das gesprengte Material den Zugang zur
Felswand versperrt. Es tritt also entweder beim Bohren eine durchaus
unerwünschte Unterbrechung ein, oder aber es muß eine andere Stelle für
das Abbohren und Vorbereiten der nächsten Sprengung verfügbar sein.
Auch die Anzahl der zum Laden des gelösten Felsmaterials erforderlichen

Bagger spielt bei der Festlegung der notwendigen Steinbruchlänge eine Rolle.

Hat man einen Steinbruch zur Verfügung, der eine große Längenausdehnung hat, dessen Höhe aber so gering ist, daß ein Abbau in einer Stufe erfolgen kann, liegen die Verhältnisse noch einfach. Schwieriger ist es, eine gute Lösung zu finden, wenn die Länge beschränkt ist, aber die Höhe des Steinbruches groß ist, so daß nicht nur eine, sondern zwei oder sogar drei Etagen angelegt werden müssen. Durch ein solches Arbeiten in verschiedenen Stockwerken tritt eine Behinderung der Arbeiten in den unteren Stockwerken ein, außerdem darf die Gefährdung der Arbeiter in den unteren Stockwerken durch herabfallende Gesteinsbrocken nicht übersehen werden.

Es sei hier noch erwähnt, daß in einigen wenigen Fällen sog. Kammerminensprengungen durchgeführt worden sind. Ein Stollen wird in das Gebirge auf eine gewisse Tiefe getrieben und das Ende desselben mit einer großen Menge Sprengstoff geladen. Bei der Explosion fällt eine große Menge Fels an. Die Kammerminensprengungen erfordern vielfach weniger Sprengstoff, auch die Bohrarbeit ist geringer, aber das Laden des gesprengten Materials, das als hoher Berg über der Sprengstelle liegt, ist schwierig, außerdem aber fällt der Fels meist in sehr großen Brocken an und erfordert viel Nachschießen. Aus diesen Gründen hat sich der Abbau in dieser Art nur selten im Baubetrieb bewährt. Es soll hier angenommen werden, daß der Steinbruch in großer Länge abgebaut werden kann und die übliche Methode des Bohrens und Sprengens gewählt wird.

c) Laden des gesprengten Felsmaterials

Bevor auf die Bohr- und Sprengarbeiten eingegangen wird, soll das Laden des gesprengten Felsmaterials behandelt werden. Zum Laden wird man kaum ein anderes Gerät als einen Löffelbagger einsetzen, jedoch nur einen schweren Bagger, wie sie von vielen Firmen besonders für solche Arbeiten hergestellt werden. Nimmt man einen Bagger mit einem Löffelinhalt von 2 m³ an, so kann man die stündliche Leistung gemäß I. Bd., S. 20, Tab. 4, mit 157 m³ bei sog. schlecht geschossenem Fels annehmen. Dieser Wert ist zu multiplizieren mit 0,75 für den meist erforderlichen Drehwinkel von etwa 180° und mit einem Störungsfaktor von 0,39. Man erhält dann rd. 46 m³ je Stunde. Diese scheinbar geringe Leistung dürfte als Durchschnittsleistung richtig sein. Um die Leistung von 330 m³/h zu erreichen, sind daher acht Bagger notwendig. Um diese Zahl von Baggern so ansetzen zu können, daß sie unbehindert arbeiten können, sind mehrere Arbeitsstellen notwendig.

In mancher Beziehung mag es günstig sein, wenn an einer Ladestelle nicht mehr als zwei Bagger arbeiten, d.h. es wären vier Ladestellen erforderlich. Da, wie bereits erwähnt, an der Ladestelle nicht gleichzeitig gebohrt werden kann, wären·demgemäß acht Arbeitsstellen notwendig. Daraus ergibt sich die bei einem solchen Betrieb mit hohen Leistungen erforderliche große Längenausdehnung des Steinbruches. Es mag möglich sein, die Leistung der Bagger etwas höher anzunehmen und so die Anzahl der Bagger auf sechs zu beschränken, womit gleichzeitig der Vorteil erreicht würde, daß drei Arbeitsstellen ausreichend wären. Ob eine Leistung von $330 : 6 = 55$ m³ eines Baggers im Durchschnitt über eine lange Zeit erreichbar ist, kann nicht allgemein entschieden werden, es hängt dies zum Teil von der Art des Sprengens, aber auch von der Beschaffenheit des Felsmaterials ab.

Es sei hier jedoch noch folgende Überlegung angestellt: Bei einem 2-m³-Löffelbagger wird bei einem Spiel etwa 1,1 m³ Fels, als feste Masse gemessen, geladen werden können (s. I. Bd., S. 9). Um die zuvor errechneten 46 m³ zu laden, sind daher etwa 42 Spiele je Stunde notwendig, während bei der höheren Leistung von 53 m³ etwa 48 Spiele gemacht werden müßten. Beim Laden von Felsmaterial erscheint eine Anzahl von 42 Spielen je Stunde schon reichlich hoch, denn es bedeutet, daß ein Spiel in etwas weniger als 1,5 Minuten beendet sein muß. Eine kürzere Spieldauer erscheint nicht wahrscheinlich. Tatsächlich werden bei dem hier vorgeschlagenen Einsatz von acht Baggern die Zahlen etwas günstiger als im obigen Rechnungsgang. Man findet, daß jeder Bagger $330 : 8 = 41$ m³ je Stunde laden muß. Bei einem Fassungsvermögen von 1,1 m³ ist die erforderliche Spielzahl rd. 37 je Stunde. Es stehen somit für ein Spiel 1,6 Minuten zur Verfügung, was angemessen sein mag.

d) Bohren

Wir kommen nun zurück zur Frage des Bohrens. Auch hier spielen die örtlichen Verhältnisse eine ausschlaggebende Rolle. Darüber hinaus aber muß man berücksichtigen, wie der Fels ansteht und wie er sich schießen läßt. Man kann entweder die Bohrlöcher senkrecht anordnen oder auch unter einem Winkel von etwa 45°. Es finden sich auch Steinbrüche, in denen horizontale Bohrlöcher gebohrt werden, besonders dann, wenn es schwer oder fast nicht möglich ist, eine freie senkrechte Wand von entsprechender Höhe zu erhalten.

Wenn die Anlage senkrechter Bohrlöcher (Abb. 28) möglich ist, macht man die sog. Vorgabe, d.h. den Abstand des Bohrloches von der freien Felsoberfläche, nicht größer als rd. zwei Drittel der Bohrlochtiefe. Der Abstand der Bohrlöcher untereinander

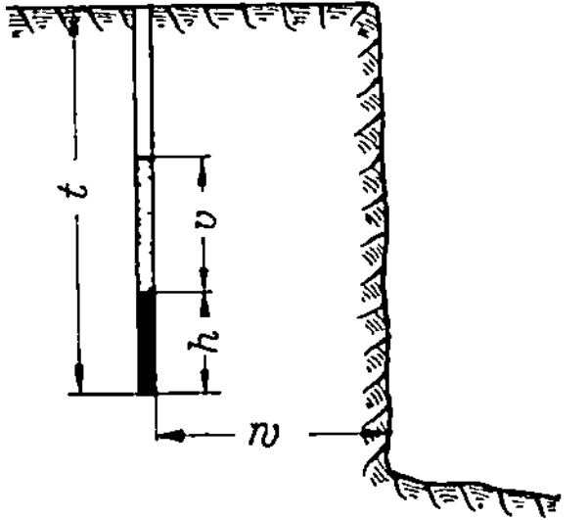

Abb. 28. Skizze eines Abbaues im Steinbruch bei Anordnung senkrechter Bohrlöcher (aus „Gesteinsbohren")

richtet sich nach der Stärke der Vorgabe und der Felsbeschaffenheit. Der Sprengstoffverbrauch wird in manchen Fällen nach einer Faustformel berechnet: Benötigte Sprengstoffmenge in Kilogramm = 0,2 bis 0,25 · Vorgabe^2 · Lochtiefe. Vorgabe und Lochtiefe sind in m auszudrücken.

Das Bohren der Löcher erfolgt auch heute noch häufig mit Hilfe von Preßluftgeräten. Man verwendet meist Bohrwagen (s. I. Bd., Abb. 103 und 104) in die schwere Bohrhämmer eingehängt werden, und zwar Hämmer mit pneumatischem Vorschub. Man kann auf diese Weise Löcher bohren mit einem Durchmesser bis etwa 70 mm. Die Tiefe ist auf etwa 12 m beschränkt.

Bei allen Überlegungen über den erforderlichen und möglichen Bohrlochdurchmesser darf nicht vergessen werden, daß man die Löcher unter Verwendung von Bohrersätzen bohrt, bei denen der Durchmesser mit zunehmender Lochtiefe abnimmt.

Man kann daher bei Verwendung von Preßluftgeräten Schwierigkeiten haben, die erheblichen Sprengstoffmengen in dem engen Bohrloch unterzubringen, insbesondere wenn die Bohrlochtiefe mehr als etwa 5 m beträgt.

Man hat daher früher den tiefsten Teil des Bohrloches manchmal kesselartig durch sog. Kesseln oder Schnüren erweitert (s. Abb. 29). Dieser Arbeitsvorgang ist jedoch zeitraubend und kostspielig und bei großen Leistungen, wie im vorliegenden Fall, kann eine solche Arbeitsweise nicht in Frage kommen. Wenn daher der Lochdurchmesser nicht erhöht werden kann, muß die Zahl der Bohrlöcher erhöht werden, so daß die erforderlichen Sprengstoffmengen untergebracht werden können.

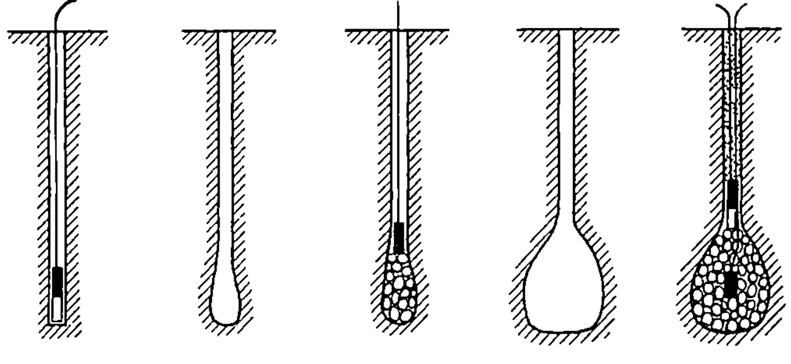

Abb. 29. Kesseln oder Schnüren eines Bohrlochs (aus „Gesteinsbohren")

Man hat – gerade mit Rücksicht auf den beschränkten Durchmesser der mit Preßluftgeräten hergestellten Bohrlöcher – Freifallbohrmaschinen (s. I. Bd., Abb. 110) in den Steinbruchbetrieb eingeführt, bei denen größere Lochdurchmesser möglich sind. Da bei diesen Freifallbohrmaschinen die Leistung verhältnismäßig gering ist, ging man zur Verwendung von Drehbohrmaschinen über (I. Bd., S. 120), bei denen ein Lochdurchmesser bis 92 mm und sogar noch größer (bis etwa 115 mm) möglich ist.

Der letzte Schritt in dieser Entwicklung ist der Einsatz von Bohrwagen, die auf Raupen laufen, vereinzelt auch auf Reifen, und die mit Drehbohrmaschinen ausgerüstet sind (s. Abb. 30). Mit diesen Maschinen

Abb. 30. Bohrwagen Bucyrus-Erie 40 R

können Bohrlöcher von 171 bis 228 mm hergestellt werden. Sie werden entweder elektrisch angetrieben oder diesel-elektrisch. Der Bohrer wird hydraulisch heruntergedrückt.

Die Leistung dieser Maschinen ist trotz des großen Lochdurchmessers sehr hoch und kann, je nach Felsart, 16 m und mehr je Bohrstunde betragen.

Es soll hier die Verwendung von Preßluftbohrgeräten vorgesehen werden, die in vielen Fällen den nicht zu unterschätzenden Vorteil haben, daß man, wenn wünschenswert, auch waagrechte und geneigte Bohrlöcher herstellen kann.

Der Anfall von Felsmaterial ist abhängig – neben der Anordnung der Bohrlöcher, dem Lochdurchmesser usw. – von der Gesteinsart, seiner Lagerung, Klüftigkeit und anderen Umständen. Es ist unmöglich, einen allgemein richtigen Wert dafür anzugeben. Es sei hier angenommen, daß je m³ Fels 0,25 m Bohrloch erforderlich ist, d.h., daß auf einen m Bohrloch 4 m³ gesprengter Fels entfallen. Eine solche Menge ist nur unter einigermaßen günstigen Fällen erreichbar. Unter ungünstigen Umständen mag für jeden m³ Fels bis zu einem m Bohrloch notwendig werden und im Stollenbau rechnet man beim Vortriebsstollen mit 4 m Bohrloch und mehr je m³ Fels.

Bei einer Stundenleistung von 330 m³ Fels müssen somit rd. 83 m Bohrloch gebohrt werden. Man wird aber besser mit Rücksicht auf die wechselnde Beschaffenheit des Gesteins mit einem höheren Wert rechnen, und zwar sei der weiteren Berechnung ein Bedarf von 100 m Bohrloch zugrunde gelegt.

Die Leistung beim Bohren ist in den letzten Jahren, wie im I. Bd. ausgeführt, wesentlich gesteigert worden und man kann einen Bohrfortschritt von 25 cm je Minute als reine Bohrgeschwindigkeit annehmen. Die theoretische Stundenleistung ist somit 15 m. Diese Leistung ist viel zu hoch, da nicht während 60 Minuten ständig gebohrt werden kann. Es treten erhebliche Zeitverluste ein durch das Umsetzen der Bohrmaschinen, das Auswechseln der Bohrer usw. Wenn man, wie hier vorgesehen, eine größere Anzahl von Arbeitsstellen einrichtet, geht allerdings keine Zeit durch das Laden und Sprengen verloren, vielmehr kann an ein und derselben Arbeitsstelle während längerer Zeit, d. h. während einer Schicht oder auch länger, ohne Unterbrechung gebohrt werden. Trotzdem aber ist der Einfluß der obengenannten, nicht vermeidbaren Arbeiten sehr groß, und es dürfte annähernd richtig sein, die tatsächliche Bohrleistung nicht höher als 35% der theoretischen anzunehmen, d.h. also eine tatsächliche Bohrleistung von 5,25 m je Stunde als Grundlage für die Bemessung der Einrichtung des Steinbruches einzusetzen.

Bei der erforderlichen Zahl von 100 m Bohrloch müssen also etwa 20 Bohrmaschinen eingesetzt werden, wozu noch eine größere Zahl – fünf bis acht Reservemaschinen – hinzukommen.

Diese in Anbetracht der hohen Leistung geringe Anzahl von Bohrmaschinen ist nur dann ausreichend, wenn man Hartmetallbohrkronen verwendet. Bei Stahlbohrern müßte die Zahl der Bohrmaschinen wesentlich höher sein.

e) Luftverbrauch, Kompressoren usw.

Der Luftverbrauch hängt von der Zahl und der Art der Bohrmaschinen ab. Man kann unter den hier vorliegenden Verhältnissen mit einem Luftverbrauch von etwa 5 m³/min je Bohrmaschine rechnen. Der gesamte Luftbedarf erreicht daher eine theoretische Spitze von rd. 100 m³/min. Tatsächlich wird der Bedarf etwas geringer sein, da nie alle Maschinen gleichzeitig laufen werden. Es empfiehlt sich aber nicht, die Kompressoren zu gering zu bemessen, wenngleich durch große Windkessel kurze Spitzen ausgeglichen werden können. Nimmt man einen Gleichzeitigkeitsfaktor von 0,8 an, so müssen Kompressoren von 80 m³/min vorgesehen werden.

Für die Luftversorgung kann man grundsätzlich zwei verschiedene Arten von Kompressoren wählen: Stationäre oder fahrbare Maschinen. Stationäre Anlagen haben den Vorteil, daß die Kompressorenstation außerhalb des Steinbruchs und damit außerhalb des Gefahrenbereiches der Sprengungen aufgestellt werden kann. Andererseits aber muß man ein langes Rohrleitungssystem in Kauf nehmen, mit nicht unbeträchtlichen Leitungsverlusten. Diese Rohrleitungen sind der Gefahr einer Zerstörung durch umherfliegende Sprengstücke ausgesetzt. Die Rohrleitungen sind in vieler Hinsicht im Steinbruch hinderlich, sie müssen, entsprechend dem Fortschritt, bei den Sprengarbeiten von Zeit zu Zeit verlängert und unter Umständen auch verlegt werden. Bei einer Beschädigung der Hauptleitung fallen alle Bohrmaschinen gleichzeitig aus und der Bohrbetrieb kommt vollständig zum Stillstand. Durch Bereitstellung von Ersatzrohren in allen erforderlichen Durchmessern und von Krümmern, T-Stücken usw. können eingetretene Beschädigungen in kurzer Zeit ausgebessert werden. Wendet man fahrbare Kompressoren an, so ist bei der großen Zahl der Bohrmaschinen und dem hohen Luftverbrauch der schweren Typen die Zahl derselben ebenfalls sehr hoch.

Im vorliegenden Fall würde man wahrscheinlich trotz der obenerwähnten Nachteile einer stationären Anlage eine solche an einem Ende des Steinbruches zur Aufstellung bringen, da die fahrbaren Kompressoren in der Hauptsache für kleinere Arbeiten geeignet sind.

Man wird hier Kompressoren mit einer Ansaugeleistung von etwa 16 oder 23 m³/min wählen und fünf oder vier Maschinen aufstellen. Allenfalls kann man auch an Stelle einer großen Maschine zwei kleinere wählen, um eine möglichst gute Anpassung an den jeweiligen Bedarf zu erreichen.

Eine weitere Frage ist, welche Verdichterbauart gewählt werden soll. In Betracht kommen hier Kolbenverdichter und Rotationsverdichter, während Turboverdichter bei den hier in Frage kommenden Luftmengen ausgeschaltet werden können. Es kann nicht grundsätzlich entschieden werden, ob Kolben- oder Rotationsverdichter günstiger sind, dafür müssen eingehende Untersuchungen angestellt werden, wenngleich heute manches für Rotationsverdichter spricht, die sich im Baubetrieb gut bewährt haben.

Außer den hier bereits erwähnten Maschinen werden an einer solchen Baustelle noch Schleifmaschinen für die Hartmetallbohrkronen benötigt. Ferner ist es erforderlich, große Mengen von Bohrstangen in allen Längen vorrätig zu halten. Auch der Wasserversorgung für die Kompressoren muß entsprechende Aufmerksamkeit geschenkt werden. Unter Umständen muß eine Rückkühlanlage aufgestellt werden.

Über den Sprengstoffverbrauch, ebenso wie über die Wahl des richtigen Sprengstoffes, ist hier nichts zu sagen. Es sei nur erwähnt, daß bei den benötigten großen Sprengstoffmengen entsprechende Vorkehrungen für die Lagerung der Sprengstoffe getroffen werden müssen unter Beachtung der dafür erlassenen Vorschriften.

Der Kraftbedarf einer Baustelle muß in der Gesamtheit besprochen werden, kann also hier nicht näher behandelt werden. Es sei aber gesagt, daß der Bedarf an Strom im Steinbruch einen wesentlichen Teil des gesamten Strombedarfes ausmachen wird. Hier wird der Leistungsbedarf etwa 600 PS oder sogar etwas höher sein.

Die Einrichtungskosten und auch die Betriebskosten sind bei einem so umfangreichen Steinbruch sehr hoch. Bei der Bedeutung des Steinbruches für den Fortgang der gesamten Arbeiten an der Baustelle sind hier eingehende Untersuchungen über die besten Abbaumethoden anzustellen. Darüber hinaus aber muß durch vergleichende Kostenberechnungen die wirtschaftlichste Methode der Steingewinnung gefunden werden.

G. Felsausbruch im Untertagebetrieb

Aufgabe 11. Felsausbruch eines Stollens

Ein 1100 m langer kreisrunder Stollen mit einem Durchmesser von 3,8 m im Lichten ist durch standfestes Gebirge, in dem kein Wasserandrang herrscht, vorzutreiben. Die Stärke der Auskleidung kann mit 20 cm angenommen werden.

Der Vortrieb kann von einer Seite her durchgeführt werden, sofern die Fertigstellung in einem Jahr gesichert ist. Wenn dies nicht der Fall ist, so muß auch von der anderen Seite der Ausbruch des Stollens in Angriff genommen werden. Dies ist jedoch nur möglich von einem Schacht aus, der eine Tiefe von 40 m hat.

Es sollen beide Lösungen untersucht werden, um festzustellen, ob der Vortrieb von einer Seite aus, wenn er rechtzeitig fertiggestellt werden kann, vorteilhafter ist als der Vortrieb von beiden Seiten aus. Die in beiden Fällen erforderlichen Geräte sind zusammenzustellen.

Lösung. Der Ausbruchsquerschnitt muß einen Durchmesser von $3,8 + 2 \cdot 0,20 = 4,2$ m haben. Dies ist ein theoretisches Maß und läßt sich in der Praxis nicht genau einhalten. Gleichzeitig ist es im allgemeinen ein Mindestmaß, denn das Gestein darf in das Profil nicht hineinragen, obwohl in einigen Fällen die Bauherrn erlaubten, daß gesunder Fels einige Zentimeter über das theoretische Profil hinausstehen durfte. Das Ausmaß des Mehrausbruches hängt zum Teil von der Gesteinsbeschaffenheit, Lagerung usw. ab und zum Teil vom Vortrieb. Bei Anlage eines Vortriebstollens und eines Nachbruches wird der Mehrausbruch unter sonst gleichen Verhältnissen wahrscheinlich etwas geringer sein als bei Ausbruch des vollen Profils. Auch durch zu große Beschleunigung der Ausbruchsarbeiten mag in manchen Fällen die Genauigkeit des Ausbruches etwas leiden. Der Mehrausbruch wirkt sich vor allem beim Laden ungünstig aus, da mehr Felsmassen je lfd. Meter Stollen zu laden sind, dann aber auch beim Betonieren, da hier mehr Beton eingebracht werden muß. Abgesehen von der dadurch bedingten Verzögerung im Fortschritt infolge der größeren Massen spielen hier die Mehrkosten für den „Überbeton" eine Rolle, vor allem beim Zementverbrauch.

Wenn man günstige Verhältnisse annimmt, mag ein durchschnittlicher Mehrausbruch von 5 cm ausreichend sein, also eine Vergrößerung des Ausbruchsdurchmessers von 4,20 auf 4,30 m. Doch dürfte dies ein Minimum sein, das keineswegs immer eingehalten werden kann.

Der Ausbruchsquerschnitt ist daher 14,52 m².

Die zur Verfügung stehende Bauzeit für den Ausbruch des Stollens ist ein Jahr. Rechnet man mit 22 Arbeitstagen je Monat, so muß die Arbeit in 264 Arbeitstagen beendet sein. Von dieser Zeit ist zuerst die Periode für die Einrichtung der Baustelle in Abzug zu bringen. Die Zeitdauer der Einrichtung hängt von den örtlichen Verhältnissen, wie z.B. Zugänglichkeit der Baustelle usw. ab, zum Teil von verschiedenen Umständen, für die der Unternehmer allein verantwortlich ist, wie Verfügbarkeit des Gerätes, Organisation des Verladens und des Versandes usw. Es sollen hier für die gesamten Einrichtungsarbeiten 6 Wochen als auskömmlich angesehen werden, also 1,5 Monate gleich 33 Arbeitstagen. Es verbleiben somit noch 231 Tage. Man muß aber ferner bedenken, daß in den ersten Wochen nicht die volle Leistung oder gar Spitzenleistungen erreicht werden können, zudem die ersten Meter des Ausbruches, bis man in den gesunden Fels kommt, besonders schwierig sind. Man sollte daher, um die notwendige Sicherheit zu haben das Bauprogramm einhalten zu können, die Zahl der Arbeitstage nicht höher als etwa 210 annehmen.

Rechnet man mit dem Vortrieb von einer Seite, so ergibt sich demgemäß eine erforderliche Vortriebsleistung von $1100 : 210 = 5,2$ m je Tag.

Im anderen Fall, wenn man also den Schacht nahe dem Stollenende benutzen will, ergibt sich folgendes Bild. Die Einrichtungszeit für die Hauptangriffsstelle ist die gleiche wie vor angenommen. Die Einrichtung am Schacht wird mindestens dieselbe Zeit erfordern, wenn nicht diese Arbeitsstelle, was häufig der Fall sein wird, schwerer zugänglich ist. Wir nehmen hier an, daß die obenerwähnten 6 Wochen ausreichend sind, d.h., daß an Stollen und Schacht zu gleicher Zeit angefangen werden kann. Während auf der einen Seite, genau wie vorerwähnt, der Stollenausbruch beginnen kann, muß auf der anderen Seite erst der Schacht abgeteuft werden. Die Bauzeit hängt vom Querschnitt, vom Gestein usw. ab. Es ist aber nicht wahrscheinlich, daß der Fortschritt mehr als 1,5 m je Tag betragen wird. Somit werden $40 : 1{,}5 = 27$ Arbeitstage benötigt, um zum Anfang des Stollens zu gelangen. Rechnet man wie oben mit der reduzierten Bauzeit von 210 Tagen, so verbleiben auf dieser Seite für den Stollenausbruch etwa 183 Tage. Die Erfahrung an vielen Baustellen hat gezeigt, daß der Fortschritt in einem Stollen, der von einem Schacht aus aufgefahren werden muß, beträchtlich geringer ist, als wenn der Stollen einen direkten Zugang hat. Es wäre daher falsch, hier mit gleichen

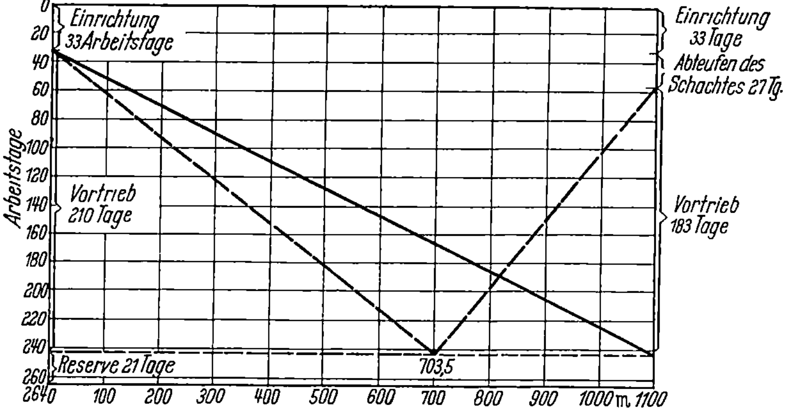

Abb. 31. Bauprogramm für den Stollenausbruch bei Angriff von einer und von zwei Seiten

Leistungen auf beiden Seiten zu rechnen, vielmehr muß man – bei gleicher Einrichtung und gleicher Arbeitsweise – einen geringeren Fortschritt auf der Schachtseite dem Bauprogramm zugrunde legen. Nimmt man an, daß der Fortschritt vom Schacht aus 65 % des Vortriebes auf der anderen Seite ist, so ergibt sich folgender erforderlicher Vortrieb: $210\,x + 183 \cdot 0{,}65\,x = 1100$. Daraus folgt, daß der Vortrieb auf der unmittelbar zugänglichen Seite rd. 3,35 m sein muß und auf der Schachtseite 2,18 m.

Im Bauprogramm, s. Abb. 31, sind die beiden Vortriebsarten gezeigt. Man sieht daraus auch die Stelle, wo der Durchschlag erfolgen wird.

In dem einen Fall muß man also eine Vortriebsgeschwindigkeit von 5,2 m je Tag erreichen, im anderen Fall ist die größte durchschnittliche Vortriebsleistung 3,35 m je Tag.

Es ist nun zu entscheiden, ob man die Leistung von 5,2 m je Tag tatsächlich als Durchschnitt während der Bauzeit erreichen kann. Es ist klar, daß diese Leistung hoch ist und die Einhaltung der Bauzeit nur möglich ist, wenn man modernste Maschinen einsetzt und den Ausbruch nach den neuesten Erfahrungen durchführt. Unter diesen Voraussetzungen kann man aber mit Bestimmtheit damit rechnen, den Bau innerhalb der vorgesehenen Frist von einem Jahr fertigzustellen. Beweis dafür sind Ausführungen verschiedener Stollenbauten. Es sei hier nur auf den Eucumbene-Stollen des Snowy Mountains Hydroelectric Authority (Australien) verwiesen (II. Bd., S. 228), bei dem, obwohl der Durchmesser erheblich größer war, ein größter Fortschritt von 26,5 m an einem Tag erreicht worden ist. Auch wenn man berücksichtigt, daß dies eine Spitzenleistung ist und daß man bei einem so langen Stollen alles daran gesetzt hat, einen ungewöhnlich hohen Fortschritt zu erreichen, so wird man doch ohne weiteres zugeben, daß die hier erforderliche Durchschnittstagesleistung von 5,2 m erreichbar ist. Man kann daher den Stollen von einer Seite aus vortreiben, und zwar innerhalb der vorgesehenen Bauzeit. Es ist nur noch zu untersuchen, ob der Vortrieb von beiden Seiten her irgendeinen Vorteil bietet.

Wenn das Gestein, wie angenommen, auf der ganzen Stollenlänge standfest ist, wird man den Stollen im Vollausbruch vortreiben und auf die Anlage eines besonderen Vortriebsstollens oder die Anordnung von Bänken verzichten. Auf diese Weise wird die Verwendung von Bohrwagen und Baggern ermöglicht bzw. erleichtert. Außerdem ist die Leistung bei Vollausbruch höher als bei der Wahl von Vortriebsstollen und Vollausbruch, auch wenn der Vollausbruch in einem verhältnismäßig kurzem Abstand hinter dem Vortrieb nachfolgt.

Je nach der Gesteinsart ist die Bohrmethode zu wählen. Fast immer schießt man zuerst einen sog. Einbruch, um die Spannungen im Gestein zu lösen und das Hereinfallen des Gesteins zu ermöglichen. Die Bohrlöcher sind daher nicht alle waagrecht angeordnet, sondern teilweise etwas geneigt. Wichtig ist auch die Anordnung der Bohrlöcher am Rand. Nicht immer, aber meist, werden sie waagrecht gebohrt, um den Mehrausbruch möglichst geringzuhalten. Eine allgemeine Skizze der Anord-

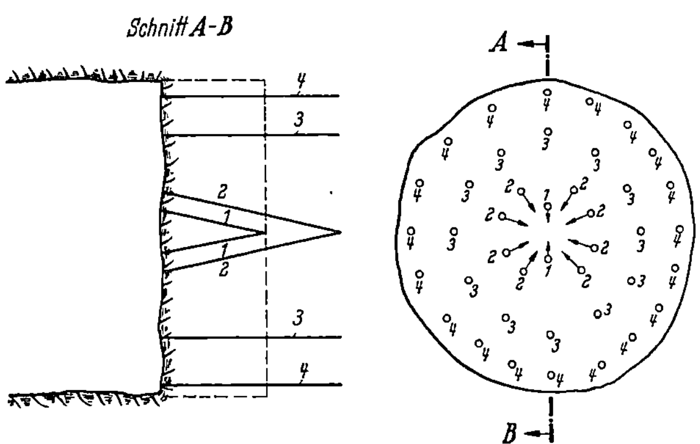

Abb. 32. Schema der Anordnung der Bohrlöcher in einem Stollen bei Vollausbruch

nung der Bohrlöcher ist in Abb. 32 gezeigt. Die Zahl und die Länge der Bohrlöcher hängt von den Gesteinsverhältnissen ab. Für unsere Rechnung ist es nicht nötig, auf Einzelheiten einzugehen. Es genügt, wenn wir wissen, wieviel Bohrlöcher notwendig sind, um den gewünschten Vortrieb zu erhalten. Im Stollen ist die Länge der Bohrlöcher je m³ Fels viel höher als z.B. in einem Steinbruch. Man wird bei einem Stollen, der mit großer Eile vorangetrieben wird, in standfestem Fels mit etwa 4 m Bohrloch je m³ Fels rechnen können. Doch hängt die genaue Zahl von der Sprengbarkeit des Felsens ab. Nimmt man hier diesen Wert an, so findet man, daß täglich $5,2 \cdot 14,52 \cdot 4 = 302$ m Bohrlöcher gebohrt werden müssen. Hierin ist 5,2 der tägliche Arbeitsfortschritt und 14,52 die Felsmenge in m³ je lfd. m.

Im Steinbruch war es möglich, durch die Wahl verschiedener Arbeitsstellen die Bohrarbeiten fast während der ganzen Arbeitszeit fortzusetzen. Dies ist im Stollen keineswegs möglich. Nimmt man z.B. an, daß in drei Schichten gearbeitet wird und in jeder Schicht ein Abschlag erfolgt, so muß in diesem Zeitraum das am Ende der vorhergegangenen Schicht gesprengte Material zuerst geladen werden, dann erst kann das Bohren beginnen. Es muß aber so rechtzeitig beendet sein, daß noch in der gleichen Schicht die Bohrlöcher besetzt werden können und auch die Sprengung noch erfolgen kann. Es steht somit für das Bohren nur ein kleiner Teil der ganzen Schicht zur Verfügung. Als ein Beispiel sei hier angenommen, daß, wie bereits erwähnt, in jeder Schicht ein Abschlag erfolgt, was keineswegs immer der Fall ist, ferner sei folgende Zeiteinteilung der weiteren Berechnung zugrunde gelegt:

```
Lüften nach dem Abschuß . . . . . . . . . . . . . . . . . . . . . . . . .  20 min
Sicherungsarbeiten . . . . . . . . . . . . . . . . . . . . . . . . . . . .  15 min
Laden des geschossenen Materials . . . . . . . . . . . . . . . . . . . . 150 min
Vorbringen des Bohrwagens und Verlegung der Rohrleitungen . . . . .  20 min
Besetzen und Sprengen . . . . . . . . . . . . . . . . . . . . . . . . . .  25 min
Reserve . . . . . . . . . . . . . . . . . . . . . . . . . . . . . . . . .  40 min
Somit erfordern alle Arbeiten mit Ausnahme des Bohrens . . . . . . . 270 min
```

Da insgesamt 480 Minuten zur Verfügung stehen, verbleiben somit für das Bohren 210 Minuten. In dieser Zeit müssen $302 : 3 = 101$ m Bohrloch gebohrt werden.

Nimmt man eine Bohrgeschwindigkeit von 25 cm je Minute an, so ist die theoretische Leistung in 210 Minuten 52,5 m. Dieser Wert kann nicht ohne weiteres der folgenden Berechnung zugrunde gelegt werden. Er muß stark eingeschränkt werden, da für die Nebenarbeiten, wie Umsetzen der Bohrmaschinen, Auswechseln der Bohrer usw., sehr viel Zeit erforderlich ist. Rechnet man mit einer reinen Bohrzeit von 20%, so ist die Bohrleistung während der zur Verfügung stehenden Zeit von 210 Minuten etwa 10,4 m, und es sind für die gesamten Bohrarbeiten zehn Bohrmaschinen erforderlich. Zehn bis zwölf Bohrmaschinen lassen sich aber ohne Schwierigkeiten auf einem Bohrwagen unterbringen. Dazu kommen aber noch die Reservemaschinen, so daß etwa 15 Maschinen notwendig sind.

Die Bestimmung der Bohrlochlänge und die Verteilung der Bohrlöcher auf die Angriffsfläche ist im wesentlichen eine Sache der Erfahrung und des Versuches. Die Bohrlöcher am Rand des Ausbruches dürfen nicht zu weit voneinander entfernt sein, sonst erhält man kein sauberes Profil. Man kann bei dem hier vorliegenden Stollendurchmesser mit etwa 20 Randlöchern rechnen, die übrigen Löcher sind für den Einbruch und das restliche Profil erforderlich. Die Lochlänge ist nicht durchweg gleich. Für den Einbruch benötigt man meist einige kürzere Bohrlöcher. Die mittlere Länge der Bohrlöcher muß größer sein als die Länge des Abschlags. Der Bohrlochwirkungsgrad, das ist das Verhältnis der Abschlagstiefe zu der Bohrlochlänge, hängt von dem Gestein, aber auch von der Anordnung der Bohrlöcher, ab. Wenn man mit einem täglichen Fortschritt von 5,2 m rechnet, und weiter annimmt, daß täglich drei Abschläge erfolgen, so hat jeder Abschlag eine Länge von 1,75 m. Die erforderliche Bohrlochlänge mag etwa 2,5 m sein. Daraus folgt, daß die Anzahl der Bohrlöcher 101 : 2,5 = rd. 40. Diese Zahl ist ausreichend und dürfte in vielen Fällen annähernd richtig sein. Im übrigen muß man in jedem einzelnen Fall versuchen, welche Lösung unter den gegebenen Verhältnissen richtig ist.

Der Sprengstoffverbrauch ist viel höher als z. B. im Steinbruchbetrieb. Man rechnet, je nach Gesteinsart, im Stollenbau mit einem Verbrauch von 2 bis 4 kg je m³ Festgestein.

Im allgemeinen ist es nicht möglich, wie hier im theoretischen Beispiel angenommen, je Schicht genau einen Abschlag zu machen. Es hat dies zwar den Vorteil, daß Sprengen und Lüften mit dem Schichtwechsel zusammenfällt, aber es ergeben sich nur zu leicht kleine Verschiebungen im Zeitplan. Dies hat aber auf die vorstehend gemachten Annahmen keinen grundsätzlichen Einfluß.

Wendet man sich jetzt dem zweiten wichtigen Abschnitt, dem Laden des gesprengten Materials zu, so findet man, daß je Abschlag 1,75 · 14,52 = 25,5 m³ Fels anfallen. Umgerechnet auf lose Masse müssen somit etwa 50 m³ geladen werden, und zwar entsprechend dem oben gegebenen Zeitplan in 150 Minuten gleich $2^1/_2$ Stunden. Die Stundenleistung ist somit 20 m³ loser Fels.

Das Laden muß maschinell erfolgen. Setzt man z. B. einen Wurfschaufellader der Atlas Copco Modell LM 200 ein, so ist die geforderte Leistung ohne weiteres zu erreichen. Der Schaufelinhalt beträgt 0,45 m³. Bei 45 Spielen je Stunde ist die Leistung rd. 20 m³. Diese Spielzahl kann man als zulässig ansehen, im Gegenteil, sie wird sogar höher sein können, da eine so kleine Maschine beweglicher ist als ein großer Bagger und die vom Schwenkarm zurückzulegenden Wege nur kurz sind. Eine kleinere Type einzusetzen, wie z. B. den Wurfschaufellader LM 100 mit einem Schaufelinhalt von 0,2 m³ erscheint nicht ausreichend. Mit der größeren

Type kann man in einem Stollen von 4,2 m Durchmesser ohne weiteres arbeiten, da der Schwenkbereich nur 3800 mm beträgt. Die Abmessungen sind in Tab. 36 gegeben (s. a. Abb. 33).

Die Durchführung der übrigen, in der Zeiteinteilung erwähnten Arbeiten dürfte keine Schwierigkeiten bereiten. Das Lüften des Stollens im Beginn der Arbeiten ist einfach, aber selbst im Endstadium bei 1100 m Länge läßt sich die Lüftung ohne weiteres durchführen, es ist nur erforderlich, ein Gebläse von ausreichender Leistung am Stolleneingang aufzustellen und im Stollen eine Luttenleitung zu verlegen, deren Durchmesser nicht zu klein gewählt werden darf.

Die Sicherungsarbeiten werden, wenn das Gebirge, wie angenommen, standfest ist, einfach durchzuführen sein.

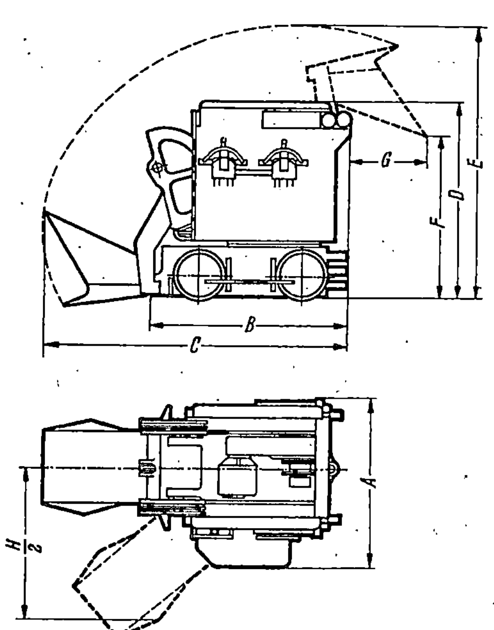

Abb. 33. Schematische Skizze eines Wurfschaufelladers LM 200 der Atlas Copco A. B.

Man wird den Bohrwagen so konstruieren, daß Schaufel und Züge durch eine Mittelöffnung hindurchfahren können. Abbildungen von Bohr-

Tabelle 36. *Technische Daten des Wurfschaufelladers LM 200*

A	Gesamtbreite einschl. Trittbrett	mm	1,740
B	Gesamtlänge bei gehobener Schaufel	mm	2,060
C	Gesamtlänge bei gesenkter Schaufel	mm	3,140
D	Gesamthöhe bei gesenkter Schaufel	mm	1,710
E	Erforderliche Ausbauhöhe	mm	2,950
F	Auswurfhöhe der Schaufel	mm	1,675–1,775
G	Abstand der Schaufel	mm	670–820
H	Schwenkbereich ohne Seitenbleche	mm	3,800
	Spurweite	mm	750–900
	Schaufelinhalt	m³	0,45
	Größe der Förderwagen, welche ohne Hilfsmittel beladen werden	m³	3,2
	Fahrmotor: Zwei 5-Zylinder-Kolben-Motore in Sternanordnung	PS	11
	Wurfmotor: 6-Zylinder-Type in Sternanordnung	PS	30
	Schlauchanschluß	Zoll	2
	Netto-Gewicht	kg	6,100

wagen sind bereits im I. und II. Bd. gezeigt worden (I. Bd., Abb. 115 und 116, II. Bd., Abb. 87 und 88). Die zum Vorbringen des Bohrwagens vorgesehene Zeit von 20 Minuten muß ausreichend sein. Die Rohrleitungen werden nicht nach jedem Abschlag verlegt, sondern nur in größeren Zeitabständen.

An weiteren Einrichtungen, die noch erforderlich sind, sei hier die Kompressorenanlage erwähnt. Für den Betrieb der Bohrhämmer ergibt sich ein Luftbedarf von etwa 40 bis 50 m³ je Minute. Man wird dafür in einer Kompressorenstation nahe dem Stolleneingang 2 bis 3 Verdichter von entsprechender Leistung aufstellen. Für die Bemessung der Rohrleitung sei auf I. Bd., S. 111f., verwiesen.

Man sieht aus den hier angeführten Untersuchungen, daß der Ausbruch des Stollens von einer Seite her nicht nur möglich ist, sondern auch kaum größere Schwierigkeiten bietet.

Es ist nun noch einiges zu sagen über den Vortrieb von zwei Seiten, d. h. in unserem Beispiel vom Stollenmund und vom Schacht aus. Die Leistungen sind geringer und halten sich durchaus im üblichen Rahmen. Es darf aber nicht vergessen werden, daß alles Material von der Sohle des Stollens 40 m hoch gehoben werden muß. Da es sich um etwa 6000 m³ Fels handelt, fallen die Kosten für das Heben immerhin ins Gewicht, besonders da ein Umladen des Materials am unteren und oberen Ende des Schachtes stattfinden muß.

Für die Schachtseite ist eine besondere Baueinrichtung zu schaffen, die auch die Maschinen zum Heben der Lasten im Schacht umfaßt. Bei dem geringeren Fortschritt kann die Einrichtung auf jeder Seite etwas schwächer gehalten werden als bei einseitigem Vortrieb. Man kann aber nicht etwa auf die Hälfte zurückgehen. Vor allem aber muß man bedenken, daß man auf jeder Seite einen Bohrwagen benötigt und auch eine Lademaschine. Wenn man auf diese modernen Einrichtungen in diesem Fall verzichten will, muß man um so höhere Beträge für die dann erforderlich werdende Handarbeit ausgeben.

Unter gleichen Annahmen bezüglich der Geräteausstattung wird die Einrichtung bei zweiseitigem Vortrieb erheblich umfangreicher und kostspieliger werden als bei einseitigem Vortrieb. Auch die Beaufsichtigung und Überwachung der Arbeiten ist an zwei Stellen teurer als nur an einem Arbeitsplatz.

Da die Kosten für den Geräteeinsatz und den Betrieb der Baueinrichtung bei zweiseitigem Vortrieb und auch die Löhne für Maschinisten und die Gehälter für die Aufsicht höher sind, werden sich die gesamten Kosten in diesem Fall höher stellen als bei einseitigem Vortrieb. Man wird daher in diesem Fall dem Vortrieb von einem Ende aus den Vorzug geben, selbst wenn der Schacht für andere Zwecke, wie die Anlage eines Wasserschlosses, notwendig ist.

Die Auskleidung des Stollens, die hier zunächst vernachlässigt wurde, wird bei der geringen Länge des Stollens zweckmäßigerweise erst in Angriff genommen, wenn der Durchschlag schon erfolgt ist. Vortrieb und Betonierung zu gleicher Zeit zu betreiben, bringt immer eine gegenseitige Behinderung der beiden Arbeitsvorgänge mit sich. Es ist nur zu überlegen, ob es günstiger ist, die Betonierung an einem Ende, in diesem Fall in der Nähe des Schachtes zu beginnen oder ungefähr in der Mitte des Stollens. Im letzteren Fall muß man auf der Schachtseite eine einfache Einrichtung für die Betonierung schaffen, selbst wenn man die Zuschlagstoffe und die Bindemittel von der Baueinrichtung am Stollenmund aus durch den Stollen vor Beginn der Betonierung beifährt. Für diese Anfuhr von Zuschlagstoffen und Bindemitteln gehen auch bei Tag- und Nachtbetrieb 1 bis 2 Wochen verloren. Im Hinblick auf die geringe Länge des Stollens und die beim Betonieren erreichbare hohe Leistung ist es im allgemeinen besser und billiger, beim Schacht mit der Auskleidung zu beginnen und in einer Richtung hin zu arbeiten. Der Arbeitsfortschritt bei der Auskleidung kann ohne weiteres etwa 30 m je Tag erreichen, wie in vielen Fällen bewiesen worden ist. Die gesamte Zeit für die Auskleidung beträgt daher nur rd. 37 Tage. Eine erhebliche Zeitersparnis durch eine Betonierung in zwei Richtungen ist somit unmöglich, wenn man die oben bereits erwähnte Dauer des Transportes der Zuschlagstoffe usw. berücksichtigt.

Bei Stollen von erheblich größerer Länge liegen die Verhältnisse anders und hier mag ein Vortrieb von zwei Seiten aus und auch eine Betonierung in zwei Richtungen notwendig werden.

Die hier vorgeschlagene Lösung wird, je nach den angetroffenen Verhältnissen, von Fall zu Fall abzuändern sein. Aber auch die gleiche Aufgabe kann noch in anderer Weise gelöst werden. Es sei hier nur noch erwähnt, daß man an Stelle des vollen Ausbruches auch Vortrieb und Bank anwenden kann, sofern die Bank in ganz kurzer Entfernung vom Vortrieb nachfolgt. Eine solche Methode ist z. B. beim Stollen der Anlage Stornorrfors angewandt worden (s. I. Bd., S. 230), wo man allerdings auf die Anwendung eines Bohrwagens verzichtet und dafür waagrechte Spannsäulen verwendet hat.

So lassen sich alle Aufgaben in verschiedener Weise lösen und die hier gezeigte Lösung ist nur eine von mehreren.

II. Beispiele für die Einrichtung und Durchführung von Gründungsarbeiten

(Zum I. Bd., S. 130 bis 166)

Gründungsarbeiten nehmen unter den Bauarbeiten einen besonderen Platz ein. Sie sind meist schwieriger und mit größerem Risiko verbunden als die übrigen Arbeiten. In vielen Fällen kann man behaupten, daß, wenn die Gründungsarbeiten mit gutem Erfolg zu Ende geführt sind, die weiteren Arbeiten ohne besondere Behinderungen oder Überraschungen ausgeführt werden können.

Dasselbe gilt auch bezüglich der Einhaltung des Bauprogrammes. Wenn unvorhergesehene Verzögerungen bei einem Bau eintreten, dann mit großer Wahrscheinlichkeit bei den Gründungsarbeiten.

Anders liegen die Verhältnisse, wenn man die Gründungsarbeiten vom Standpunkt der Baueinrichtung und des Geräteeinsatzes aus betrachtet. Wenn man die bei Gründungsarbeiten erforderlich werdenden Erd- und Felsarbeiten hier außer Betracht läßt und sie – wie es auch im I. und II. Bd. geschehen ist – als einen Teil der gesamten Erd- und Felsarbeiten behandelt, so erfordern die Gründungsarbeiten im allgemeinen nicht sehr viel Gerät. Für die Wasserhaltung sind Pumpen und Rohrleitungen erforderlich, für das Schlagen von Spundwänden und Pfählen Rammen verschiedener Art, ferner Ziehgeräte usw. Darüber hinaus ist der Gerätebedarf sehr gering. Nimmt man z. B. eine Druckluftgründung an, so ist dafür wohl eine größere Einrichtung erforderlich, nämlich Kompressoren, Maschinen für die in diesem Fall besonders wichtige Stromversorgung usw. Dazu kommen noch als besondere Einrichtungen die Druckluftschleusen. Da die Kompressoren fast die gleichen sind, wie sie auch bei Felsarbeiten eingesetzt werden, bleiben im wesentlichen als Einrichtungen für eine solche Gründung die Schleusen übrig, die besonders zu behandeln sind. Man sieht, daß die sonst so außerordentlich wichtigen Gründungsarbeiten für den Geräteeinsatz nicht die gleiche Bedeutung haben.

Dazu kommt noch weiter, daß manche Gründungsarten nur in besonderen Fällen zur Anwendung kommen und daher die dafür erforderlichen Geräte nicht die gleiche Bedeutung haben, wie z. B. die fast für alle Bauarbeiten erforderlichen Geräte für die Ausführung von Erd- oder Betonarbeiten. Wenn man nochmals das zuvor erwähnte Beispiel der Druckluftgründungen anführen will, so muß man in Betracht ziehen, daß die Zahl dieser Gründungen im Vergleich zu anderen Bauarbeiten sehr gering ist, besonders in Deutschland, wo die immerhin mit einem erhöhten Risiko verbundenen Arbeiten unter Druckluft durch andere Gründungsmethoden – Spundwandrammung, Pfahlgründung usw. – mindestens teilweise verdrängt worden sind.

Es ist daher auch hier – in gleicher Weise wie im I. und II. Bd. – den Gründungsarbeiten nicht der gleiche Raum zuzuweisen, wie z. B. den Erdarbeiten.

Es sollen daher über Gründungsarbeiten nur einige wenige Beispiele gebracht werden, wobei – wie ohne weiteres zugegeben werden soll – es auch eine gewisse Rolle spielt, daß es schwer ist, für Gründungsarbeiten allgemeine Beispiele zu bringen, da hier mehr als in anderen Fällen die besonderen örtlichen Verhältnisse von ausschlaggebender Bedeutung sind.

A. Berechnung einer Wasserhaltung

Bei vielen Unternehmern ist die Berechnung der Leistung einer Pumpe fast unbekannt, mindestens ungewöhnlich, man schätzt, welche Pumpe ausreichend sein wird und probiert dann, ob die Annahme richtig war. Hatte man Glück, reichte die Pumpe aus, vielleicht war die Leistung auch größer als notwendig, reichte sie nicht aus, mußte man noch eine zweite Pumpe dazu aufstellen.

An und für sich erscheint diese Art der Bemessung eines Teiles einer Baueinrichtung sehr primitiv zu sein und man hätte diese Methode des Schätzens und Probierens bestimmt schon längst durch eine bessere und genauere Berechnungsweise ersetzt, wenn man im voraus wüßte, mit welchen Wassermengen zu rechnen ist. Man kann im Baubetrieb nicht bei kleineren Wasserhaltungen vor Beginn der Bauarbeiten Versuche anstellen, wie groß die Zuflußmenge sein wird. Man ist also hier auf Schätzungen angewiesen und daher wäre es zwecklos, für eine sehr roh geschätzte Wassermenge eine genaue Berechnung der benötigten Pumpe aufzustellen. So erklärt sich die einen Maschineningenieur seltsam anmutende Art der Wahl der Pumpen für eine Baustelle.

Allerdings gibt es Fälle, wo man auch im Bau die Wassermenge, die gefördert werden muß, einigermaßen genau kennt, z. B. beim Auspumpen einer mit Stahlspundwänden umschlossenen Baugrube. Aber auch hier ist die Wassermenge, die durch die Schlösser der Spundbohlen und auch durch den Untergrund unter der Spundwand zufließt, unbekannt.

Es ist tatsächlich so, daß in vielen Fällen die Berechnung der Größe einer Pumpe wenig Erfolg verspricht, da die zu pumpende Wassermenge nicht feststeht und auch die Saug- und Druckhöhe in sehr weiten Grenzen wechseln kann.

Auf der anderen Seite sollte man aber nicht, weil vielfach eine Berechnung der Pumpen ungenau und von vielen Annahmen abhängig ist, sich allein auf das Probieren verlassen, sondern versuchen, möglichst

genaue Unterlagen zu erhalten und dann eine Berechnung der Pumpen
vornehmen, wohl wissend, daß das Ergebnis nicht vollkommen mit der
Wirklichkeit übereinstimmen wird. Besonders in Fällen, wo die zu fördernde Wassermenge einigermaßen genau ermittelt werden kann, ist eine
Berechnung der einzusetzenden Pumpen nicht nur richtig, sondern notwendig.

Aufgabe 12. Berechnung einer offenen Wasserhaltung

Ein Brückenpfeiler mit einer Grundfläche von 12,5 · 28 m ist in
einem Flußlauf zu gründen, und zwar mit Hilfe einer Stahlspundwand.
Die Wassertiefe ist 6,5 m, die Gründungstiefe unter Flußsohle 5 m. Die
Spundwand reicht 9 m unter Flußsohle
hinab und bindet etwa 1 m in eine Mergelschicht ein (s. Abb. 34). Welche Pumpe ist
erforderlich für das Auspumpen der Baugrube und das Trockenhalten derselben?

Lösung. Die Spundwandumschließung
kann nach Beendigung der Bauarbeiten
entweder für eine Wiederverwendung gezogen oder aber ungefähr in Höhe der
Flußsohle unter Wasser abgeschnitten
werden. Wenn die Spundwand gezogen
werden soll, wird man sie in einem Abstand von dem Pfeiler anordnen, also an
allen Seiten einen Arbeitsraum frei lassen
und den Beton nicht bis an die Spundwand heranführen. Verbleibt die Spundwand im Boden, so wird anbetoniert, der
Arbeitsraum fällt daher fort. Unter den
hier angenommenen Verhältnissen wird
man, wie meist im Flußbau, die Spund-

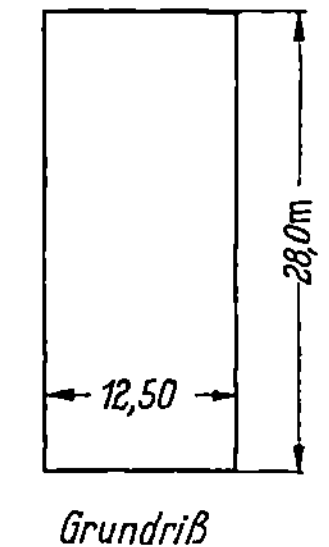

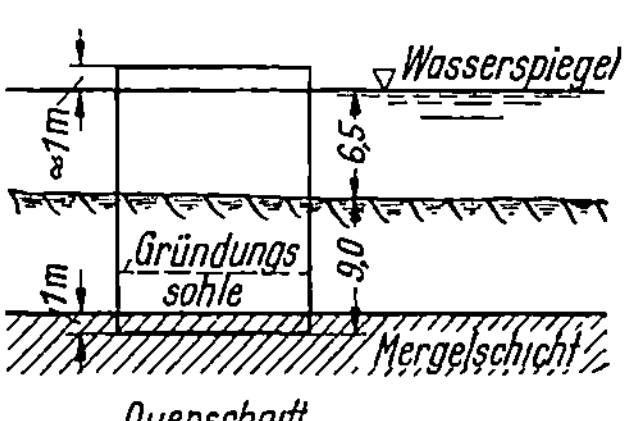

Abb. 34. Grundriß und Querschnitt
eines Brückenpfeilers

wand im Boden lassen und in Flußsohle nach Beendigung der Gründungsarbeiten abschneiden. Auf diese Weise sichert man den Pfeiler gegen
ein Auskolken.

Die Baugrube hat also eine Größe von etwa 12,5 · 28 m oder 350 m².
Diese Fläche muß noch etwas vergrößert werden, da die Spundwand
teilweise über die theoretische Fläche vorspringt. Zur Sicherheit soll mit
400 m² gerechnet werden.

Es sind somit bis zur Flußsohle 2600 m³ auszupumpen. Die tat-
sächlich auszupumpende Wassermenge ist erheblich höher, einmal weil
Wassermengen durch die zum Teil nicht ganz dichten Schlösser der
Spundbohlen eindringen werden, dann aber auch unter den Spundbohlen
Wasser vom Fluß und Untergrund aus in die Baugrube fließen wird. Im

vorliegenden Fall wird die an zweiter Stelle genannte Wassermenge voraussichtlich gering sein, da die Spundwand etwa 1 m tief in eine Mergelschicht einbindet. Immerhin ist aber mit einem gewissen Zufluß unter der Spundwandunterkante zu rechnen. Die Wassermengen, die durch die Schlösser eindringen, hängen davon ab, wie sich die Spundwand schlagen ließ. Wenn diese Wassermengen erheblich sind, wird man versuchen, die Schlösser abzudichten, was einen gewissen Erfolg haben wird.

Es ist nun nicht so, daß die Baugrube in einem Zug bis zur Flußsohle leergepumpt werden kann, denn es muß während des Abpumpens die Aussteifung eingebaut werden. Bei der Höhe von 6,5 m werden wahrscheinlich zwei Lagen notwendig werden. Da das Einbauen der Steifenlagen einige Tage in Anspruch nimmt, ist keine sehr hohe Pumpenleistung erforderlich, wenn der Zufluß zur Baugrube sich in mäßigen Grenzen hält.

Nimmt man an, daß für das Leerpumpen der Baugrube einschließlich des Einbaues der Steifenlagen 6 Tage zur Verfügung stehen, so ist die Pumpenleistung

$$\frac{2600}{6 \cdot 24 \cdot 60} = 0,3 \ \mathrm{m^3/min} \, .$$

Die Pumpe muß aber in der Lage sein, außer dieser Wassermenge noch die obenerwähnten Mengen von Wasser zu fördern, die durch und unter der Spundwand einfließen. Für diese Mengen muß eine Schätzung gemacht werden, eine Berechnung ist unmöglich. Diese Wassermenge ist nicht konstant, sie ist Null, wenn Innen- und Außenwasserstand gleich sind und nimmt zu mit der Absenkung des Wasserspiegels in der Baugrube. Wahrscheinlich wird diese Wassermenge größer sein als die oben errechnete Menge für die Entleerung der ursprünglich in der Baugrube enthaltenen Wassermengen. Nimmt man an, daß der gesamte Zufluß 10 l je Sekunde beträgt, so erhöht sich die Pumpenleistung von 0,3 um 0,6 auf 0,9 m³/min.

Bei der Ausschachtung unter Flußsohle ist die in der Baugrube enthaltene Wassermenge geringer und spielt für die Pumpenleistung keine Rolle, da der Aushub nicht so schnell vonstatten geht. Wohl aber muß die zufließende Wassermenge berücksichtigt werden, die mit zunehmender Absenkung des Wasserspiegels und der Steigerung des Überdruckes beträchtlich anwächst. Auch diese Zunahme kann nicht rechnerisch erfaßt werden, es hängt dies von der Dichtigkeit der Spundwandschlösser und der Beschaffenheit der Mergelschicht im Untergrund ab. Nimmt man an, daß die oben eingesetzte Zuflußwassermenge von 0,6 m³/min mit dem Quadrat der Tiefe zunimmt, so erhält man eine zu fördernde Wassermenge von

$$0,6 \, \frac{11,5^2}{6,5^2} = 1,87 \ \mathrm{m^3/min} \quad \mathrm{oder} \quad 113 \ \mathrm{m^3/h} \, .$$

Erhöht man diese Menge zur Sicherheit auf 125 m³/h, so wird unter den hier gemachten günstigen Annahmen bezüglich des Untergrundes eine Pumpe mit entsprechender Leistung ausreichend sein.

Man wird die Pumpe am Anfang auf der Oberkante Spundwand anordnen, später aber muß die Pumpe umgesetzt werden, da sonst die Saughöhe überschritten wird. Nimmt man eine Saughöhe von 4,5 m als zulässig an, so muß die Pumpe zur Erreichung der benötigten Absenkung von 6,5 + 5,0 = 11,5 m zweimal umgesetzt werden. Wenn das Umsetzen der Pumpe richtig vorbereitet ist, besteht keine Gefahr, daß in dieser Zeit der Wasserspiegel in der Baugrube infolge der Stillegung der Pumpe zu schnell ansteigt. Trotzdem aber spricht manches dafür, nicht mit einer einzigen Pumpe zu arbeiten, sondern noch eine zweite Pumpe aufzustellen. Damit erreicht man den weiteren Vorteil, daß man eine Pumpe für den obersten Abschnitt wählen kann mit einer Leistung von mindestens 0,9 · 60 = 54 m³/h und eine stärkere Pumpe von etwa 125 m³/h für die unteren Abschnitte. Damit hätte man gleichzeitig eine Reserve für den Fall, daß der Wasserandrang größer ist als oben angenommen.

Nach diesem Vorschlag sind zwei Pumpen notwendig, eine mit einer Leistung von 54 m³/h und eine mit 125 m³/h, in beiden Fällen ist die Saughöhe 4,5 m und die Druckhöhe 0 bzw. 7 m, also auch unbedeutend. Die manometrische Förderhöhe ist daher im ersten Fall 4,5 m, im letzten Fall im maximum 11,5 m.

Für die Wahl der Pumpen wird man – vor allem in Anbetracht der sehr ungenauen Annahmen bezüglich der Wassermengen – keine eingehende Berechnung anstellen, sondern die Pumpen nach Angaben in Katalogen usw. auswählen. In der Baugeräteliste 1952, Ausgabe 1954, findet man z. B. eine Pumpe mit einer stündlichen Fördermenge von 56 m³/h. Der Rohranschluß dieser Pumpe hat einen Durchmesser von 100 mm, der Kraftbedarf ist bei $H = 5$ m 1,69 PS, die Motorleistung muß daher mindestens 1,69 · 1,2 = 2 PS sein. Besser ist es jedoch, mit $H = 10$ m zu rechnen, um die Pumpe auch im unteren Teil der Baugrube verwenden zu können und einen Motor von etwa 4 PS anzuschließen. Die andere Pumpe muß einen Durchmesser des Rohranschlusses von 150 mm haben und benötigt einen Motor von 11,4 · 1,2 = etwa 14 PS. Die Pumpen erscheinen für eine Baugrube von den hier gegebenen Abmessungen klein zu sein und in vielen Fällen hat man stärkere Pumpen eingesetzt. Es liegt dies aber daran, daß man den Zufluß durch die Spundwand gering eingesetzt hat, was nur richtig ist, wenn die Spundwandschlösser sehr dicht sind und ferner, daß die Spundwand in eine starke Mergelschicht einbindet, die praktisch undurchlässig ist.

Der hier gemachte Vorschlag für die Gründung ist im allgemeinen nicht üblich. Wenn eine Mergelschicht in geringer Tiefe ansteht, wird man bei einem wichtigen Bauwerk vorziehen, die Gründung des Pfeilers bis in die Mergelschicht hinabzuführen.

Da hier die Spundwände in eine Mergelschicht einbinden, mag es ausreichend sein, *eine* Pumpe aufzustellen und damit auch nur *einen* Pumpensumpf anzulegen. Wenn die Spundwände in eine verhältnismäßig dichte Schicht hinabreichen, mag es bei einer Baugrube von 28 m Länge nicht ausreichen, eine einzige Pumpe anzuordnen, vielmehr wird man gezwungen sein, an beiden Enden der Baugrube das Wasser abzupumpen. In einem solchen Fall wird auch der Wasserandrang erheblicher sein, so daß auch aus diesem Grund eine zweite Pumpe notwendig wird.

An größeren Baustellen an einem Fluß oder in einem Fluß wird sich ein Unternehmer immer in der Weise sichern, daß er eine größere Anzahl von Pumpen verschiedener Größe und Leistung im Magazin hält, so daß er bei einem überraschend auftretenden Bedarf schnell in der Lage ist, eine zusätzliche Pumpe aufzustellen oder eine schwache Pumpe durch eine stärkere zu ersetzen.

Im Baubetrieb wird man aus den zuvor erwähnten Gründen nie zu einem wirtschaftlich günstigen Einsatz von Pumpen kommen, insbesondere, da häufig die Pumpen während längerer Zeit stark gedrosselt laufen müssen. So wird z. B. eine Pumpe so bemessen, daß sie auch während eines Hochwassers im Fluß, während dem die Zuflußmenge in die Baugrube größer als normal sein wird, die Baugrube trocken halten kann. Bei fallendem Wasserstand im Fluß muß dann entsprechend der Abnahme des Wasserandranges in der Baugrube die Pumpe mehr oder minder stark abgedrosselt werden. Man wird eine solche Unwirtschaftlichkeit in vielen Fällen nicht vermeiden können.

B. Rammen von Stahlspundwänden

Rammarbeiten sind immer mit einem verhältnismäßig großen Risiko für den ausführenden Unternehmer verbunden. Die Kostenberechnung, die Aufstellung eines Bauprogramms und die Bestimmung des erforderlichen Geräteparkes hängen fast ausschließlich von der erzielbaren Rammleistung ab. Auch ein Unternehmer, der schon viele Rammarbeiten ausgeführt hat, kann nicht auf Grund der an anderen Stellen unter scheinbar ähnlichen Verhältnissen gesammelten Erfahrungen sagen, wie hoch an einer anderen Stelle die Rammleistung sein wird. Zu viele Umstände beeinflussen den Fortschritt beim Rammen.

Es ist hier nicht in erster Linie an zufällige Rammhindernisse gedacht, wie Baumstämme im Untergrund oder einzelne Steine, die unerwartet angetroffen werden. Sie beeinflussen im allgemeinen das gesamte Ergebnis nicht so stark, wenn ihre Zahl sich in mäßigen Grenzen hält. Die Rammleistung ist in hohem Maße abhängig von Bodenart,

Querschnitt und Form der zu rammenden Spundwand, vom Material der Spundwand und seiner Festigkeit, dann aber auch von der Art der gewählten Ramme – Dampfbär oder Schnellschlaghammer –, von der Methode des Rammens und vielen anderen Umständen.

Es ist klar, daß ein Unternehmer, der schon viele Rammarbeiten ausgeführt hat und sich auf gesammelte und richtig ausgewertete Erfahrungswerte stützen kann, viel eher zutreffende Annahmen über die zu erwartenden Rammleistungen machen wird als ein Unternehmer, der auf diesem besonderen Gebiet nicht so sachkundig ist. Aber auch ein Unternehmer, der als Spezialist für Rammarbeiten gelten kann, wird manchmal feststellen müssen, daß seine Annahmen zu günstig oder aber auch zu ungünstig waren.

Wenn die in der Kostenberechnung angenommenen Leistungen nicht erreicht werden können, so bedeutet dies nicht nur einen finanziellen Verlust, sondern – was oft wichtiger ist – eine Überschreitung der Baufristen oder die Notwendigkeit, den Geräteeinsatz zu verstärken, sofern dies in der meist kurzen zur Verfügung stehenden Zeit möglich ist.

Im nachfolgenden Beispiel sind Annahmen über die Leistung gemacht, die unter den gegebenen Verhältnissen vielleicht möglich sind. Es wäre aber vollkommen falsch, solche Angaben verallgemeinern zu wollen.

Es sei hier nur noch erwähnt, daß das Ergebnis beim Rammen zu einem nicht unbeträchtlichen Teil von der Erfahrung und Geschicklichkeit des Rammpoliers und seiner Kolonne abhängig ist. Man soll die Erfahrung dieser Praktiker keineswegs unterschätzen.

Rammarbeiten werden durch fast alle größeren Baufirmen ausgeführt. Daneben gibt es aber eine größere Anzahl von Firmen, die sich auf diesem Gebiet spezialisiert haben, z. B. Firmen an der Küste oder in Gegenden, in denen viele Rammarbeiten, z. B. auch Pfahlgründungen, ausgeführt werden. Es handelt sich dabei nicht durchweg um große Firmen, sondern auch um kleinere und mittlere Betriebe, die fast ständig Rammarbeiten ausführen und so auf diesem Gebiet und, was wichtig ist, unter den mehr oder minder gleichbleibenden, ihnen wohlbekannten örtlichen Verhältnissen gute Rammleistungen erzielen. Zu diesen Firmen rechnen auch Betriebe, die vorwiegend Pfahlgründungen nach einem oder mehreren Systemen ausführen und auf Grund ihrer besonderen Kenntnisse auch von größeren Baufirmen als Subunternehmer herangezogen werden, sofern nicht schon der Bauherr diese Arbeiten getrennt von den übrigen Bauarbeiten an solche Firmen vergibt.

Aufgabe 13.
Ausführung von Rammarbeiten für den Bau einer Schleusenkammer

Für den Bau einer Schleusenkammer, die durch ein Mittelhaupt in zwei verschieden große Kammern unterteilt ist, sind zwei Reihen von

Stahlspundwänden in einem Abstand von 12 m (s. Abb. 35) zu rammen. Die Länge der größeren Kammer ist 165 m, die der kleineren 110 m. Der zu durchrammende Untergrund ist festgelagerter Kies mit Grobsand, und zwar auf eine Tiefe von 6,5 m, dann folgt eine Schicht Grobsand mit

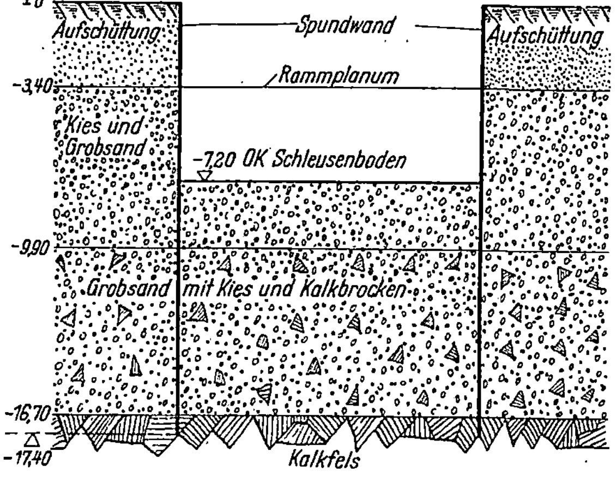

Abb. 35. Querschnitt durch eine Schleusenkammer mit Stahlspundwanden

Kies und Kalkbrocken mit einer Stärke von etwa 6,8 m. Darunter steht weicher Kalkfelsen an, in den eine Stahlspundwand etwa 70 cm tief eingerammt werden kann. Einzelheiten der Verankerung, der Sohlenausbildung der Kammer usw., sind hier ohne Interesse. Das Rammplanum liegt 3,4 m unter dem Holm der Spundwand.

Es soll festgestellt werden, welche Höhe die einzusetzenden Rammen haben müssen, welche Ramme am zweckmäßigsten eingesetzt wird, welches Bärgewicht erforderlich ist und welche Rammleistung unter den geschilderten Verhältnissen angenommen werden kann. Daraus kann dann die Anzahl der benötigten Rammen abgeleitet werden, wenn die zur Verfügung stehende Bauzeit gegeben ist.

Lösung. Wie aus der Abb. 35 hervorgeht, muß die Spundwand eine Länge von $3,4 + 6,5 + 6,8 + 0,7 = 17,4$ m haben. Daraus ergibt sich die erforderliche Höhe der Ramme. Sie muß eine nutzbare Höhe unter dem hochgezogenen Bär von etwa $17,5 + 3,4 = 20,9$ m haben. Die gesamte Höhe der Ramme ergibt sich somit zu rd. 21 m zuzüglich Höhe des Bärs. Es ist daher eine Ramme erforderlich von etwa 24 m Höhe. Eine niedrigere Ramme zu verwenden, ist nicht empfehlenswert, da sonst das Einfädeln der Spundbohlen erschwert ist. Wenn man jedoch für das Einfädeln der Spundbohlen einen Turmdrehkran einsetzt, könnte die Rammhöhe niedriger, mit etwa 20 m, angenommen werden.

Es sei hier noch erwähnt, daß man, auch wenn kein Turmdrehkran zur Verfügung steht, mit einer etwas niedrigeren Ramme auskommen kann, wenn man beim Einfädeln Erschwernisse mit in Kauf nimmt. Man kann eine Spundbohle am oberen Ende hochheben und in die bereits geschlagene Bohle einfädeln. In diesem Fall werden die Spundbohlen meist schon im Werk mit einem Loch versehen, das später wieder zugeschweißt werden kann. Man kann aber auch die zu rammende Spundbohle mit einem Tau etwas über der Mitte fassen und in schräger Lage hochziehen. Diese Arbeitsweise hat bei langen Spundbohlen den Vorteil, daß diese nicht so leicht verbogen werden, hat aber den Nachteil, daß das Einfädeln der schräg hängenden Bohlen erheblich schwieriger und vor allem zeitraubender ist. Wenn daher nicht zwingende Gründe vorliegen, ist es besser, eine hohe Ramme zu verwenden, mit der die Spundbohlen senkrecht hochgezogen werden können.

Verwendet man einen Bär, so ist das Gewicht desselben von dem Gewicht der zu rammenden Bohlen abhängig. Nach dem I. Bd., S. 150, soll das Gewicht des Bärs etwa das Eineinhalbfache oder Doppelte des Spundbohlengewichtes sein. Das Gewicht der Spundbohle ist auf Grund einer statischen Berechnung, in der das erforderliche Trägheitsmoment der Wand bestimmt wird, zu finden. Nimmt man an, daß eine Spundbohle Profil IV erforderlich ist, so beträgt das Gewicht der Spundbohle, und zwar der Doppelbohle, je nach dem gewählten System, etwa 150 kg je lfd. m., somit bei einer Länge von 17,4 m rd. 2,6 t. Das Bärgewicht muß daher mindestens 3,9 t oder besser etwas mehr betragen. Bei Verwendung eines Schnellschlaghammers ist man an diese Regel nicht so streng gebunden, und es würde ein Hammer von etwa 3 t Gewicht ausreichend sein.

Die Frage, ob ein Schnellschlaghammer günstiger ist als ein Dampfbär, kann – wie auch bereits im I. Bd. erwähnt – nicht eindeutig beantwortet werden. Es spricht viel dafür, daß im letzten Teil des Rammvorganges, wenn die Spundbohlen in den Fels geschlagen werden müssen, ein Schnellschlaghammer vorteilhafter ist, vor allem mag die Spundbohle bei dieser Rammweise gegen Beschädigungen infolge einer Überbeanspruchung besser geschützt sein. Im oberen Teil, wo festgelagerter Kies mit Grobsand und Grobsand mit Kies ansteht, kann man auch den Schnellschlaghammer einsetzen, wenn auch bei diesen Bodenarten die Verwendung eines Dampfbären möglich wäre. Es kann daher sehr wohl sein, daß man im obersten Teil einen Dampfbär einhängt, im unteren Abschnitt aber einen Schnellschlaghammer benutzt.

Diese Verwendung von zwei Rammgeräten ist dann möglich, wenn man fachweise rammt, was auch im Hinblick auf das Antreffen von Hindernissen, wie Felsbrocken usw., vorteilhaft ist.

Es ist nunmehr notwendig, über die Rammleistungen Annahmen zu machen, um die Zahl der erforderlichen Rammen und die Bauzeit zu bestimmen. Die Rammleistung hängt im wesentlichen von der Eindringtiefe der Spundbohlen je Schlag bzw. je Hitze ab. Die Eindringtiefe ist aber sehr stark verschieden, einmal abhängig von der Bodenart, dann aber auch von der Tiefe, in der die Spundbohle gerade geschlagen wird. Sie ist also auch bei gleicher Bodenart nicht gleichmäßig, sondern nimmt mit zunehmender Tiefe ab, da die Reibung zwischen Spundwand und Boden zunimmt. Im allgemeinen ist der Rammwiderstand in den obersten ein oder zwei Metern sehr gering, zudem die Bohle beim Aufsetzen auf den Boden durch ihr eigenes Gewicht häufig ohne Zuhilfenahme der Rammarbeit des Bären oder Schnellschlaghammers schon etwas in den Boden einsinkt und beim Aufsetzen des Bären noch tiefer herabsinkt.

So finden sich in den oberen Abschnitten oft beträchtliche Eindringtiefen von 20 bis 25 cm je Schlag, auch bei geringen Fallhöhen des Bären. Mit zunehmender Tiefe nimmt aber die Eindringtiefe rasch ab und beträgt dann bald nur noch wenige Zentimeter je Schlag, um dann weiter bis auf wenige Millimeter abzusinken. Ähnlich liegen die Verhältnisse bei Verwendung eines Schnellschlaghammers, bei dem die Einsinktiefe je Schlag immer geringer ist als bei einem Dampfbär, was aber durch die große Zahl der Schläge mehr als ausgeglichen wird (etwa 40 Schläge je Minute beim Dampfbär, gegen 150 beim Schnellschlaghammer).

Selbst wenn man z. B. durch eine Proberammung die Eindringtiefe an einer Stelle kennen würde, wäre es kaum möglich, daraus Schlüsse zu ziehen über die durchschnittliche Rammleistung auf einer längeren Strecke. Hier spielen Zufallseinwirkungen eine zu große Rolle. Immerhin aber wären die Ergebnisse von Proberammungen sehr wertvoll, sie liegen aber nur selten vor, da man vor Beginn der Bauarbeiten nicht eine Ramme nach der Baustelle bringen kann, nur um eine Proberammung durchzuführen.

Unter ähnlichen Verhältnissen, wie hier angenommen, sind an einer Baustelle am Main folgende Ergebnisse erzielt worden:

Bei 11,3 m Rammtiefe und 3693 m² Rammfläche waren erforderlich: 560 Stunden Rammzeit mit einem Freifallbär von 3 t Gewicht und 390 Stunden Rammzeit mit einem Schnellschlaghammer von 3,6 t Gewicht. Somit insgesamt 950 Rammstunden oder 950 : 3693 = 0,26 Rammstunden je m² gerammte Fläche. Die Rammleistung je Stunde beträgt somit im Durchschnitt 3,88 m².

Bei 13,5 m Rammtiefe und 2982 m² Rammfläche waren erforderlich 623 Stunden Rammzeit mit einem Freifallbär von 3 t Gewicht und 333 Stunden Rammzeit mit einem Schnellschlaghammer von 3,6 t Gewicht. Somit insgesamt 956 Rammstunden oder 956 : 2982 = 0,32 Rammstunden je m² gerammte Fläche. Die Rammleistung je Stunde betrug somit im Durchschnitt 3,1 m².

Ein Teil des höheren Stundenverbrauches im zweiten Fall ist auf die größere Rammtiefe zurückzuführen. Im übrigen aber sind die beiden

Werte nicht miteinander zu vergleichen, da der Anteil von Freifallramme und Schnellschlaghammer zu verschieden sind. Die hier gemachten Angaben über Rammstunden beziehen sich auf die reine Rammzeit.

Im Durchschnitt während der ganzen Bauzeit wurden bei einer Rammtiefe von 11,3 m 7 Doppelbohlen je Arbeitstag von 12 Stunden geschlagen und bei 13,5 m Rammtiefe 3,5 Doppelbohlen. Aus diesen Leistungsangaben findet man, daß die durchschnittliche Leistung im ersten Fall $7 \cdot 11,3 \cdot 0,8 = 63,28$ m² je Tag war, jedoch mit zwei Rammen, wobei die Breite der Doppelbohle mit 0,8 m eingesetzt ist. Die Leistung war $63,28 : 12 : 2 = 2,6$ m² je Stunde und Ramme gegenüber 3,88 m², bezogen auf die reine Rammzeit.

Im zweiten Fall war die durchschnittliche Leistung $3,5 \cdot 13,5 \cdot 0,8 = 38$ m² je Tag bei Einsatz von zwei Rammen. Die Leistung war demgemäß $30 : 12 : 2 = 1,58$ m² je Stunde und Ramme gegenüber 3,1 m², bezogen auf die reine Rammzeit.

Man sieht aus diesen Zahlenangaben[1] wiederum den schon öfters betonten Rückgang der durchschnittlichen Leistung gegenüber einer theoretischen Leistung.

Diese Angaben können für das vorliegende Beispiel nicht ohne weiteres übernommen werden, da wir keinen Freifallbär, sondern einen Dampfbär vorgesehen haben. Die Leistung wird daher hier höher sein. Auf der anderen Seite aber darf man nicht vergessen, daß die Rammtiefe $6,5 + 6,8 + 0,7 = 14$ m ist, also etwas mehr als in dem an zweiter Stelle erwähnten Fall.

Rechnet man mit einer durchschnittlichen Rammleistung von 2 m² je Stunde und Ramme, so wird das ungefähr das Richtige treffen.

Die gesamte zu rammende Fläche ergibt sich zu:

$$(165 + 110) \cdot 14 \cdot 2 = 7700 \text{ m}^2.$$

Bei der oben angenommenen Leistung von 2 m² je Rammstunde werden 3850 Rammstunden nötig. Bei einem zweischichtigen Betrieb von je 45 Stunden je Woche sind $3850 : 90 = 42,8$ Wochen erforderlich bei Einsatz von einer Ramme. Man wird hier einmal mit Rücksicht auf die Länge der Bauzeit, dann aber auch im Hinblick auf den Rammvorgang mindestens zwei Rammen einsetzen und kommt damit auf eine Bauzeit von rd. 22 Wochen für die Rammarbeiten, wozu noch die Zeit für die Einrichtung der Baustelle hinzukommt.

Mehr als zwei Rammen einzusetzen wäre an und für sich möglich, ob es aber wirtschaftliche Vorteile mit sich bringen würde, erscheint mindestens fraglich und müßte gegebenenfalls eingehend untersucht werden.

---

[1] Die Zahlenangaben sind einem Aufsatz von H. Seifert in der *Bautechnik* 1954, S. 107, entnommen.

Während der Ausführung der Rammarbeiten werden zweckmäßigerweise Rammdiagramme aufgetragen, die man als Unterlagen für eine Nachkalkulation, aber auch als Nachweis für den Fortschritt der Rammarbeiten verwenden kann. In Abb. 36 ist ein solches Diagramm gezeigt.

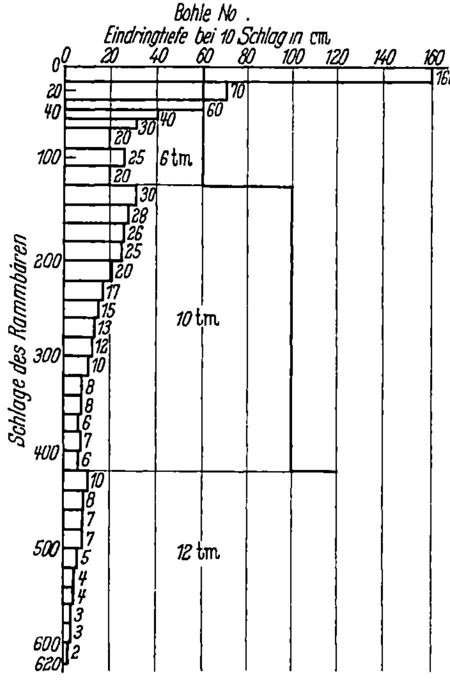

Abb. 36. Rammdiagramm

Es sind darin enthalten, außer der Pfahl- bzw. Bohlennummer, das Arbeitsvermögen in tm, die Zahl der Rammschläge oder Hitzen und die Eindringtiefe in cm. Dazu müssen noch, wenn erforderlich, Angaben über besondere Rammhindernisse, Beschädigungen der Spundbohlenköpfe usw. gemacht werden.

Bei der Ausführung von Rammarbeiten ist es oft von Nutzen, einen Turmdrehkran zum Einfädeln der Bohlen einzusetzen. Man kann unter Umständen den Turmdrehkran auch zu den Rammarbeiten mit heranziehen, indem man den Schnellschlaghammer nicht in die Ramme einbaut, sondern an das Seil des Turmdrehkranes hängt. Man hat dann allerdings den Nachteil, daß die Führung der Spundbohlen nicht so gut ist wie bei Verwendung eines Rammgerüstes, trotzdem aber kann diese Rammweise manchmal von Nutzen sein.

Durch den Einsatz des Turmdrehkranes kann die Leistung der Rammen etwas gesteigert werden, da der Bär fast ständig an seiner Arbeit bleiben kann. Bedingung ist nur, daß der Kessel der Ramme groß genug ist, so daß immer Dampf in ausreichender Menge vorhanden ist. Auf diese Weise tritt auch eine Verkürzung der Bauzeit ein, die besonders in Erscheinung tritt, wenn der Turmdrehkran zum Rammen benutzt werden kann.

Eine weitere Möglichkeit, die Rammarbeiten zu beschleunigen, ist, die Rammarbeiten durch Spülen zu erleichtern. Ob man unter den hier vorliegenden Verhältnissen spülen soll, ist fraglich, gehört aber nicht zu den hier zu behandelnden Problemen.

C. Druckluftgründungen

Aus verschiedenen Gründen, die schon an mehreren Stellen erwähnt worden sind, erfreuen sich Druckluftgründungen keiner besonderen Beliebtheit. Sie gehören aber vom technischen Standpunkt zu den interessantesten Gründungsarbeiten. Die Baueinrichtung ist im allgemeinen für eine Druckluftgründung einfach, erfordert aber trotzdem ein eingehendes und sorgfältiges Studium.

Caissons werden aus Stahl oder Stahlbeton hergestellt, doch dürfte die Zahl der Stahlcaissons erheblich höher sein. Sie werden entweder an oder über der Stelle, an der sie abgesenkt werden, hergestellt oder an einem von der Versenkstelle entfernten Platz gebaut und zur Verwendungsstelle transportiert.

Im folgenden Beispiel soll nur die Einrichtung für die eigentlichen Gründungsarbeiten behandelt werden, nicht aber die Einrichtungen, die für die Herstellung der Caissons notwendig sind.

Auch die Einrichtungen, die zur Absenkung eines Caissons erforderlich sind, sind hier nicht zu erörtern, da es sich um Einrichtungen handelt, die an den Baustellen selbst gebaut werden und nicht als Geräte usw. zu betrachten sind.

Aufgabe 14. Gründung eines Wehrpfeilers

An einer Baustelle für einen Wehrbau sind die Pfeiler mit Hilfe von Caissons zu gründen. In derselben Bauweise sind auch die unter- und oberstromseitigen Schürzen herunterzuführen. Abb. 37 zeigt einen Querschnitt durch das Wehr. Mit Rücksicht auf das Gesamtprogramm der Bauarbeiten müssen bis zu drei Caissons gleichzeitig abgesenkt werden. Die Pfeilercaissons sind, ebenso wie die Schwellencaissons, 33,0 m lang und 7,0 m breit, die Höhe des

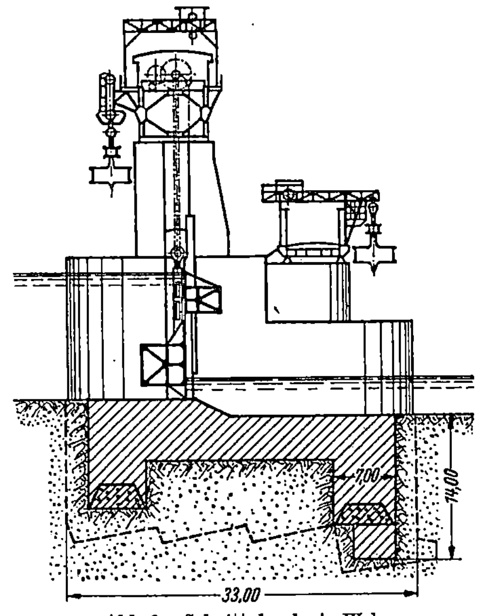

Abb. 37. Schnitt durch ein Wehr

Caissons beträgt 2,5 m. Die größte Gründungstiefe beträgt etwa 14,0 m.

Mit welchem größten Luftbedarf für die Druckluftarbeiten ist zu rechnen und welche Maßnahmen werden zweckmäßigerweise getroffen, um die Stromversorgung der Baustelle unter allen Umständen sicherzustellen?

Lösung. Der Luftbedarf bei der Absenkung eines Caissons hängt von seiner Größe, der größten Absenkungstiefe unter dem Außenwasserspiegel, der Dichtigkeit der Seitenwände und der Decke des Caissons ab, ferner von der Zahl der im Caisson beschäftigten Leute, dann aber auch von den Untergrundverhältnissen und bis zu einem gewissen Grad auch von der Arbeitsweise im Caisson. Dazu kann noch der Verbrauch an Druckluft für die beim Aushub und der Betonierung eingesetzten Maschinen treten.

Der Luftbedarf beim Trockenlegen des Caissons spielt im allgemeinen keine große Rolle, da man die Füllungszeit entsprechend der zur Verfügung stehenden Luftmenge festlegen und nicht mit Rücksicht auf die *einmal* vorkommende Füllung die Kompressorenanlage stärker bemessen wird. Die Luftmengen, die für den Betrieb der Schleusen verbraucht werden, sind ebenfalls gering und werden bei Caissons mit einer Grundfläche von mehr als 30 m² vernachlässigt.

Wenn auch nach dem eben Gesagten der Luftbedarf von vielen Faktoren abhängig ist, so hat man doch versucht, Formeln dafür aufzustellen. Fast alle derartigen Formeln gehen auf die von BRENNECKE aufgestellten zurück[1]. Sie müssen jedoch entsprechend dem Fortschritt auf verschiedenen Gebieten des Bauwesens etwas abgeändert werden. In der Formel für Stahlcaissons hat BRENNECKE angenommen, daß die Verluste durch die Wände viel höher wären als durch die Decke. Dies mag für die damalige Zeit richtig gewesen sein, heute aber liegt keine Veranlassung mehr vor, anzunehmen, daß die Verluste durch die Wände höher sind als durch die Decke, da man im Stahlwasserbau soweit fortgeschritten ist, daß man einen Caisson praktisch luftdicht machen kann. Auch bei Stahlbetoncaissons sind die Verluste durch Wände und Decke gleich und ebenfalls gering, da man genügend Erfahrung in der Herstellung von dichtem Beton hat.

Die Formel von BRENNECKE lautet:

$$V = (0{,}67\,F + \mu\,U)\left(1 + \frac{H}{10{,}33}\right)$$

Hierin ist:

V = Luftbedarf für die Trockenhaltung in m³/h an der Eintrittsdüse des Kompressors gemessen,
F = Innenwand und Deckenfläche des Caissons in m²,
U = Umfang des Caissons in m,
H = Absenktiefe von dem Außenwasserstand aus gemessen in m,
μ = ein veränderlicher Beiwert = 1 bis 3 je nach Bodenbeschaffenheit.

Es ist besser, an Stelle der Absenktiefe H einen größeren Wert einzusetzen, um die Druckverluste in der Luftleitung zu berücksichtigen

---

[1] BRENNECKE: Der Grundbau.

und auch dem Umstand Rechnung zu tragen, daß im Senkkasten häufig, aber nicht immer, ein etwas höherer Druck herrschen soll, um den Wasserspiegel bis unter die Schneide des Senkkastens absenken zu können. Unter Benutzung dieser Formel erhält man in unserem Beispiel (s. Abb. 38), wenn man die Wassertiefe mit 4 m einsetzt, folgenden ungefähren Luftverbrauch:

$$V = (0{,}67\,(7 \cdot 33 + 80 \cdot 2{,}5) + \mu \cdot 80)\left(1 + \frac{14 + 4 + 3}{10{,}33}\right) = 1122\,\mathrm{m^3/h}$$

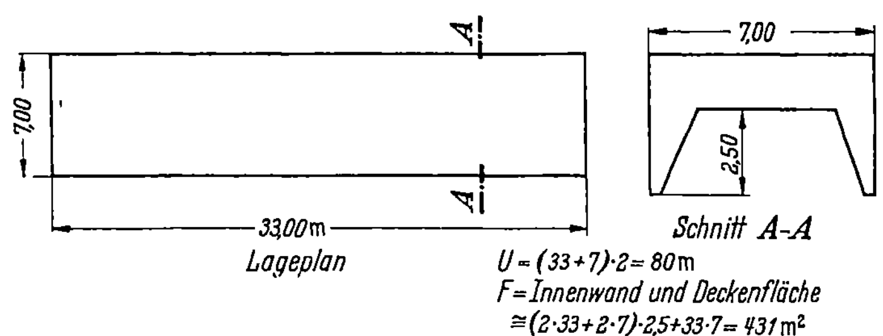

Abb. 38. Lageplan und Querschnitt eines Caissons

Es ist hier angenommen, daß für Leistungsverluste usw. ein Zuschlag von 3 m ausreichend ist und für μ ein Wert von 1 gesetzt werden kann. Nimmt man $\mu = 3$ an, so erhält man einen Luftbedarf von 1607 m³ je Stunde. Man sieht daraus den großen Einfluß von μ, d.h. des Luftverlustes unter der Schneide.

Der Luftbedarf wird aber nicht nur durch die in der oben angeführten Formel berücksichtigten Umstände bestimmt, sondern auch durch die Zahl der im Senkkasten und in den Schleusen beschäftigten Arbeiter. Nach den Vorschriften zum Schutz der Preßluftarbeiter wird in Deutschland eine Luftmenge von 30 m³ je Stunde und beschäftigten Arbeiter verlangt. Wenn die sich so ergebende Druckluftmenge größer ist als die gemäß der Formel errechnete, so muß die Anlage danach bemessen werden. Die Lufterneuerung in der Mindestmenge von 30 m³/h und je Arbeiter ist von großer Bedeutung, denn das Auftreten der Caissonkrankheit wird durch ungenügende Zufuhr von Frischluft begünstigt.

Die Arbeitsweise beim Aushub kann ebenfalls den Luftverbrauch beeinflussen. Wird z.B. unter der Schneide ausgehoben, so muß ein etwas höherer Luftdruck angewandt werden und es entweicht hier sehr viel mehr Luft als wenn nur bis zur Schneidenkante gearbeitet wird. Wird aus besonderen Gründen, z.B. wenn zwei Senkkästen nahe aneinander stoßen, der Zwischenraum zwischen den Caissons durch Ausgraben unter der Schneide gereinigt, so steigt der Luftverbrauch ebenfalls an. Besonders erfaßt werden muß der Bedarf für irgendwelche mit Druckluft betriebenen Maschinen, die für den Aushub, die Betonierung und andere Zwecke notwendig sind.

Bei nichtbindigen Bodenarten fließt die Luft, die in die Kammer gepumpt wird, unter der Schneide in das den Senkkasten umgebende Erdreich ab. So tritt in diesem Fall eine gute Durchlüftung der Kammer ein. Ist der zu durchfahrende Boden bindig, so kann die Luft nicht so schnell entweichen wie vorerwähnt, und die Erneuerung der Luft erfolgt daher nicht in ausreichendem Maß. In einem solchen Fall kann es sogar vorkommen, daß eine künstliche Entlüftung der Kammer notwendig wird.

Nimmt man in unserem Beispiel an, daß im Senkkasten und in den Schleusen 30 Mann beschäftigt sind, so ergibt sich der Luftverbrauch zu $30 \cdot 30 = 900$ m³/h. Wir haben aber gefunden, daß bei Annahme von $\mu = 1$ der Luftbedarf gemäß der angegebenen Formel 1122 m³/h beträgt. Es muß der höhere Wert für die benötigte Luftmenge zugrunde gelegt werden.

Man wird die Kompressorenanlage wesentlich stärker dimensionieren, als sich nach diesen Berechnungsarten ergibt, um auf alle Fälle genügend Luft zur Verfügung zu haben und auch den durch die anderen erwähnten Ursachen entstehenden Bedarf decken zu können.

Nimmt man an, daß zu der zuvor errechneten Menge von 1122 m³/h ein Zuschlag von rd. 50% ausreichend ist, um alle auftretenden Ansprüche zu decken, so ist der Luftbedarf für einen Senkkasten rd. 1600 m³ je Stunde. Da aber drei Senkkästen gleichzeitig in Betrieb sein können, muß die Kompressorenanlage für 4800 m³/h bemessen werden, d.h. für 80 m³ je Minute.

Prüft man nun diese Berechnung durch Vergleich mit ausgeführten Anlagen nach, so findet man, daß z.B. beim Bau des Wehres Kembs am Rhein bei gleicher Caissongröße und gleicher Absenktiefe die Kompressorenanlage für 81 m³/min bemessen war.

Für drei andere Druckluftgründungen sind die Werte in folgender Tab. 37 gegeben[1].

Die Leistung der Kompressorenanlage mit etwa 80 m³/min dürfte

Tabelle 37. *Größe des Caissons,*
Absenktiefen und installierte Leistungen bei einigen Druckluftgründungen

Name der Anlage	G m²	U m	h m	H m	μ	V m³	Installierte Anlage m³/h
Pancevo	362	83	2,5	30	3	1780	3120
Schleuse Friedrichsfeld . .	615	99,8	3,0	15	1	1750	2100
3. Elbbrücke bei Hamburg	410	89,6	2,1	19	1,5	1520	1920

[1] HEINICKE: Der Bau der Pancevobrücke über die Donau bei Belgrad, Bautechnik 1930, S. 354. – WERNER: Gründung des Unterhauptes der Schleuse Friedrichsfeld des Wesel-Datteln-Kanals, Bautechnik 1931, S. 375. – SPERBER: Bau der dritten Elbbrücke bei Hamburg, Bautechnik 1924, S. 291. – SAFRANEZ: Luftbedarf bei Druckluftgründungen, Bautechnik 1933, S. 633. – JORGER u. RIEDISSER: Druckluftgründungen in großen Wassertiefen, Bautechnik 1949, S. 115.

daher auch im Vergleich mit ausgeführten Anlagen reichlich genug bemessen sein.

Man wird die Leistung unterteilen und drei oder vier Kompressoren von entsprechender Stärke aufstellen.

Wählt man vier stationäre Rotationskompressoren mit einer Ansaugleistung von je 20 m³/min, so ist der Kraftbedarf $4 \cdot 84 = 336$ PS.

Mit Rücksicht auf die unbedingt sichere Stromversorgung wird man eine Dieselanlage aufstellen und einen Strombezug aus einer öffentlichen Stromversorgungsanlage als Reserve vorsehen (s. I. Bd., S. 164). Man wird aber unter Umständen an Stelle eines Dieselmotors von etwa 350 PS zwei Dieselmotore von je etwa 175 PS aufstellen und erhält in dieser Weise noch eine weitere Sicherheit, denn selbst mit einem solchen Dieselmotor und der Hälfte der Kompressoren ist die Leistung noch ausreichend, um eine Gefährdung der Arbeiter in den Senkkästen bei einer Störung an einem Dieselmotor zu vermeiden.

Als Druckluftschleusen kann man entweder kombinierte Personenund Förderschleusen wählen oder Schleusen nur für Personen und eigene Schleusen für den Transport der Materialien. Meist verwendet man kombinierte Schleusen nur bei niedrigeren Drücken, während man getrennte Schleusen bei höheren Drücken einsetzt. Bei einem Druck von rd. 18 m wird man getrennte Schleusen vorziehen. Man setzt auf jeden Senkkasten demgemäß mindestens zwei Schleusen, eine Personen- und eine Materialschleuse. Bei Senkkästen von einer Größe wie in unserem Beispiel wird man besser drei Schleusen verwenden, und zwar eine Personen-, und zwei Materialschleusen. Außer diesen insgesamt neun Schleusen wird man noch eine Krankenschleuse an der Baustelle bereithalten, um bei Fällen von Caissonkrankheit die Erkrankten sofort wieder unter den entsprechenden Luftdruck bringen zu können.

Wie man sieht, ist die Einrichtung einer Baustelle für eine Druckluftgründung verhältnismäßig einfach, das hauptsächliche Gewicht ist auf die unbedingte Sicherheit der maschinellen Ausrüstung gelegt. In der Praxis werden manche Fragen auftauchen, die hier nicht berücksichtigt werden konnten. Es sei hier nur noch erwähnt, daß man in einigen Fällen, wenn es sich darum handelte, die Gründung durch dichten Ton tiefer zu führen oder noch in den Fels einbinden zu lassen, den Senkkasten in einer bestimmten Höhe stehen ließ und unter der Schneide tiefer gegangen ist. Dies war z. B. beim Wehrbau Kembs der Fall. Für die Berechnung der erforderlichen Luftmenge muß hier die größte Gründungstiefe in Rechnung gestellt werden.

Bei Gründungsarbeiten in einem Fluß muß auch der wechselnde Wasserstand berücksichtigt werden. Es muß der höchste Wasserstand im Fluß, der während der Bauzeit auftreten kann, bei der Festlegung des Wertes für H eingesetzt werden.

8*

Im übrigen sei darauf hingewiesen, daß in den meisten Ländern besondere Vorschriften für die Ausführung von Arbeiten unter Druckluft bestehen, die beachtet werden müssen und die in mancher Beziehung auch die Einrichtung beeinflussen können.

III. Beispiele für die Ausrüstung von Baustellen mit Transportmitteln

Schon im Abschn. I sind verschiedene Beispiele über Transportmittel bei der Ausführung von Erdarbeiten gegeben. Weiter wird es auch notwendig sein, bei der Besprechung der Ausführung von Betonierungsarbeiten die Verwendung von Transportmitteln zu erwähnen. Es ist daher nicht erforderlich, in diesem Abschnitt über Transportmittel zahlreiche Beispiele zu bringen, es ist vielmehr möglich, sich auf zwei Fälle zu beschränken.

Aufgabe 15. Transporteinrichtungen für ein Magazin

An einer großen Baustelle ist ein Magazin vorhanden, in dem nicht nur Stoffe und Werkzeuge lagern, sondern auch Ersatzteile für schwere Maschinen und Kleingeräte. Die Einzellasten haben ein Gewicht bis 3 t, zum Teil handelt es sich auch um sperrige Güter. Der größte Teil der ankommenden Güter ist in Kisten verpackt. Welches Gerät wird zweckmäßigerweise zum Entladen der Lastkraftwagen und zum Transport der Güter im Magazin eingesetzt?

Lösung. An manchen Baustellen hat man im Magazin fahrbare Krane angeordnet, wie Brückenkrane einfachster Ausführung usw. Man hat auch in einigen Fällen Vorkehrung getroffen, daß diese Krane aus dem Magazingebäude herausfahren und so das Abladen der Lasten durchführen konnten. Eine solche Einrichtung ist kostspielig, nicht wegen des maschinellen Teils, der nur aus Trägern besteht, die auf einfachen Fahrgestellen auf Schienen aufgebaut sind und den Flaschenzügen oder allenfalls Elektrozügen, aber wegen des baulichen Teiles. Die Wände müssen zur Aufnahme der Kranlasten berechnet und entsprechend stark gehalten werden. Wenn der Kran bis auf den Platz vor dem Gebäude laufen soll, muß das Tor entsprechend groß gehalten werden. Im ganzen ist diese Lösung für eine Baustelle nicht geeignet und zu kostspielig. Dazu kommt, daß ein solcher Kran, wenn man auf ein maschinell angetriebenes Laufwerk verzichtet, nicht sehr beweglich ist und dementsprechend nur eine sehr beschränkte Leistungsfähigkeit besitzt.

In anderen Fällen hatte man an der Entladestelle einen Kran aufgestellt, der die Lasten auf ein niedriges Fahrzeug, wie einen Elektrokarren oder ein ähnliches Transportmittel mit einem Diesel- oder Explosionsmotor umgeladen, und dann in das Magazin verfahren hat. Das Abladen wurde dann im Gebäude entweder von Hand oder durch einen anderen fahrbaren Kran vorgenommen.

Auch diese Lösung war in vieler Beziehung nicht zufriedenstellend. Autokrane, die für solche Zwecke an und für sich geeignet wären, haben meist den Nachteil, daß sie zu schwer sind, außerdem ist die Breite dieser Krane so groß, daß sie nicht durch die Tür des Magazins hindurchfahren können. Die Breite beträgt bei solchen Kranen selbst bei einer geringen Tragkraft von weniger als 1,5 t etwa 1,75 m und steigt mit zunehmender Tragkraft schnell an. Bei etwa 3 t Tragkraft beträgt die Breite bereits etwas mehr als 2 m.

Man hat für solche Zwecke in den letzten Jahren verschiedene Typen von Staplern entwickelt, die besonders dafür gebaut sind, Lasten von Kraftwagen unmittelbar abzuladen und dann ohne Umladung über eine kürzere Entfernung zu transportieren und die Last an der gewünschten Stelle abzusetzen.

Für den vorliegenden Zweck besonders geeignet ist der Einsatz eines Gabelstaplers, wie er im I. Bd., S. 181, beschrieben ist. Die größte Breite eines Modells mit einer Tragkraft von 2,72 t ist nur 1,09 m. Trotz der hohen Tragkraft ist die Maschine schmal und kann daher in den meisten Fällen in ein Gebäude hineinfahren. Infolge der kurzen Bauart ist der Gabelstapler sehr wendig und kann daher sowohl auf schmalen Wegen in einer Halle fahren als auch sehr scharfe Kurven beschreiben.

Die Nützlichkeit eines solchen Gabelstaplers soll im folgenden kurz beschrieben werden:

Ein Wasserbaulaboratorium wurde, bevor die Einrichtung ankam, vollkommen fertiggestellt. Man hatte keine Montageöffnungen im Gebäude für das Einfahren der langen Rinnen gelassen. Aus besonderen Gründen war ein Teil der Rinnen nicht bis an das Gebäude herangefahren worden, sondern in einer Entfernung von etwa 200 bis 300 m abgeladen worden. Die Rinnen waren in einzelne Abschnitte zerlegt, im allgemeinen betrug das Gewicht der einzelnen Teile nicht mehr als etwa $2^1/_2$ t, doch war eine Rinne etwa 3,4 t schwer. Die Breite der Rinnen betrug nicht mehr als 1,2 m, doch hatten einzelne Stücke eine Länge von etwa 4 m.

Nachdem die ersten Rinnenteile mit Hilfe von Winden usw. abgeladen worden waren, gelang es, zwei Gabelstapler für die weiteren Abladearbeiten, den Transport und den Zusammenbau der einzelnen Teile von anderen Stellen freizumachen. Im allgemeinen konnte ein Gabelstapler ein Rinnenstück vom Lastkraftwagen abheben und vorübergehend auf den Boden absetzen. Soweit die einzelnen Teile in größerer Entfernung bereits abgeladen waren, konnte der Gabelstapler sie aufnehmen und bis an das Gebäude heranbringen.

8 E   Walch, Baumaschinen, III

Der Transport durch die Tür und in dem Gebäude war insofern schwierig, als bei der beträchtlichen Länge der einzelnen Teile ein Rinnenstück nicht quer hereingefahren werden konnte, sondern nur in der Längsrichtung. Es war daher notwendig, daß beide zur Verfügung stehenden Gabelstapler zusammenarbeiteten und gemeinsam die Rinne aufluden, je ein Stapler an einem Ende, der eine vorwärtsfahrend, der andere sich rückwärts bewegend, allerdings beide mit genau der gleichen Geschwindigkeit. Das Rinnenstück war also auf den Gabeln der beiden Stapler wie eine Brücke aufgelagert. Es ergaben sich bei dieser Transportweise keine besonderen Schwierigkeiten, es war nur notwendig, daß die beiden Führer der Gabelstapler darauf achteten, daß sie beide ihre Fahrzeuge gleichmäßig bewegten. Auch war es ohne weiteres möglich, die Rinnenteile durch die engen Kurven zu bringen.

Das eine Stück mit einem höheren Gewicht als 3 t konnte nicht von einem Stapler abgeladen werden. Auch hier konnten beide Stapler gemeinsam die Arbeit durchführen.

Erwähnt sei hier ein Punkt, der etwas Schwierigkeit bereitete. Vor der Tür waren zwei Stufen, die in das Gebäude hineinführten. Es war notwendig, mit Hilfe von starken Blechen, die gut unterbaut waren, eine möglichst flache Rampe zu bauen, so daß die Stapler den Höhenunterschied bewältigen konnten.

Die Gabelstapler haben sich ausgezeichnet bewährt, obwohl es ältere Typen waren, die noch auf Vollgummireifen liefen. Bei Verwendung neuer Modelle auf Luftreifen hätte man die Rampe kürzer halten können, auch hätte man die Stapler dann auf weniger guten Straßen einsetzen können, was bei den Vollgummireifen nicht der Fall war. Die Zusammenarbeit von zwei Staplern wird im allgemeinen nicht erforderlich werden, denn der Transport so langer und sperriger Teile kann immerhin als Ausnahme angesehen werden.

Beim Einsatz eines Gabelstaplers in einem Magazin, in dem in der Hauptsache Kisten, einzelne Maschinenteile und kleinere Maschinen abzuladen sind, werden die oben geschilderten Schwierigkeiten nicht zu erwarten sein. Man sieht aber, daß auch in einem solchen Fall einzelne Teile, die die Tragfähigkeit eines Staplers überschreiten, durch Einsatz von zwei Staplern an den gewünschten Platz gebracht werden können.

Aufgabe 16.
Zementzufuhr an eine Talsperrenbaustelle im Hochgebirge

Für den in Aufgabe 10 erwähnten Bau einer Talsperre im Hochgebirge soll der Antransport des Zements untersucht werden. Die stündliche Betonleistung beträgt demgemäß 285 m³, die Arbeitszeit für die Betonarbeiten 16 Stunden täglich.

Es sind folgende Einrichtungen zu behandeln:

a) für den Antransport von der Zementfabrik bis zur Talstation der Seilbahn,

b) für das Ausladen des Zements bzw. das Umladen und die Lagerung desselben an der Talstation,

c) für den Transport zur Baustelle auf der Seilbahn,

d) für das Ausladen und die Lagerung des Zements an der Baustelle.

Es kann angenommen werden, daß eine Seilbahn errichtet wird, die fast ausschließlich dem Zementtransport zu dienen hat, während alle anderen Materialien auf andere Weise zur Baustelle gebracht werden. Trotzdem aber wird es sich empfehlen, die Leistungsfähigkeit der Seilbahn so zu bemessen, daß etwa 15% andere Güter ebenfalls mit der Seilbahn befördert werden können.

Es sind auch Vorschläge zu machen über die zweckmäßigste Art der Verpackung und Verschickung des Zements.

Lösung. Die tägliche Arbeitszeit für die Betonarbeiten ist 16 Stunden. Das sagt aber keineswegs, daß auch die Anfuhr des Zements in 16 Stunden je Tag durchgeführt werden muß. Es ist sehr wohl denkbar, dafür den ganzen Tag auszunützen. Für die Bedienung der Transportanlagen und auch für das Um- und Ausladen sind nur wenige Leute erforderlich, zudem ist ein Teil davon nicht an der Hauptbaustelle beschäftigt. Es bedeutet daher keine Schwierigkeit, diesen Betrieb im Gegensatz zur Durchführung der Betonarbeiten mehr als 16 Stunden durchlaufen zu lassen. Ob dies möglich ist, hängt fast ausschließlich davon ab, wie die Anfuhr bis zur Talstation der Seilbahn erfolgt, ob diese auf 20 oder sogar 24 Stunden verteilt werden kann oder aus irgendwelchen Gründen auf eine kürzere Zeit beschränkt ist.

Wenn man von dem Einfluß einer Lagerhaltung absieht, was bei den sehr großen hier in Betracht kommenden Mengen richtig ist, so müssen täglich die Zementmengen beigefahren werden, die für die Betonierung notwendig sind, auch wenn der Verbrauch tatsächlich erst einige Tage später erfolgt. Die Zementmenge hängt – außer von der täglichen Betonierungsleistung – davon ab, welche Zementmenge je m³ Beton verwandt wird. Ohne auf irgendwelche Fragen über den günstigsten Zementverbrauch einzugehen, sei hier angenommen, daß der Verbrauch 200 kg Zement je m³ Beton ist. Es werden somit täglich verbraucht:

$$285 \cdot 16 \cdot 0{,}2 = 912 \text{ t Zement.}$$

Für die Deckung von Spitzen sei mit rd. 1000 t je Tag gerechnet.

Für die Anfuhr dieser Mengen müssen täglich entweder 50 Güterwagen an der Talstation ankommen oder es ist die gleiche Zahl von Lastkraftwagenfahrten erforderlich, sofern man die im I. Bd. (s. S. 232f.) erwähnten Spezialwagen verwendet.

Welche Transportart günstiger ist – Bahn oder Lastkraftwagen – kann nicht allgemein entschieden werden. Es hängt dies von der Entfernung Zementfabrik–Endstation der Seilbahn ab, dann aber auch von den vorhandenen Bahnverbindungen und den Straßenverhältnissen. Weiter spielt eine Rolle, ob die modernen Fahrzeuge von der Bahn zur Verfügung gestellt werden können oder ob es leichter möglich ist, Speziallastkraftwagen zu erhalten.

Nimmt man sehr günstige Verhältnisse für den Lastkraftwagentransport an und legt eine Transportzeit von dem Zementwerk zur Talstation von nur einer Stunde zugrunde, so wird man die Zeitdauer eines Spieles, Beladen, Volltransport, Entladen und Leertransport, mit mindestens 3 Stunden annehmen müssen. Die Zahl der täglichen Fahrten je Fahrzeug kann daher auch bei einem Dreischichtenbetrieb kaum mehr als 7 bis 8 sein. Um die geforderte Leistung zu erreichen, müßten daher 7 bis 8 Wagen ständig im Betrieb sein, wozu noch einige Reservewagen kommen müssen. Nur selten aber werden die Verhältnisse so günstig liegen, meist wird man eine größere Anzahl von Fahrzeugen benötigen.

Bei einem Bahntransport ist die Zahl der benötigten Spezialwagen im allgemeinen wesentlich höher, da schon allein das Rangieren der Fahrzeuge in der Fabrik und an der Entladestelle, bei Verwendung bisher üblicher Fahrzeuge, viel mehr Zeit beansprucht als bei Einsatz von Lastkraftwagen.

Viel wichtiger als die Frage Bahn- oder Lastkraftwagenanfuhr, die zudem meist nicht vom Unternehmer, sondern von der Zementfabrik zu entscheiden ist, ist für die ausführende Firma die Frage, wie der Zement angeliefert wird, lose oder verpackt oder in Spezialgefäßen. Nach dem heutigen Stand scheidet eine Anlieferung des Zementes in Säcken vollkommen aus, und zwar sowohl die Anlieferung in Stoffsäcken als auch in Papiersäcken. Bei der Anfuhr von losem Zement in Spezialwagen sind an der Talstation der Seilbahn besondere Umladeeinrichtungen, z. B. Becherwerke oder Zementpumpen vorzusehen, außerdem, wie wir noch sehen werden, auch Lagermöglichkeiten für eine gewisse Menge Zement. An der Entladestation der Seilbahn, d. h. an den Zementsilos an der Baustelle müssen wieder ähnliche Einrichtungen geschaffen werden wie an der Talstation.

Man kann aber dieses Umladen des Zements an der Talstation vermeiden, wenn man kleinere Spezialbehälter für den Transport von der Zementfabrik bis zur Baustelle verwendet. Der Transport des Zements in Spezialbehältern hat in den letzten Jahren bei vielen Talsperrenbauten, vor allem in der Schweiz, in Italien, Portugal usw., Eingang gefunden. Im Hinblick auf die Bedeutung des Verfahrens sei hier näher darauf eingegangen, und zwar an Hand der Einrichtungen, die in der Schweiz bei den Bauten der Kraftwerke Oberhasli AG, Innertkirchen und im besonderen beim Bau des Staudammes Räterichsboden verwendet, und die von der Firma TM-Transports Mécanises SA. Zürich geplant und geliefert wurden.

Es waren hier insgesamt 50000 t Zement zu fördern mit einer größten Tagesleistung von 380 t. Diese Menge ist nicht besonders groß und ist an vielen anderen Baustellen wesentlich übertroffen worden, so z. B. beim Bau der Talsperre Mauvoisin (1200 t/Tag) u. a., bei denen das gleiche Verfahren angewendet wurde. Die Anfuhrverhältnisse bei dem Stau-

[Abb. 39. Abfüllanlage in einer Zementfabrik zum automatischen Füllen von bis zu 8 Behältern
(Tm-Transports Mécanisés S. A., Zurich)

damm Räterichsboden sind aber besonders ungünstig, wie im folgenden gezeigt werden soll.

Der Zement mußte von drei verschiedenen Zementfabriken bezogen werden, und zwar von zwei Werken in Wildegg und einem in Siggenthal. Es soll hier nur der Transport von Wildegg zur Baustelle behandelt werden. Die Schweizer Bundesbahn stellte einen Sonderzug zur Verfügung, bestehend aus 19 Wagen, die zur Aufnahme von je 48 Behältern von je 400 kg Inhalt hergerichtet wurden.

Die Behälter wurden in den Zementwerken aus Silos gefüllt, und zwar gleichzeitig acht Behälter, ohne daß sie von den Bahnwagen entladen zu werden brauchten (s. Abb. 39). Von Wildegg wurde der Zementzug nach einem besonderen Fahrplan nach Interlaken-Ost geleitet, und zwar wurden die 165 km in $3^1/_2$ Stunden zurückgelegt.

In Interlaken-Ost wurden die Behälter auf besonderen Umladerampen, die mit Rollen versehen waren, auf einen Sonderzug der Brünigbahn (Schmalspur) umgeladen und nach Innertkirchen befördert. Die Strecke von 34 km wurde in ungefähr einer Stunde zurückgelegt. Die Schmalspurbahnwagen faßten je 60 Behälter, in einem Zug wurden aber nur 7 Wagen gefahren. Es war daher notwendig, daß der Schmalspurzug zweimal fuhr.

In Innertkirchen wurden die Behälter auf Lastkraftwagen über eine besondere Rampe umgeladen. Jeder Lastkraftwagen war zur Aufnahme

Abb. 40. Sonderzug für den Transport des Zements in Spezialkubeln auf der Schweizer Bundesbahn
(TM-Transports Mécanisés S. A., Zürich)

von 15 Behältern eingerichtet (6 t Zement). An der 18,5 km entfernten Baustelle Räterichsboden wurden die Behälter auf Rampen entladen und in Silos entleert.

Durch die Einrichtung der besonderen Züge auf der Bundesbahn und der Schmalspurbahn konnte der Zug mit den leeren Behältern am Abend des gleichen Tages wieder zu dem Zementwerk zurückkehren.

Gleichzeitig mit dem Staudamm Räterichsboden wurde die kleine Staumauer auf der Mattenalp gebaut. Der Zement wurde, wie eben beschrieben, nach Innertkirchen gebracht, dort auf Lastkraftwagen umgeladen und zu einer 8 km entfernten Talstation einer Seilbahn gefahren. Dann folgte die Beförderung auf der Seilbahn und dann nochmals ein kurzer Transport mittels einer Rollbahn von der oberen Seilbahnstation zur Baustelle, wo die Entleerung in den Silo vorgenommen wurde. Im

Abb. 41. Umladen der Spezialkübel vom Bahnwagen auf Lastkraftwagen (TM-Transports Mécanisés S. A., Zürich)

Tagesdurchschnitt wurden zu dieser kleinen Baustelle 30 t Zement beigefahren.

Abb. 39 zeigt das Beladen der auf den Güterwagen stehenden Behälter in der Zementfabrik, Abb. 40 den Vollspurzug der Bundes-

Abb. 42. Transport der Spezialbehälter für Zement auf Lastkraftwagen (TM Transports Mécanisés S. A., Zurich)

bahn, Abb. 41 das Umladen der Behälter vom Bahnwagen auf den Lastkraftwagen und Abb. 42 den Transport der Behälter auf den

Lastkraftwagen. Der Transport auf der Seilbahn ist aus Abb. 43 zu ersehen.[1]

Durch zweckmäßige Einrichtungen wurde das Umladen der Spezialkübel vom Bahnwagen auf die Schmalspurbahn und auf Lastkraftwagen

Abb. 43. Transport der Spezialbehalter fur Zement auf der Seilbahn. Es sind hier vier Behälter an einem Gehange. Auf der Bergfahrt fuhren die Wagen im Abstand von 1,5 km voneinander, bei der Talfahrt wurden die leeren Behälter in Gruppen befordert. Haufiger werden einzelne Behälter an die Seilbahn angehängt (TM-Transports Mécanisés S. A., Zurich)

so erleichtert, daß nur wenig Arbeitskräfte dafür notwendig waren. Durch ausziehbare Verbindungsbrücken zwischen Rampen und Fahrzeugen und auch beim unmittelbaren Umladen zwischen den Fahrzeugen sind die Kübel nicht zu heben, sondern sie werden auf Rollen verschoben (s. Abb. 41).

---

[1] Die Abb. 39—43 wurden von der TM-Transports Mécanisés S. A. Zürich freundlicherweise zur Verfügung gestellt, der dafür auch an dieser Stelle bestens gedankt sei.

Auch das Anhängen an die Seilbahn kann in einfachster Weise durchgeführt werden.

Außer dem Fortfall des Umladens des Zements erreicht man aber gleichzeitig den Vorteil, daß für den Antransport von dem Werk zur Talstation der Seilbahn keine Spezialwagen notwendig sind, einerlei, ob man die Bahn oder den Lastkraftwagen wählt. Nachteilig ist die große Zahl dieser Spezialbehälter. Für *einen* Bau wird sich eine solche Anschaffung nicht lohnen, man muß die Möglichkeit einer weiteren Verwendung nach Beendigung dieses Baues in Betracht ziehen.

Die Errechnung der erforderlichen Anzahl von solchen Kübeln in unserem Beispiel kann erst erfolgen, wenn die Einzelheiten der Seilbahn festgelegt sind. Auch dann sind noch Annahmen über die durchschnittliche Transportdauer Zementfabrik–Talstation zu machen, ebenso wie über die Art des Transportes auf dieser Strecke.

Wenn man den Zement lose von der Fabrik zur Baustelle bringt, wird man an der Talstation eine Lagermöglichkeit für kleinere Mengen Zement vorsehen. Einmal muß die in Bahnwagen oder Lastkraftwagen angelieferte Menge von etwa 20 t auf die kleinen Kübel der Seilbahn verteilt werden, dann aber ist es durchaus wünschenswert, hier eine Reserve bereit zu haben, um Unregelmäßigkeiten in der Anfuhr auszugleichen Bei Anfuhr des Zements in Bahnwagen wird die Menge, die an der Talstation gelagert werden kann, erheblich größer sein als bei Anfuhr in Lastkraftwagen. Immerhin wird man an dieser Stelle die Lagermöglichkeiten gering halten, nur einen Bruchteil des gesamten Tagesbedarfes.

Bringt man den Zement in Spezialkübeln von der Zementfabrik zur Baustelle, so sind keine besonderen Lagerräume an der Talstation vorzusehen, da diese Kübel im Freien aufgestellt werden können.

Anders liegen die Verhältnisse an der Baustelle. Hier ist eine größere Lagerhaltung erforderlich. Unregelmäßigkeiten in der Anfuhr, durch Störungen irgendwelcher Art hervorgerufen, müssen hier ausgeglichen werden, denn es darf nicht vorkommen, daß die Betonierungsarbeiten durch Zementmangel aufgehalten werden. Darüber hinaus müssen aber oft größere Zementmengen gelagert werden, wenn Vorschriften bestehen, daß der Zement erst verarbeitet werden darf, wenn durch Untersuchungen dessen einwandfreie Qualität nachgewiesen ist. Man wird nicht umhin können, an der Baustelle Lagermöglichkeiten zu schaffen für ein Mehrfaches des Tagesbedarfes. Dazu wird man Silos errichten, in die der Zement eingelagert werden kann und die so liegen, daß die Beschickung der Mischmaschinen in einfachster Weise durchgeführt werden kann.

In unserem Beispiel muß die Seilbahn[1] bemessen werden für die oben erwähnte Leistung von 1000 t je Tag, zuzüglich etwa 15%, also

---

[1] Der Verfasser ist der Fa. J. Pohlig AG, Köln-Zollstock, für die zur Verfügung gestellten Unterlagen besonders dankbar.

rd. 1150 t. Diese Leistung kann, wie bereits erwähnt, auf mehr als 16 Stunden verteilt werden. Läßt man eine 20stündige Betriebsdauer zu, so ist die Stundenleistung

$$1000 : 20 = 50{,}0 \text{ t Zement und } 150 : 20 = 7{,}5 \text{ t}.$$

andere Lasten.

Wenn der Zement in Gefäßen von 500 kg angebracht wird, so müssen in jeder Stunde 100 Fördergefäße mit Zement und 15 andere Fördergefäße hochgebracht werden, zusammen also 115 Lasten, so daß je

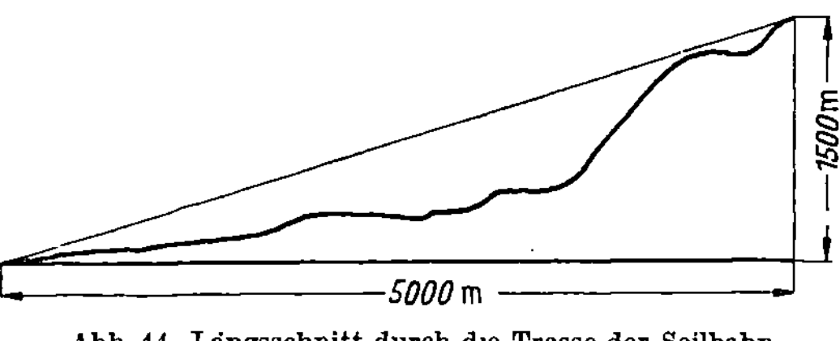

Abb. 44. Längsschnitt durch die Trasse der Seilbahn

Minute etwa zwei Seilbahnwagen gefördert werden müssen. Es soll hier angenommen werden, daß die Seilbahn einen Höhenunterschied von 1500 m zu überwinden hat und die horizontale Länge 5000 m ist (s. Abb. 44). Die Fahrbahnlänge einschließlich eines Zuschlages von 1% für den Durchhang ergibt sich dann zu 5300 m.

Die Fahrgeschwindigkeit sei 2,8 m/sek. Die Wagenfolge ist 3600 : 115 = 31,3 sek und die Entfernung zwischen zwei Wagen

$$31{,}3 \cdot 2{,}8 = 88 \text{ m}.$$

Die erforderliche Zahl der Wagen auf der Strecke ergibt sich zu

$$\frac{5300 \cdot 2}{88} = 120.$$

Davon sind 114 Wagen für den Zementtransport bestimmt. Dazu kommen noch etwa 10 weitere Wagen, die auf den Stationen erforderlich sind.

Die reine Hubleistung errechnet sich wie folgt:
Leistung je Stunde 50 + 7,5 = 57,5 t,

$$\text{Hubleistung } N = \frac{57\,500 \cdot 1500}{75 \cdot 3600} = 320 \text{ PS}.$$

Das Leergewicht der Wagen ist nicht in Rechnung zu stellen, da das Gewicht der berg- und talwärts fahrenden Wagen sich ausgleicht. Es ist aber noch die Reibung zu berücksichtigen, so daß sich die Antriebsleistung auf etwa 340 PS belaufen wird.

Man wird die ganze Strecke ein- oder vielleicht besser zweimal unterteilen, da man sonst ein zu schweres Zugseil erhält. Meist wird man die

Zwischenstationen als Winkelstationen ausbilden und man kann sich auf dieseWeise den natürlichen Geländeverhältnissen besser anpassen.

Weitere Einzelheiten der Seilbahn sind hier nicht zu erörtern. Es sei nur erwähnt, daß bei nicht zu steil ansteigendem Gelände Stützen in Entfernungen von 80 bis 150 m gesetzt werden, daß aber auch bei Überbrückungen von Tälern wesentlich größere Stützenentfernungen bis über 1000 m gewählt werden können. Es ist ohne weiteres klar, daß im vorliegenden Fall bei den hohen Leistungen eine Einseilbahn nicht verwendet werden kann, sondern nur eine Zweiseilbahn (s. I. Bd., S. 188f.).

In manchen Fällen hat man an Stelle von *einer* Seilbahn – bei ähnlich großen Leistungen – zwei Seilbahnen angeordnet, so z.B. beim Bau der Talsperre Grande Dixence, s. II. Bd., S. 252, und auch beim Bau des Tauernkraftwerkes.

Die Einzelheiten für den Entwurf einer Seilbahn müssen in Zusammenarbeit mit einer Spezialfirma geklärt werden.

Der Vorschlag für dieses Transportproblem ist somit folgender: Der Zement wird im Werk in Spezialbehälter von 500 kg Inhalt abgefüllt. Diese werden entweder mit der Eisenbahn oder wahrscheinlich besser mit Lastkraftwagen zur Talstation der Seilbahn gebracht. Dort findet die Übergabe unmittelbar statt. Am oberen Ende werden die Behälter in die Zementsilos entladen.

Man sieht, daß bei dieser Lösung der Zement ohne jedes Umfüllen unmittelbar vom Werk bis in die Silos gebracht wird. Die Größe der Silos an der Baustelle hängt von den besonderen örtlichen Verhältnissen ab, aber auch von der erforderlichen Zeitdauer der Lagerung des Zementes vor der Verwendung (Durchführung von Entnahmen und Ausführung von Proben).

So schön dieser Vorschlag vom technischen Standpunkt aus ist, die Möglichkeit seiner Ausführbarkeit hängt jedoch davon ab, ob die erforderliche Anzahl von Behältern unter Berücksichtigung der Wirtschaftlichkeit beschafft werden kann. Für den Transport auf der Seilbahn werden schon, wie oben errechnet, 124 Behälter benötigt. Dazu kommen noch die Behälter für den Transport auf der Bahn oder den Lastkraftwagen. Da in jeder Stunde an der Seilbahntalstation 100 Behälter ankommen müssen, kann man sich leicht die benötigte Zahl von Behältern ausrechnen, wenn man die Transportdauer Werk–Seilbahn kennt. Wenn nicht besonders günstige Verhältnisse vorliegen, wird die Zahl der Behälter so hoch, daß diese Transportart unmöglich wird. Man braucht aber auch deshalb diesen Vorschlag nicht aufzugeben, vielmehr kann man ihn dann dahin abändern, daß man die Anfuhr vom Werk zur Talstation der Seilbahn mit Großraumwagen, Bahn- oder Lastkraftwagenanfuhr durchführt und an der Talstation ein Umladen des Zementes von diesen Großraumwagen in die Spezialbehälter vornimmt. Es kann dies mit Hilfe von Pumpen oder auf andere Weise geschehen.

Man sieht, daß durch den Versand des Zements in Spezialbehältern vom Werk zur Baustelle oder durch Transport in Großraumwagen und Spezialbehältern eine große Vereinfachung eintritt gegenüber dem früher üblichen Transport des Zementes in Säcken. Die Ersparnisse an Löhnen sind so hoch, daß sich auch teure Investierungen als wirtschaftlich erweisen, abgesehen von den übrigen Vorteilen dieser Transportart.

IV. Beispiele für die Einrichtung und Durchführung von Betonierungsarbeiten

(Zum I. Bd., S. 198 bis 268, und II. Bd., S. 31 bis 83)

Auch hier soll die Zerkleinerung und das Waschen der Zuschlagstoffe in die Betonbereitung mit einbezogen werden.

Im II. Bd. (S. 46 ff.) ist bereits eine Berechnung der Zahl und der Größe von Zerkleinerungsmaschinen gegeben, und zwar für den Fall, daß alles Material für die Betonbereitung zerkleinert werden muß, jedoch kein Waschen erforderlich ist. Es soll daher im folgenden ein Beispiel behandelt werden, bei dem das Material aus einem Fluß gewonnen wird und nur ein Teil zerkleinert und gewaschen werden muß.

A. Zerkleinerungs- und Waschanlagen

Zerkleinerungs- und Waschanlagen sind fast immer mit Sortiereinrichtungen verbunden, ferner auch mit Silos für die Lagerung von Material, das ohne weitere Behandlung für die Betonherstellung verwandt werden kann. Bezüglich der für diese Zwecke zur Verfügung stehende Maschinen sei auf den I. Bd. verwiesen.

Aufgabe 17.
Aufbereitungsanlage für den Bau einer großen Industrieanlage

Für den Bau einer großen Industrieanlage werden 200 000 m³ Zuschlagstoffe benötigt, und zwar im allgemeinen 40 m³/h, jedoch muß mit kürzeren Spitzenleistungen im Betonbau gerechnet werden, so daß bis zu 60 m³/h Zuschlagstoffe zur Verfügung stehen müssen. Das Material wird aus einem Fluß gebaggert und muß zum Teil gebrochen und gemahlen werden. Das Material ist nicht sauber und enthält tonige Bestandteile, so daß ein Waschen erforderlich ist.

Die Zusammensetzung des gebaggerten Materials ist im Durchschnitt etwa folgende:

Korngröße von   0—   3 mm   5 Gewichtsprozent,
Korngröße von   3—   7 mm   7 Gewichtsprozent,
Korngröße von   7— 15 mm   8 Gewichtsprozent,
Korngröße von 15— 30 mm 10 Gewichtsprozent,
Korngröße von 30— 60 mm 15 Gewichtsprozent,
Korngröße von 60—100 mm 45 Gewichtsprozent,
Korngröße von 100—150 mm 10 Gewichtsprozent.

Benötigt werden folgende Mengen:

in den Korngrößen von   0— 3 mm 40 Gewichtsprozent,
in den Korngrößen von   3— 7 mm 20 Gewichtsprozent,
in den Korngrößen von   7—15 mm 22 Gewichtsprozent,
in den Korngrößen von 15—30 mm 18 Gewichtsprozent.

Auf welche Art erfolgt zweckmäßigerweise die Zerkleinerung, das Waschen, die Aussortierung und die Lagerung des Materials?

Lösung. Wie aus den Angaben ersichtlich ist, handelt es sich um einen Betrieb, der sich über eine längere Zeit erstreckt. Man wird daher den Gedanken, eine fahrbare Anlage aufzustellen, nicht weiter in Betracht ziehen, sondern eine stationäre Anlage vorsehen, zudem auch die geforderte Leistung für eine fahrbare Anlage sehr hoch ist. Die Spitzenleistung der Wasch- und Zerkleinerungsanlage ist 60 m³/h. Nimmt man das Gewicht der für einen m³ Beton erforderlichen Menge von Zuschlagstoffen mit 1850 kg an, so werden stündlich benötigt 60 · 1,85 = 111,0 t.

In vielen Fällen wird es nicht notwendig sein, alles Material zu waschen, vielmehr genügt es, nur die feineren Bestandteile zu waschen. Es soll hier angenommen werden, daß es ausreichend ist, Sand und Kies bis zu einer Korngröße von 60 mm zu waschen, das gröbere Material über 60 mm ist also nur zu zerkleinern.

In den nachfolgenden Tab. 38 bis 42 ist die Berechnung des Zerkleinerungsvorganges gegeben unter der Annahme, daß 111,0 t/h zu zerkleinern sind und in jeder Maschine die angegebenen Mengen an verschiedenen Korngrößen anfallen. Es handelt sich auch hier um theoretische Werte.

Tabelle 38. *Zusammenstellung der zu zerkleinernden Mengen*

Korngröße	I	II	III	IV	V	VI	VII
Korngröße in mm	0—3	3—7	7—15	15—30	30—60	60—100	100—150
An der Entnahmestelle werden gewonnen in Prozent	5,0	7,0	8,0	10,0	15,0	45,0	10,0
Bedarf in Prozent	40,0	20,0	22,0	18,0			
Es fehlen somit Prozent	35,0	13,0	14,0	8,0			
Überfluß in Prozent					15,0	45,0	10,0
Bezogen auf 111,0 t							
Fehlbedarf in t	38,85	14,43	15,54	8,88			
Fehlmenge insgesamt in t			77,7				
Überschuß in t					16,65	49,95	11,1
Überschuß insgesamt in t					77,7		

Es sind somit insgesamt 77,7 t zu zerkleinern, es müssen aber $5 + 7 + 8 + 10 + 15 = 45\%$ von 111 t $\cong$ 50 t gewaschen werden.

Der erste Brecher muß mit 77,7 t beschickt werden bzw. wenn ein Brecher nicht ausreichend ist, müssen mehrere mit dieser Gesamtleistung aufgestellt werden.

Die Zahlenangaben für die erste Zerkleinerung sind in Tab. 39 gemacht.

Tabelle 39. *Ergebnisse beim ersten Zerkleinerungsvorgang*

Korngröße	I	II	III	IV	V	VI	VII
Korngröße in mm	0—3	3—7	7—15	15—30	30—60	60—100	100—150
Die Brecher werden beschickt mit 77,7 t					16,65	49,95	11,1
Es fallen an in Prozent	5	25	30	20	15	5	
Bezogen auf die Menge von 77,7 t	3,885	19,425	23,31	15,54	11,655	3,885	
Es fallen an in t zu wenig	34,965						
Es fallen an in t zu viel		4,995	7,77	6,66	11,655	3,885	
Zu viel insgesamt				34,965			

Die Fehlmenge ist noch recht erheblich und es müssen daher weitere Zerkleinerungsvorgänge nachfolgen, zuerst in Feinbrechern, die mit 34,965 t je Stunde beschickt werden müssen, s. Tab. 40.

Tabelle 40. *Ergebnisse beim zweiten Zerkleinerungsvorgang*

Korngröße	I	II	III	IV	V	VI
Korngröße in mm	0—3	3—7	7—15	15—30	30—60	60—100
Die Brecher werden beschickt mit 34,965 t						
Es fallen an in Prozent	15	35	25	20	5	
Bezogen auf 34,965 t	5,245	12,238	8,74	6,994	1,748	
Es fallen an in t zu wenig	29,72					
Es fallen an in t zu viel		12,238	8,74	6,994	1,748	
Zu viel insgesamt			29,72			

An die Feinbrecher schließt sich eine Gruppe von Walzenmühlen an, s. Tab. 41.

Tabelle 41. *Ergebnisse zum dritten Zerkleinerungsvorgang*

Korngröße	I	II	III	IV	V
Korngröße in mm	0—3	3—7	7—15	15—30	30—60
Die Walzenmühlen werden beschickt mit 29,72 t					
Es fallen an in Prozent	40	50	10		
Bezogen auf 29,72 t	11,888	14,86	2,972		
Es fallen an in t zu wenig	17,832				
Es fallen an in t zu viel		14,86	2,972		
Zu viel insgesamt		17,832			

Nach den Walzenmühlen sollen Kugelmühlen angeordnet werden, s. Tab. 42.

Tabelle 42. *Ergebnisse beim vierten Zerkleinerungsvorgang*

	I	II	III
Korngröße			
Korngröße in mm	0—3	3—7	7—15
Die Kugelmühlen werden beschickt mit 17,832 t		14,86	2,972
Es fallen an in Prozent	70	30	
Bezogen auf 17,832 t	12,482	5,350	
Es fallen an in t zu wenig	5,350		
Es fallen an in t zu viel		5,350	

Es bleibt somit ein Rest von 5,35 t, der noch nicht genügend zerkleinert ist und nochmals durch die Kugelmühlen hindurch geschickt werden muß.

Die einzusetzenden Maschinen sind folglich zu dimensionieren:

Brecher . . . . für ~ 78 t/h Kugelmühlen. . für ~ 18 + 5 ≅ 23 t/h
Feinbrecher . . . . . . für ~ 35 t/h Waschmaschine für ~ 50 t/h
Walzenmühlen . . . . für ~ 30 t/h

Von der Gesamtmenge der angelieferten Zuschlagstoffe sind 78 t zu zerkleinern. Davon sind 16,65 t auch noch zu waschen, nämlich die Korngröße von 30 bis 60 mm. Dadurch, daß ein Teil des angelieferten Materials zerkleinert und gewaschen werden muß, wird die Aufbereitungsanlage kompliziert. Man wird das ankommende Material gleich in zwei Korngrößen zerlegen, und zwar: größer als 60 mm, das nur gebrochen werden muß und kleiner als 60 mm, das gewaschen, aber soweit es zwischen 30 und 60 mm liegt, auch noch gebrochen werden muß. Man muß daher diese Korngröße nach dem Waschen und Aussortieren der Zerkleinerungsanlage zur weiteren Behandlung zuführen. Dabei ist noch zu entscheiden, ob man dieses Material durch die ganze Zerkleinerungsanlage schickt oder ob es nicht genügt, wenn man dies immerhin schon feine Material nur die Feinzerkleinerung durchlaufen läßt.

Für die erste Zerlegung in zwei Korngrößen kann ein einfacher Rost verwandt werden, sofern das Material schon trocken ist. Enthält es von der Baggerung her noch viel Feuchtigkeit, so wird ein einfacher Rost nicht genügen, und es ist besser ein Eindecker-Rüttelsieb zu verwenden. Dies ist hier möglich, da das ankommende Material nur Korn bis 150 mm enthält und nicht, wie bei Lieferung von Felsmaterial aus einem Steinbruch, auch Felsbrocken und sehr grobes Gut. Allerdings ist die ruckweise Beladung der Siebeinrichtung beim Abkippen von Wagen ungünstig, und es hängt daher von der Art des Antransportes, Größe der Fahrzeuge usw. ab, ob Rüttelsiebe verwendet werden können oder an ihre Stelle andere Sortiereinrichtungen, wie z.B. ein Rollenrost zu setzen sind. Wenn auch bei dieser Vorsortierung keine große Genauigkeit erforderlich ist, so bedeutet es doch, wenn zuviel feines Material am groben anhaftet, eine unnötige Belastung der Zerkleinerungsanlage. Die Korngrößen kleiner als 60 mm kommen von der Vorsortierung unmittelbar in die Waschanlage. Hinter der Waschanlage muß eine zweite Sortierung stattfinden. Man kann entweder eine Zerlegung in die vier geforderten Klassen, 0 bis 3, 3 bis 7, 7 bis 15 und 15 bis 30 mm vornehmen und den Überlauf, d. h. das Material größer als 30 mm, der Zerkleinerungsanlage zuleiten. Man hat aber hier den Nachteil, daß das zu siebende Material naß ist und die Aussortierung nicht so genau wie bei trockenem Material wird. Man kann

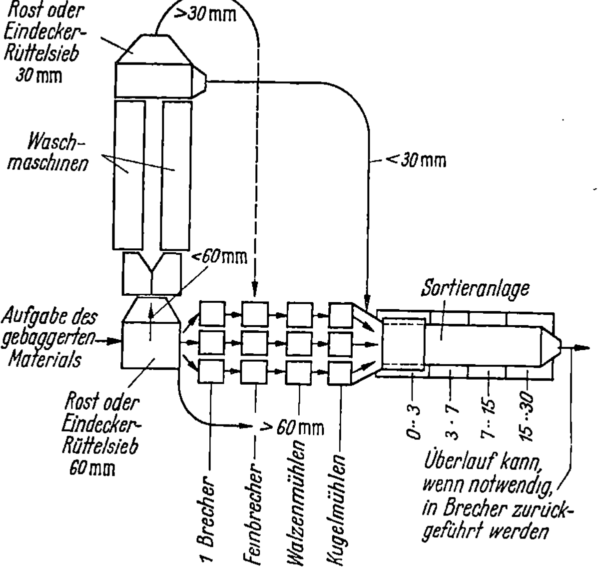

Abb. 45. Schematische Skizze der Zerkleinerungs- und Waschanlage I

daher hier auf eine Aussortierung in einzelne Korngrößen verzichten und nur eine Zerlegung in die Größen unter 30 mm und darüber vornehmen.

Die Korngrößen zwischen 30 und 60 mm sollen den Feinbrechern zugeführt werden, da sie den ersten Brecher nur unnötig belasten würden.

In der Zerkleinerungsanlage ist es nicht unbedingt erforderlich, eine Absiebung hinter den einzelnen Maschinengruppen vorzunehmen, insbesondere, da hier ein sehr hoher Prozentsatz zu Sand verarbeitet werden muß. Es ist einfacher, am Ende der Zerkleinerung *eine* Aussortierung vorzunehmen und hier auch das Material aus der Waschanlage zuzuführen. Durch das Zusammengeben des trockenen und des nassen Materials wird der durchschnittliche Feuchtigkeitprozentsatz ermäßigt, was die Aussortierung günstig beeinflußt.

Von der Sortieranlage kommen die einzelnen Korngrößen in Silos, die entweder der Vorratsspeicherung dienen oder die Zuschlagstoffe unmittelbar den Mischmaschinen zuleiten.

Das Schema der Zerkleinerungs- und Waschanlage ist in Abb. 45 gezeigt.

Man kann nunmehr daran gehen, die Größe und Zahl der erforderlichen Maschinen zu bestimmen:

Brecher für eine stündliche Leistung von rd. 78 t gleich rd. 42 m³,

Feinbrecher für eine stündliche Leistung von rd. 35 t gleich rd. 19 m³,

Walzenmühlen für eine stündliche Leistung von rd. 30 t gleich rd. 16 m³,

Kugelmühlen für eine stündliche Leistung von rd. 23 t gleich rd. 13 m³.

Für den ersten Brecher wird man keine allzu große Type wählen, da das größte Korn, das aufgegeben wird, nur etwa 150 mm ist. Man wird einen Brecher wählen mit einer Maulweite von etwa 500×300 mm und einer Spaltweite von etwa 50 mm. Die Ausbeute ist unter diesen Bedingungen wahrscheinlich nicht mehr als 15 m³ je Stunde, so daß, um die gesamte Leistung zu erreichen, drei Einheiten notwendig sind.

Für den Nachbrecher wird man eine Maschine von ähnlichen Abmessungen wählen, jedoch eine wesentlich geringere Spaltweite einstellen, so daß man mehr feines Material erhält. Man wird die Spaltweite nicht mehr als etwa 25 mm wählen. Unter diesen Annahmen ist die Leistung rd. 8 m³ je Stunde, so daß auch hier drei Maschinen notwendig werden, also die gleiche Zahl wie bei den ersten Brechern. Dies ist günstig, da dann keine weitere Teilung des Materialstroms vorgenommen werden muß.

Für die Walzenmühlen kann man Typen mit einem Walzendurchmesser von etwa 1000 mm Durchmesser nehmen, die bei einer nutzbaren Breite von 400 mm eine Leistung von 6 m³ haben mögen, so daß auch drei Einheiten ausreichend sind.

Für die Kugelmühlen wird man ebenfalls drei Einheiten vorsehen, jede mit einer Leistung von etwa 6 m³/h. Gerade in diesem Fall empfiehlt es sich, eine höhere Leistung anzunehmen, da erfahrungsgemäß bei solchen Anlagen meist die Leistung aller Maschinen gerade mit Ausnahme der Kugelmühlen ausreichend sind.

In einem praktischen Fall müßte bei der Auswahl der Maschinen vor allem auch die Gesteinsart berücksichtigt werden, außerdem müßte man nach erfolgter Wahl der Maschinen nochmals nachprüfen, ob die oben in den Tab. 38 bis 42 gemachten Annahmen auch noch voll zutreffen oder ob eine Korrektur vorgenommen werden muß.

Für die Wahl der Waschmaschinen ist man vollkommen frei und ist in keiner Weise auf die Zahl drei, die Anzahl der Zerkleinerungsmaschinen, festgelegt, da beide Anlagen fast unabhängig voneinander sind. Für das Waschen der obengenannten rd. 50 t etwa gleich 28 m³ sind verschiedene Möglichkeiten gegeben, je nach dem Grad der Verschmutzung des Materials. Eine Bebrausung des angelieferten Materials allein wird kaum ausreichend sein, sie könnte auf dem ersten Rüttelsieb vorgenommen werden.

Besser ist aber auf alle Fälle eine besondere Waschmaschine zu verwenden, da dann bei einer nicht allzu starken Verschmutzung die Gewähr gegeben ist, daß alle Beimengungen entfernt werden. Man kann mit der Waschmaschine eine Aussortierung in verschiedene Korngrößen verbinden, d.h. eine Unterwasser-Siebmaschine einzusetzen, wie sie schon im I. Bd. in Abb. 214 gezeigt worden ist. Man kann hier aber auch, wie schon erwähnt, auf eine Absiebung in Verbindung mit dem Waschvorgang verzichten und nach dem Waschen nur eine Zerlegung in die Korngrößen unter und über 30 mm vornehmen (s. Schema in Abb. 45).

Ist das Material stärker verschmutzt, so daß eine einfache Waschmaschine nicht ausreichend ist, so muß man entweder eine Waschmaschine der gleichen Art, aber mit einer wesentlich längeren Vorwaschabteilung verwenden oder aber, wenn auch dies nicht ausreichend ist, eine Schwerterwaschmaschine.

Die Entscheidung, welche Waschmaschine verwendet werden muß, kann nur auf Grund eingehender Kenntnis des angelieferten Materials erfolgen. In allen Fällen wäre es aber möglich, für die hier geforderte Leistung nur eine einzige Waschmaschine aufzustellen, da sowohl Unterwasser-Siebmaschinen als auch Schwerterwaschmaschinen usw. für Leistungen gebaut werden, die erheblich über den hier geforderten liegen. Trotzdem aber scheint es aus verschiedenen Gründen vorteilhafter zu sein, kleinere Typen zu verwenden, aber dafür zwei Einheiten. Eine Leistung von 14 m³/h ist gering und wird von mittelgroßen Typen erreicht. Man kann sich bei zwei Maschinen besser dem Bedarf anpassen, hat eine größere Betriebssicherheit und außerdem können die kleineren Einheiten unzerlegt versandt werden, während bei der Verwendung von nur einer Maschine für den Antransport eine Demontage stattfinden muß.

Setzt man im vorliegenden Fall, wie in Abb. 45 angenommen, zwei Waschmaschinen ein, jede mit einer Leistung von etwa 15 m³/h, so werden die Abmessungen derselben ungefähr sein: Trommeldurchmesser 1300 bis 1500 mm und Länge 3000 bis 3500 mm.

Zwischen den einzelnen Brech- und Siebanlagen und auch zwischen Wasch- und Brechanlage müssen für den Transport des Materials Förderanlagen, wie Becherwerke oder Förderbänder zwischengeschaltet werden. Die Anordnung derselben hängt vor allem von den örtlichen Verhältnissen ab und kann daher in einem theoretischen Problem nicht gezeigt werden.

Hinter der Zerkleinerungsanlage folgen die Sortiereinrichtungen und anschließend daran die Silos. Das gewaschene Material unter 30 mm wird zweckmäßigerweise der gleichen Sortieranlage zugeführt.

Wenn man so den Entwurf für eine Aufbereitungsanlage aufgestellt hat und ihn dann durchsieht, wird man meist nicht zufriedengestellt sein und verschiedene Punkte finden, wo eine Abänderung entweder notwendig oder wünschenswert ist. Im vorliegenden Fall gewinnt man den Eindruck, daß es möglich sein muß, die Anlage zu vereinfachen. Dies ist der Fall, wenn man versucht, die vier Zerkleinerungsmaschinen, Brecher, Nachbrecher, Walzenmühlen und Kugelmühlen auf drei Einheiten zu reduzieren. Dies ist sicherlich möglich, wenn man den Brecher mit einer höheren Leistung wählt und schon beim ersten Stadium der Zerkleine-

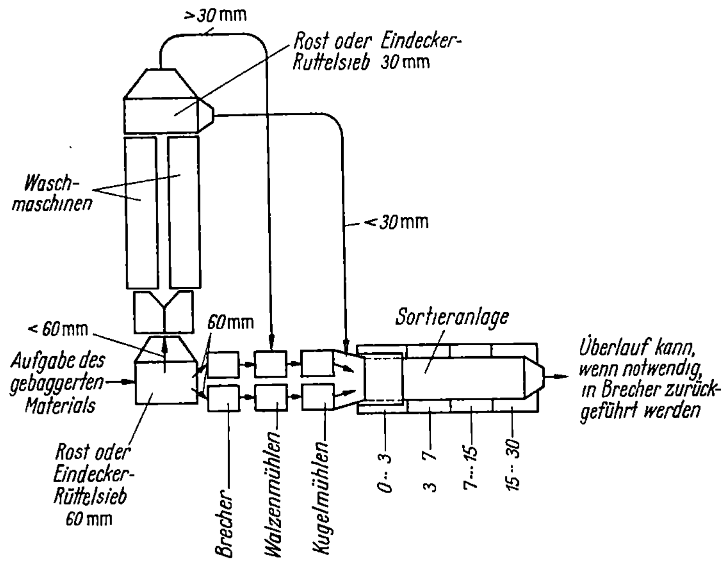

Abb. 46. Schematische Skizze der Zerkleinerungs- und Waschanlage II

rung den Spalt etwas enger stellt. Weiter wäre es erstrebenswert, an Stelle der drei Einheiten von Brechern usw. nur zwei zu haben (s. Abb. 46). Dies kann erreicht werden durch Wahl größerer Einheiten. Es ist daher in einem solchen Fall zu untersuchen, ob es nicht wirtschaftlicher ist, an Stelle von drei Brechern nur zwei zu haben, dafür aber leistungsfähigere Einheiten. Zwei Maschinen von jeder Sorte sind für die Betriebssicherheit vollkommen ausreichend, die ganze Anlage aber wird einfacher und vor allem wird auch die Zahl der erforderlichen Transportanlagen geringer.

Wie bereits an anderer Stelle erwähnt, ist das Aufstellen eines Entwurfes einer Baueinrichtung ein Probieren und man wird erst nach einigen Entwürfen eine Lösung finden, die die wichtigsten Forderungen erfüllt und wirtschaftlich günstig ist. In der Praxis tritt noch eine weitere Erschwernis hinzu, nämlich die Rücksicht auf die Wiederverwendung vorhandener Maschinen.

B. Mischanlagen

Zu den Mischanlagen sollen hier gerechnet werden:

Kleine Silos in unmittelbarer Nähe der Mischmaschinen, soweit solche außer den großen Vorratssilos vorhanden sind,

Entleerungseinrichtungen der Silos und Abmeßeinrichtungen für Zuschlagstoffe und Bindemittel,

Mischmaschinen und

Silos für den gemischten Beton, soweit solche Einrichtungen vorhanden sind.

Neben den Mischmaschinen sind die Abmeßeinrichtungen die wichtigsten Teile der Mischanlage.

Die Abmessung der Zuschlagstoffe und Bindemittel kann erfolgen

a) unter den verhältnismäßig großen Vorratssilos, wobei dann die abgemessenen Mengen mit Hilfe von Transporteinrichtungen, meist Förderbändern, den Mischern zugeführt werden. Dies ist z.B. der Fall bei kontinuierlichen Mischmaschinen, wie sie u.a. bei dem Bau der Talsperre Hohenwarte verwendet worden sind (s. Bd. II, S. 75).

b) Unmittelbar über den Mischmaschinen aus meist kleinen Silos, wie z. B. bei den Betonier- oder Mischtürmen.

Wenn man kleine Baustellen vernachlässigt, kann man bezüglich der Abmessung der Zuschlagstoffe und Bindemittel folgendes sagen:

Bindemittel werden an modernen Baustellen fast ausschließlich abgewogen. Raumabmessung kommt kaum noch in Frage, schon im Hinblick auf die beim Abwiegen mögliche Zementersparnis.

Zuschlagstoffe werden auch heute noch in vielen Ländern durch Raumabmessung zugeteilt. Die sog. Bandabmessung, die in Deutschland verschiedentlich benutzt wurde, gehört ebenfalls zur räumlichen Abmessung, selbst wenn zusätzlich durch Wiegevorrichtungen eine Kontrolle erfolgt. In den USA und in zunehmendem Maß auch in Deutschland verwendet man jedoch neben der Bandabmessung für Zuschlagstoffe das Wiegen.

Bei großen modernen Baueinrichtungen kann man daher im allgemeinen annehmen, daß nur ein Abwiegen der Bindemittel in Betracht kommt, bei der Abmessung der Zuschlagstoffe aber muß man auch heute noch Raum- und Gewichtsabmessung berücksichtigten. Beide Methoden haben Vor- und Nachteile, und es muß untersucht werden, ob und wie sich die Methode der Abmessung der Zuschlagstoffe auf die ganze Mischanlage auswirkt.

Aufgabe 18. Einfluß der Mischmaschine auf die Abmeßanlage

Es ist zu untersuchen, welchen Einfluß die Wahl der Art der Mischmaschine auf die Abmeßanlage hat und nach Möglichkeit festzustellen, in welchen Fällen Gewichtsabmessung und wann Raumabmessung der Zuschlagstoffe erforderlich ist. An Hand von ausgeführten Beispielen sind die Schlußfolgerungen zu überprüfen.

Lösung. Im Rahmen der vorliegenden Untersuchung können wir zwei verschiedene Gruppen von Mischmaschinen unterscheiden:

Absatzweise arbeitende Mischer und kontinuierlich arbeitende Mischer. Die weitere Unterteilung in Freifallmischer und Zwangsmischer (s. Bd. I, S. 240 ff.) ist hier ohne Interesse.

Es seien zuerst die kontinuierlich arbeitenden Mischer betrachtet, die in Deutschland an kleinen, aber auch an großen Baustellen eingesetzt worden sind, die aber im Ausland nur geringe Verbreitung gefunden haben. Insbesondere in den USA sind sie bei großen Bauvorhaben wohl kaum zum Einsatz gekommen.

In Deutschland haben sie vor allem Eingang gefunden, da die kurze Mischdauer verlockend ist und die sich daraus ergebende hohe Leistung den Einsatz einer geringeren Anzahl von Maschinen erfordert als bei Verwendung absatzweise arbeitender Maschinen.

Die außergewöhnlich kurze Mischzeit von etwa 7 sek oder etwas mehr ist, wie auch im I. Bd. bereits ausgeführt, nur möglich, wenn Zuschlagstoffe und Bindemittel schon vorgemischt sind. Eine kontinuierlich arbeitende Mischmaschine kann daher niemals mit den einzelnen Korngrößen, wie Sand, Splitt, Kies usw., getrennt beschickt werden. Deshalb haben alle kleineren Mischmaschinen dieser Art besondere Beschickungsvorrichtungen und den großen Mischern wird das Mischgut ebenfalls bereits vorgemischt zugeführt. Es eignet sich besonders eine Vormischung auf Bändern oder auch in Schnecken, die dadurch entsteht, daß die verschiedenen Korngrößen übereinander gelagert werden, nach Möglichkeit zuerst das grobe Korn und dann die kleineren Korngrößen, so daß immer das feinere Korn in die Zwischenräume des gröberen Korns – wenigstens teilweise – hineinfallen kann (s. Abb. 237 im I. Bd.).

Bei einer solchen Bandabmessung ergibt sich eine Vormischung ohne weiteres, sie wäre aber unmöglich, wenn man die verschiedenen Zuschlagstoffe und auch die Bindemittel in einer Waage abwiegen und in die Mischmaschine geben würde.

Man kann daher sagen, daß bei Verwendung von kontinuierlich arbeitenden Mischmaschinen nur eine räumliche Abmessung, vor allem Band- oder Schneckenabmessung möglich ist, nicht aber eine Gewichtsbestimmung mit Hilfe von Waagen. Will man also kontinuierlich arbeitende Mischmaschinen verwenden, so muß man auch eine Abmessung der Zuschlagstoffe und Bindemittel mit Hilfe von Bändern oder Schnekken vorsehen, um die unumgänglich notwendige Vormischung zu erhalten, die erst die Möglichkeit gibt, die Mischdauer auf wenige Sekunden herabzusetzen.

Neben den bereits erwähnten Vorteilen der kontinuierlich arbeitenden Mischer sind aber auch Nachteile zu erwähnen. Diese sind die etwas schwierige Neueinstellung der Dosierapparate bei einem Wechsel des Mischungsverhältnisses, dann aber auch eine Empfindlichkeit bei einem wechselnden Feuchtigkeitsgehalt der Zuschlagstoffe. Der letzte Umstand spielt aber auch beim Abwiegen der Zuschlagstoffe eine Rolle.

Wendet man sich nunmehr den absatzweise arbeitenden Mischmaschinen zu, so findet man, daß in diesem Fall alle Voraussetzungen für ein Abwiegen der Zuschlagstoffe und Bindemittel gegeben sind. Man kann hier die Waagen unmittelbar in die Mischer entleeren, da – bei einer Mischdauer von etwa 60 bis 90 sek – keine Vormischung erforderlich ist. Eine räumliche Abmessung wäre allerdings möglich und ist früher auch sehr häufig angewandt worden, und zwar in Form von Meßgefäßen. Heute hat man aber diese ungenaue Methode an Großbaustellen meistens verlassen und durch das Abwiegen ersetzt. Die Verwendung einer Bandabmessung ist aber nicht unmittelbar möglich, da der kontinuierliche Materialstrom für absatzweise Mischung nicht verwendbar ist.

Man sieht, daß absatzweise arbeitende Mischmaschinen vor allem dann eingesetzt werden können, wenn ein Abwiegen der Zuschlagstoffe vorgenommen werden soll. Dabei spielt es keine Rolle, um welchen besonderen Typ der absatzweise arbeitenden Mischmaschine es sich handelt.

Man kommt somit zu folgendem Ergebnis: Kontinuierlich arbeitende Mischmaschinen können nur dann zum Einsatz kommen, wenn nicht ein Abwiegen der Zuschlagstoffe gefordert wird. Eine Vormischung ist erforderlich. Dazu genügt die Aufgabe der Zuschlagstoffe im richtigen Mengenverhältnis auf ein Band oder auch durch Schnecken. Die Abmessung der Bindemittel kann durch Waagen erfolgen, sie müssen jedoch den Zuschlagstoffen möglichst gleichmäßig verteilt zugegeben werden.

Wird gewichtmäßige Abmessung der Zuschlagstoffe gefordert, so muß man absatzweise arbeitende Mischmaschinen wählen. Das Abwiegen der Zuschlagstoffe hat manche Vorteile, insbesondere kann das Mischungsverhältnis leichter abgeändert werden als z. B. bei einer Bandabmessung.

Es wäre allerdings denkbar, auch bei absatzweise arbeitendenMischmaschinen eine Bandabmessung zu verwenden, man kann dann aber den Materialstrom nicht unmittelbar in die Mischmaschinen einleiten, sondern in besondere Verteilersilos, in denen die Zuteilung in die einzelnen Mischmaschinen vorgenommen wird. Man erreicht dadurch aber keinen besonderen Vorteil, abgesehen davon, daß auch hier den Mischmaschinen schon vorgemischtes Material zugeführt wird, wodurch vielleicht eine Abkürzung der Mischzeit innerhalb gewisser Grenzen erreicht werden kann.

Ein weiterer Punkt, der noch zu erwähnen ist, ist der Transport des fertig gemischten Betons von der Mischmaschine zur Verwendungsstelle.

Verwendet man eine kontinuierliche Förderanlage, z.B. eine Betonpumpe, so kann bei Einsatz einer kontinuierlich arbeitenden Mischmaschine der Beton ohne weiteres der Pumpe zugeleitet werden. Verwendet man aber ein intermittierendes Transportmittel, wie Kübel usw., so muß der kontinuierliche Strom des Betons in einen Zwischensilo fließen, von dem er nach Bedarf in die Kübel abgezapft werden kann. Umgekehrt liegen die Verhältnisse bei Verwendung absatzweise arbeitender Mischmaschinen. Hier ist ein Zwischensilo notwendig, wenn Pumpen verwendet werden, während ein Silo im allgemeinen nicht vorgesehen werden muß, wenn ein Kübeltransport gewählt wird.

Man könnte daher sagen, daß Bandabmessung, kontinuierliche Mischmaschinen und Betonpumpen oder andere kontinuierlich arbeitende Fördereinrichtungen zusammenpassen, andererseits aber Abwiegen der Zuschlagstoffe, absatzweise arbeitende Mischmaschinen und Transport des Betons in Kübeln usw. eine gute Arbeitsweise darstellen. Dieser letzte Gesichtspunkt — Abtransport des fertiggemischten Betons — hat aber keine allzu große Bedeutung und wird nur selten für die Wahl der Mischanlage maßgebend sein.

Wenn man sich nun entschlossen hat, die Zuschlagstoffe abzuwiegen und absatzweise arbeitende Mischmaschinen zu wählen, so bedeutet dies noch nicht ohne weiteres den Einsatz eines Mischturms. Man kann Waagen und Mischmaschinen beliebig anordnen, je nach den besonderen Verhältnissen. Man hat jedoch festgestellt, daß der Einbau der Waagen und Mischer in einen Turm vielfach nicht zu unterschätzende Vorteile mit sich bringt. Verwendet man einen Turm, so ist eine Wiederverwendung der Anlage möglich, viel besser als bei einer behelfsmäßig zusammengebauten Anlage. Darüber hinaus aber ist bei einem Turm eine ausgezeichnete Raumausnutzung für Silos, Maschinenanlagen usw. möglich. Auf Grund der Erfahrungen mit zahlreichen Betonierungstürmen war es möglich, die Anlagen immer weiter zu verbessern und insbesondere die Automatik für alle Arbeitsbewegungen so zu entwickeln, daß die Gewähr für eine richtige Abmessung der Zuschlagstoffe und Bindemittel, sowie für schnellstes und vollkommen betriebssicheres Arbeiten gegeben ist.

Der Betonierturm vereinigt somit viele Vorzüge und hat daher bei vielen großen Bauvorhaben Eingang gefunden.

Das oben Gesagte gilt für alle Arbeitsgebiete des Betonbaues in gleichem Maß, schließt also auch den Betonstraßenbau mit ein, obwohl bei diesem gewisse Unterschiede bestehen gegenüber anderen Betonarbeiten, da die Betonmengen über große Entfernungen verteilt werden müssen und die Massen nicht auf einem eng begrenzten Raum konzentriert sind.

Wieweit werden nun die hier gezogenen Schlußfolgerungen durch die Praxis bestätigt?

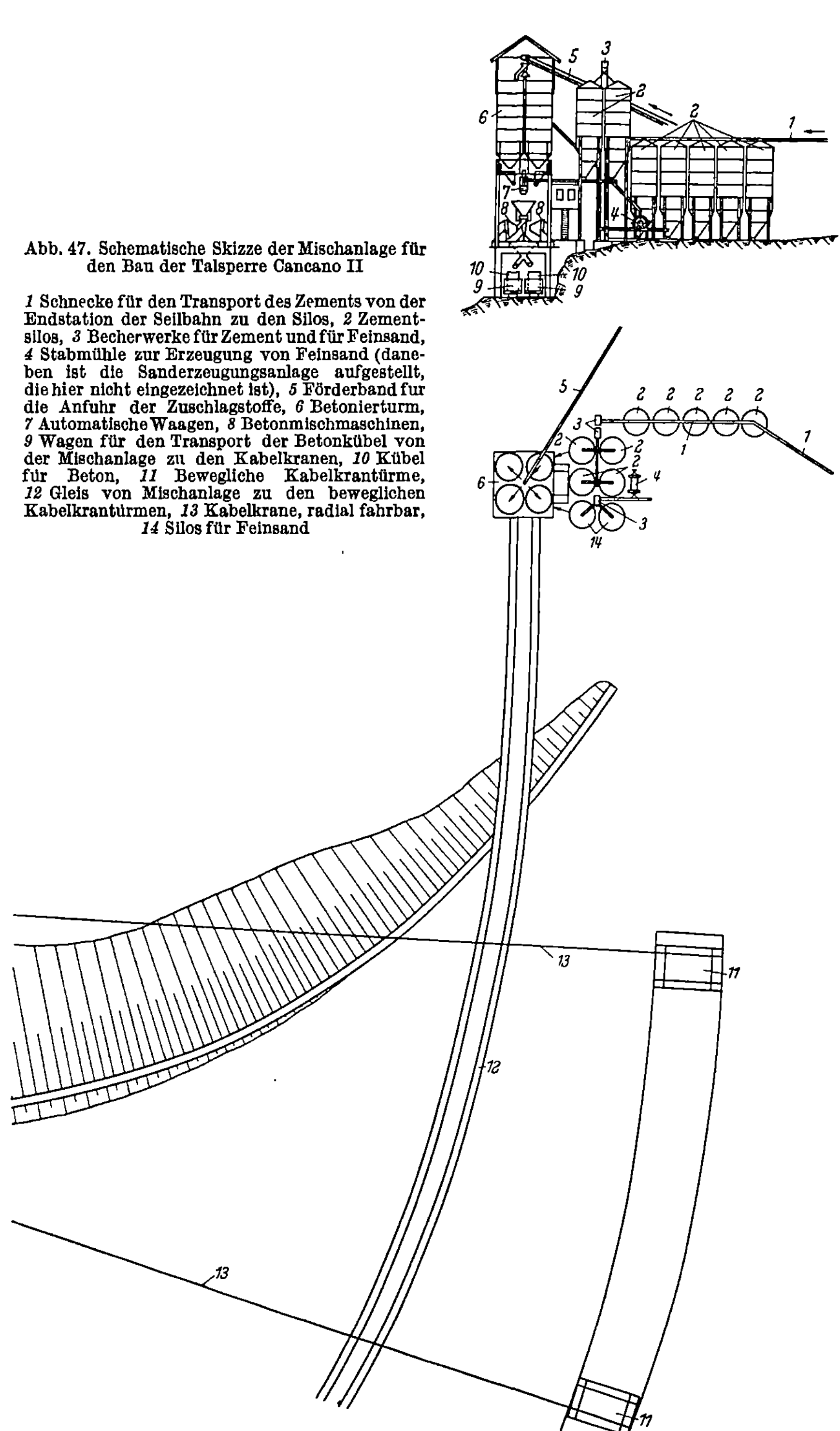

Abb. 47. Schematische Skizze der Mischanlage für
den Bau der Talsperre Cancano II

1 Schnecke für den Transport des Zements von der
Endstation der Seilbahn zu den Silos, 2 Zementsilos, 3 Becherwerke für Zement und für Feinsand,
4 Stabmühle zur Erzeugung von Feinsand (daneben ist die Sanderzeugungsanlage aufgestellt,
die hier nicht eingezeichnet ist), 5 Förderband für
die Anfuhr der Zuschlagstoffe, 6 Betonierturm,
7 Automatische Waagen, 8 Betonmischmaschinen,
9 Wagen für den Transport der Betonkübel von
der Mischanlage zu den Kabelkranen, 10 Kübel
für Beton, 11 Bewegliche Kabelkrantürme,
12 Gleis von Mischanlage zu den beweglichen
Kabelkrantürmen, 13 Kabelkrane, radial fahrbar,
14 Silos für Feinsand

Bei den kontinuierlich arbeitenden Mischmaschinen müssen wir uns auf deutsche Beispiele beschränken, aber selbst davon gibt es nur wenige. Eines der besten Beispiele ist die Einrichtung für den Bau der Talsperre Hohenwarte, die bereits im I. Bd. eingehend behandelt und in verschiedenen Abbildungen gezeigt wurde (s. Bd. I, S. 228, 238 und Abb. 224, 235, 236 und 237, ferner Bd. II. S. 57 ff. und Abb. 20 und 21). Hier hat man Bandabmessung und kontinuierliche Mischmaschinen verwendet. Unter den Mischmaschinen waren Zwischensilos angeordnet, von denen die Kübel der Kabelkrane gefüllt wurden.

Abb. 48. Blick auf Zementsilos und Mischanlage beim Bau der Talsperre Cancano II (Impresa Ing. Lodigiani S. A., Mailand)

Für Mischanlagen mit absatzweise arbeitenden Mischmaschinen sind schon mehrere Beispiele gebracht worden, und zwar u. a. ohne Einsatz von Betonierungstürmen: die Anlagen für den Bau der Talsperren Bort (s. Bd. II, S. 257) und Forte Buso (s. Bd. II, S. 265) und mit Einsatz von Betonierungstürmen: die Anlagen für den Bau der Talsperren Grande Dixence (s. Bd. II, S. 252), Ancipa (s. Bd. II, S. 263) und des Flugplatzes Laarbruch (s. Bd. II, S. 299). Ein weiteres Beispiel sei im folgenden gezeigt: Beim Bau der Talsperre Cancano II in Italien ist eine Mischanlage mit Verwendung von einem Betonierturm zum Einsatz gekommen. Die Betonmenge beim ersten Ausbau war 420000 m³. In Abb. 47 ist das Schema der Mischanlage mit dem Betonierturm gezeigt und in Abb. 48 ein Blick auf die Mischanlage[1]. Der Beton wurde in Kübeln zu den Kabelkranen verfahren.

---

[1] Der Fa. Ing. Lodigiani S. p. A., Mailand, sei auch an dieser Stelle für die Überlassung der Unterlagen gedankt.

Man sieht besonders aus dem Lichtbild, wie es möglich ist, auch bei außergewöhnlich ungünstigen Geländeverhältnissen die Mischanlage so aufzubauen, daß der Transport des gemischten Betons möglichst kurz wird.

Es sei hier nebenbei bemerkt, daß bei dieser Talsperre die Mischanlage auf der Seite der fahrbaren Stützen der Kabelkrane errichtet war, der Beton also etwas weiter verfahren werden mußte als dies sonst der Fall ist, wenn die festen Stützen auf dem gleichen Ufer wie die Mischanlage angeordnet sind (s. Abb. 47).

Die Praxis bestätigt, daß an großen Baustellen meistens das Abwiegen der Zuschlagstoffe und der Bindemittel üblich ist, wobei absatzweise arbeitende Mischmaschinen Verwendung finden. Wenn ausnahmsweise kontinuierlich arbeitende Mischmaschinen eingesetzt werden, so findet sich dann auch eine Abmessung der Zuschlagstoffe mit Hilfe von Bändern.

Bei kleineren Baustellen kann man keine Betoniertürme einsetzen, aber auch hier wird sich das Abwiegen der Zuschlagstoffe mehr und mehr einbürgern, doch wird man in solchen Fällen und besonders an kleinen Baustellen die einfache räumliche Abmessung nicht vollständig verlassen können.

C. Betonierungseinrichtungen

Gerade bei den Betonierungseinrichtungen, d.h. Mischanlagen und Betontransportanlagen, besteht mehr noch als sonst bei Baueinrichtungen die Möglichkeit, verschiedenartige Vorschläge zu machen. Abgesehen davon, daß hier die örtlichen Verhältnisse und die Menge der täglich und insgesamt herzustellenden Betonmengen eine große Rolle spielen, sind auch bei fast gleichen oder ähnlichen Bedingungen meist mehrere Vorschläge möglich, und es ist sehr schwer zu entscheiden, welche Lösung in technischer und wirtschaftlicher Beziehung die günstigste ist.

In vielen Fällen wird für die Wahl der Betonierungsart maßgebend sein, welche Methode bei dem betreffenden Unternehmer schon gebraucht worden ist und mit der er schon Erfahrungen sammeln konnte, dann aber wird, wie bereits mehrfach erwähnt, das Bestreben, vorhandene Geräte nach Möglichkeit wieder zu verwenden, die Entscheidung stark beeinflussen.

In den folgenden Beispielen sind Vorschläge für Betonierungseinrichtungen gemacht, die vielleicht vorteilhaft sein mögen. Es ist damit aber nicht gesagt, daß nicht andere Lösungen auch möglich wären. Auch bei den Beispielen, die sich an Ausführungen anlehnen, sind sicherlich andere Lösungen möglich. Gerade in dieser Vielzahl der Möglichkeiten, die für eine Baueinrichtung gegeben sind, liegt ein Anreiz für den entwerfenden Ingenieur, nicht immer vorhandene Einrichtungen unverändert für neue Ausführungen zu übernehmen, sondern neue Wege zu finden und Verbesserungen einzuführen.

Aufgabe 19.
Entwurf der Betonierungseinrichtung für ein Bürohochhaus

Für den Bau eines Bürogebäudes von 34 m Höhe, 120 m Länge und 12 m Breite, das durch zwei Fugen in drei ungefähr gleich große Teile zerlegt wird, ist die geeignete Einrichtung für den Transport und das Heben der Baustoffe, Hilfsbaustoffe usw. festzulegen. Es handelt sich um einen Stahlbetonbau mit Stahlbetonrippendecken, bei denen als Füllkörper Steine verwendet werden. Auch die tragenden Wände, die vom ersten bis zehnten Obergeschoß als Schwerbetonwände hochgeführt sind, erhalten isolierende Platten.

Der Platz für die Baueinrichtung steht in ausreichender Weise zur Verfügung, so daß auf diesen Umstand bei der Einrichtung keine Rücksicht zu nehmen ist.

Die Bauzeit soll nicht mehr als ein halbes Jahr betragen.

Abb. 49 zeigt den Querschnitt durch das Gebäude, Abb. 50 den Grundriß und Abb. 51 die Baueinrichtung. Bemerkenswert ist, daß jeder Längsfront ein Treppenhaus vorgelagert ist, das etwa 7 m vorspringt.

Die Einrichtungen für die Gründung usw. sind hier nicht zu behandeln.

Lösung. Wenn man ein Transportproblem zu lösen hat, so muß man sich vor allem klar darüber sein, was zu befördern ist. Im vorliegenden Fall ist es in der Hauptsache Beton, dann aber auch Schalung, Rundstahl und Baustahlgewebe. Dazu kom-

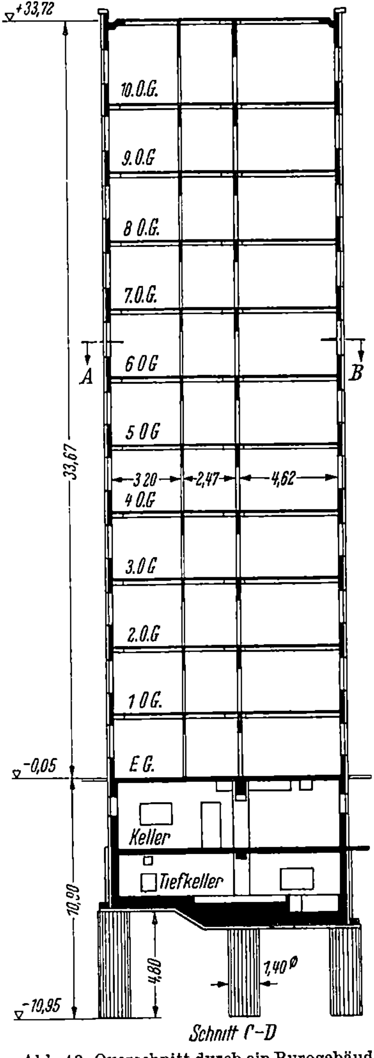

Abb. 49. Querschnitt durch ein Bürogebäude (Technische Blätter der Wayss & Freytag A.G. 1956)

men weiter, wie in der Aufgabe ausdrücklich erwähnt, Steine für Wände und Decken. Es sind somit zum Teil Massengüter, nämlich Beton zu fördern, dann aber auch nicht unbeträchtliche Mengen von Einzelgütern, darunter auch sperrige Güter wie Rundstahl und Baustahlgewebe.

Nur ein Kran, z. B. ein Turmdrehkran, könnte alle Arten von Lasten, die hier in Betracht kommen, transportieren. Alle anderen Einrichtungen können nicht für den Transport von Beton und von Einzelgütern benutzt werden. Man muß also zuerst untersuchen, welche Einrichtungen im vorliegenden Fall überhaupt verwendet werden können und weiter muß man auf Grund der erforderlichen Leistungen entscheiden, welche Maschinen und wieviel davon zweckmäßigerweise eingesetzt werden. Dabei spielt in der Praxis selbstverständlich eine nicht unwichtige Rolle, welche Geräte verfügbar sind, so daß Neuanschaffungen vermieden werden können.

Im vorliegenden Beispiel können verwendet werden, wie bereits erwähnt, Krane, und zwar Turmdrehkrane verschiedener Art, sofern die Höhe ausreichend ist, dann Aufzüge, wie Schnellbauaufzüge, Kippkübelaufzüge und Plattformaufzüge (Fahrstuhlanlagen), dazu kommen noch Betonpumpen, die aber nur für den einen Verwendungszweck, den Transport von Beton, verwendbar sind.

Förderbänder oder Becherwerke kommen hier nicht in Frage oder nur für irgendwelche Zwischentransporte bis zur Mischanlage usw.

Krane haben den bereits erwähnten Vorteil, daß sie alle Materialien hochfördern können, im vorliegenden Fall Beton sowohl wie auch Stahl und Schalungsmaterial. Für den Betontransport muß man Kübel einsetzen, und zwar am besten Kübel, wie sie

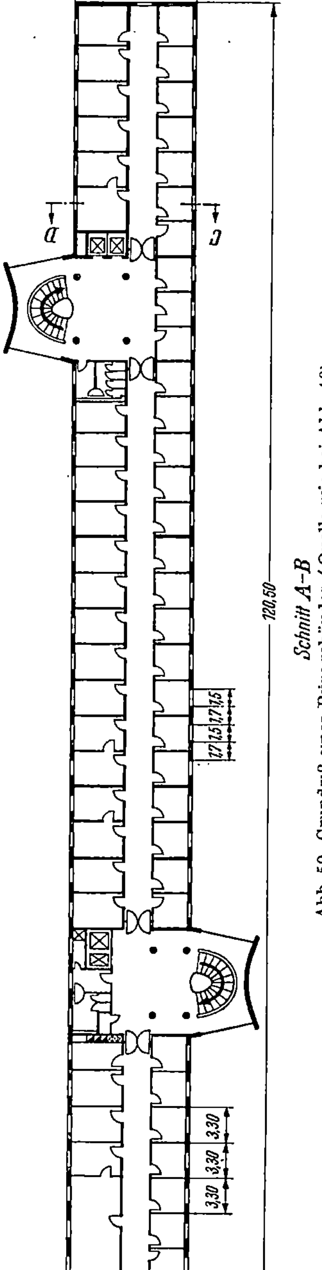

Abb. 50. Grundriß eines Bürogebäudes (Quelle wie bei Abb. 49)

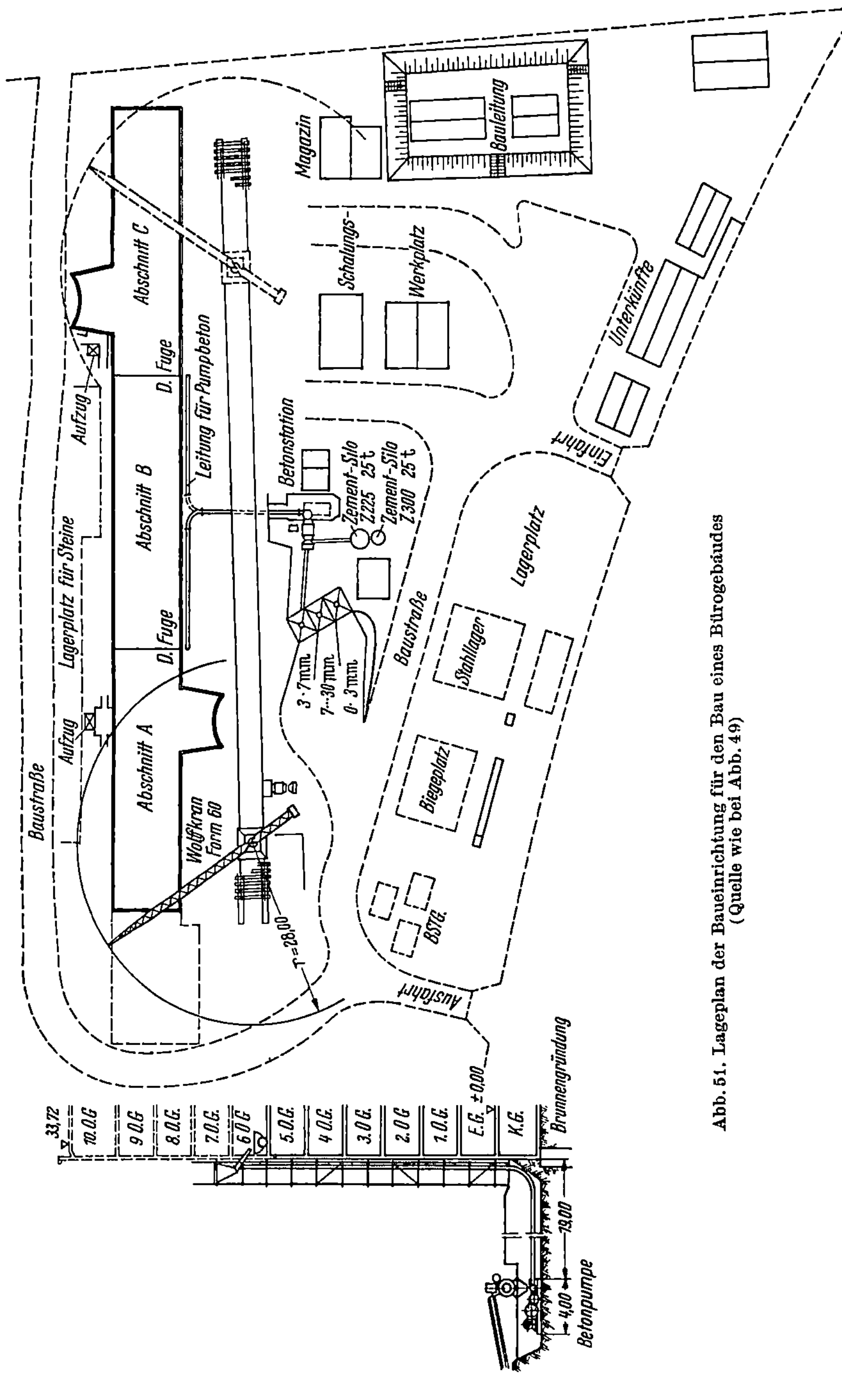

Abb. 51. Lageplan der Baueinrichtung für den Bau eines Bürogebäudes (Quelle wie bei Abb. 49)

auch bei anderen Kranen Verwendung finden, nämlich mit Rollverschlüssen oder mit Doppelsektorenverschlüssen (s. Bd. I, S. 254). Wie aus Abb. 51 ersichtlich, wäre es möglich, mit Hilfe von Turmdrehkranen den Beton ebenso wie alle übrigen Materialien zu jedem Punkt des Gebäudes zu bringen, wenn die Ausladung mindestens 28,00 m beträgt. Es wäre aber nicht möglich, mit *einem* Kran alle Materialien zu fördern, da dafür die Leistung nicht ausreichend wäre. Da hier im wesentlichen drei Materialien, Beton, Stahl und Steine zu fördern sind, wären wahrscheinlich drei Krane erforderlich. Würde man für den Betontransport einen Turmdrehkran einsetzen, so müßte man den Beton auf Geländehöhe bis zum Fußpunkt des Krans verfahren, könnte dafür aber das Verfahren des Betons in den einzelnen Stockwerken vermeiden.

Es sind in vielen Fällen ausschließlich Turmdrehkrane für die verschiedenartigen Transporte verwendet worden. Im vorliegenden Fall erscheint dies jedoch nicht günstig zu sein, da infolge der Vorbauten der Treppenhäuser, die auf beiden Seiten des Hauptgebäudes liegen, die Krane in einem größeren Abstand von den Abladestellen laufen müßten. Es ist dadurch eine große Ausladung notwendig und bei gleicher Größe des Kranes die Tragkraft verringert. Die Leistungsfähigkeit des Kranes ist daher stark beschränkt. Dazu kommt noch weiter, daß das Lager für die Steine nicht zusammen mit der übrigen Baueinrichtung angelegt werden konnte, sondern, wie aus Abb. 51 ersichtlich, auf die andere Gebäudeseite verlegt werden mußte. Würde man die drei Krane auf einer Seite anordnen, etwa an der Stelle, wo in der Abbildung das Gleis für den Turmdrehkran liegt, so könnte keiner der Krane das Steinlager bestreichen. Würde man einen Kran für den Transport der Steine auf der anderen Gebäudeseite laufen lassen, so müßten demselben die Steine auf Geländehöhe zugefahren werden, und zwar auf eine Entfernung bis zu etwa zwei Drittel der Länge des Gebäudes. Außerdem wäre dieser Kran nur zum Heben der Steine zu gebrauchen, kaum aber für irgendwelche anderen Zwecke. An und für sich aber wäre eine Lösung denkbar, bei der man drei Turmdrehkrane einsetzt, zwei auf der einen Seite und einen auf der anderen Seite des Gebäudes. Man darf aber nicht verkennen, daß diese Lösung recht teuer wäre, da ein Turmdrehkran von der hier benötigten Ausladung von 28 m bei einer Tragkraft von nur 1700 kg ohne weiteres Zubehör einen Wert von 85000 DM hat, somit die drei Krane allein rd. eine viertel Million kosten würden.

Es ist sicherlich billiger, für den Transport der Steine an Stelle eines Turmdrehkranes einen oder zwei Aufzüge vorzusehen. Die Leistungsfähigkeit der Aufzüge ist unter den gegebenen Verhältnissen recht hoch und sie eignen sich auch für das Heben der Steine. Wenn man, wie in Abb. 51 eingetragen, zwei Aufzüge aufstellt, ist der Transport am Boden kurz, man hat allerdings in der jeweiligen Geschoßhöhe auch noch einen

gewissen horizontalen Transport nötig, während der Turmdrehkran die
Steine näher an die Verwendungsstelle heranbringen kann. Man wird
also aus wirtschaftlichen, aber auch aus technischen Gründen einen der
zuvor erwähnten Turmdrehkrane durch zwei Aufzüge ersetzen.

Daß für den Transport der Schalung, des Stahles und vieler anderer
benötigter Materialien der Turmdrehkran fast unersetzlich ist, steht fest.
Wenn aber ein Kran für den Transport von Stahl usw. *und* von Beton
nicht ausreichend ist oder andere Gründe, wie wir noch sehen werden,
dafür sprechen, zwei Hebeeinrichtungen vorzusehen, dann taucht die
Frage auf, ob der Turmdrehkran die beste Maschine für das Heben des
Betons ist. Ein Turmdrehkran ist intermittierend, d.h. er hebt immer
nur eine gewisse Menge von Beton und dann entsteht eine Pause in der
Anfuhr infolge der übrigen Bewegungen des Krans. Damit sind, wie auch
sonst in vielen Fällen, gewisse Nachteile verbunden, die bei einem kontinuierlichen Betrieb fortfallen. Man kann daher hier sehr wohl überlegen, ob ein Turmdrehkran nicht besser durch eine Betonpumpe ersetzt
wird. Die Betonpumpe kann von der Mischmaschine direkt beschickt
werden und die Rohrleitungen können sowohl waagrecht als auch vertikal angeordnet werden. Beachtet man die Unterteilung des Gebäudes
in drei durch Fugen unterteilte Abschnitte, so findet man, daß es vorteilhaft ist, zwei senkrechte Pumpleitungen anzuordnen, und zwar je eine in
jeder Fuge. Es ist leicht möglich, durch eine einfache Umschaltung den
Beton in der einen oder anderen Leitung hochzuführen. In Höhe des zu
betonierenden Stockwerkes kann der Beton entweder in einer weiteren
horizontalen Rohrleitung bis zur Verwendungsstelle gebracht oder in
Japanern verfahren werden. Mit Rücksicht auf die geringen Mengen, die
je m² Grundfläche notwendig sind, wäre bei Verwendung einer Rohrleitung ein häufiges Verlegen der Leitungen unvermeidlich. Aus diesem
Grund benutzt man in solchen Fällen lieber die beweglichen kleinen
Transportwagen, mit denen der Beton zu jeder beliebigen Stelle verfahren werden kann.

Moderne Betonpumpen sind ohne Schwierigkeiten für den hier vorliegenden Zweck ausreichend. Sie können den horizontalen Weg von
etwa 20 m und den Höhenunterschied von etwas mehr als 30 m ohne
weiteres überwinden. Die Leistungsfähigkeit einer Pumpe reicht vollkommen aus, sie beträgt unter diesen Verhältnissen etwa 10 bis 15 m³ je
Stunde. Eine Betonpumpe ist in der Anschaffung erheblich billiger als
ein Turmdrehkran. Der Preis der Pumpe liegt bei etwa 26000 DM und
die erforderlichen 140 m Rohrleitung haben einen Preis von 14000 bis
15000 DM.

So kann man annehmen, daß es in vieler Beziehung günstig wäre,
einen Turmdrehkran anzuordnen für den Transport von Schalung, Stahl,
Baustahlgewebe usw., Aufzüge für das Heranbringen der Steine und

10*

eine Betonpumpe für den Betontransport. Durch die Verwendung von drei verschiedenen Transportmitteln erreicht man aber noch einen weiteren sehr wichtigen Vorteil. Das Gebäude zerfällt, wie bereits erwähnt, in drei Abschnitte. Jeder Gebäudeteil ist eine in sich geschlossene Einheit. Mit Rücksicht auf die kurze Bauzeit muß man alle drei Teile in Angriff nehmen, aber man wird die Arbeit so einteilen, daß man jeweils in einem Teil Schalung aufstellt, im zweiten Teil die Bewehrung verlegt und im dritten Teil den Beton einbringt.

Dadurch erreicht man den weiteren Vorteil, daß man Taktarbeit einführen kann.

Man kommt also im vorliegenden Fall zu dem Ergebnis, daß ein Einsatz von drei verschiedenen Typen von Transportgeräten zweckmäßig ist. Einmal erreicht man damit, daß für jedes Material, das transportiert werden muß, das geeignete Gerät verwendet wird, dann aber ermöglichen die drei verschiedenen Geräte, Turmdrehkran, Betonpumpe und Aufzug, von dem hier zwei Einheiten aufgestellt wurden, das Arbeiten an allen drei Gebäudeteilen, ohne daß z. B. der Turmdrehkran häufig von einem Abschnitt zum anderen fahren muß.

Vom wirtschaftlichen Gesichtspunkt aus ist die Lösung ebenfalls günstig, denn an Stelle von drei Turmdrehkranen genügt ein Kran und an die Stelle der anderen Krane treten Geräte, die in den Anschaffungskosten erheblich billiger sind. Betonpumpen haben sich im Hochbau in den letzten Jahren in zunehmendem Maß ein Betätigungsfeld erobert, da sich gezeigt hat, daß es ohne Schwierigkeit möglich ist, den Beton auch bei großen Höhenunterschieden vertikal zu fördern. Durch die Anordnung von zwei Betonsteigleitungen wurde die Transportweite für das Verfahren des Betons in den Japanern verkürzt.

Die hier behandelte Aufgabe ist in Anlehnung an eine Bauausführung der Wayss & Freytag AG[1] gestellt worden. Es war möglich, das ganze Gebäude in der Zeit von Ende Mai bis Anfang Dezember fertigzustellen. Nach dem Erreichen des ersten Obergeschosses betrug die Leistung im Durchschnitt monatlich drei Geschosse. Es darf hier noch erwähnt werden, daß neben der zweckmäßigen Baueinrichtung auch die Verwendung einer Tafelschalung zur schnellen Fertigstellung beigetragen hat.

Aufgabe 20.
Entwurf der Betonierungseinrichtung für einen Stahlbetonbau

Für einen Stahlbetonbau sind rd. 10000 m³ Beton herzustellen. Der Beton ist von der Mischanlage aus bis höchstens 150 m weit zu fördern. Es steht naß gebaggertes Kiesmaterial als Zuschlagstoff in unmittelbarer Nähe der Mischanlage zur Verfügung.

---

[1] Es sei auch an dieser Stelle der Wayss & Freytag AG für die Hergabe der Unterlagen gedankt.

Lösung

Diese Aufgabe ist grundsätzlich von gleicher Art wie Aufgabe 19. Es könnte daher im wesentlichen eine gleiche Einrichtung verwendet werden. Es soll hier jedoch eine andere Lösung gewählt werden, einmal um zu zeigen, wie verschiedenartige Lösungen auch in ähnlich gelagerten Fällen verwandt werden können, dann aber auch, um die Anwendung neuer Geräte, die erst in den letzten Jahren entwickelt wurden, zu besprechen.

Unter Berücksichtigung der verhältnismäßig geringen Massen, die im ganzen an der Baustelle zu leisten sind, und der geringen täglichen Leistungen sollen, um soweit irgend möglich, Lohnkosten zu sparen, kleine Maschinen eingesetzt werden, die keinen großen Aufbau erfordern, sondern in kürzester Zeit betriebsbereit sind. Es wird vorgeschlagen, folgende Maschinen einzusetzen:

Für die Zuschlagstoffe ein Handschrapper zum Transport vom offenen Lager zur Mischmaschine und eine Schrappersilowaage zum Abwiegen.

Für den Zement eine Schnecke zum Transport vom Silo zur Mischmaschine unter der Annahme, daß der Silo nicht unmittelbar neben der Mischmaschine stehen kann, und eine automatische Zementwaage zum Abwiegen.

Für den Beton eine pneumatische Förderanlage von der Mischmaschine bis zur Verwendungsstelle.

Im einzelnen ist dazu folgendes zu sagen:

a) Handschrapper und Schrappersilowaage

Abb. 52. Handschrapper des Elba-Werks Maschinen-Verkaufs-Gesellschaft m. b. H. & Co., Ettlingen/Baden (Elba Archiv)

Die im I. Bd., S. 70, erwähnten Handschrapper können in einem solchen Fall mit Vorteil verwendet werden, da es sich um ganz einfache

Anlagen handelt, deren Anschaffungskosten bzw. Abschreibungssätze auch an kleinen Baustellen durchaus wirtschaftlich gerechtfertigt sind

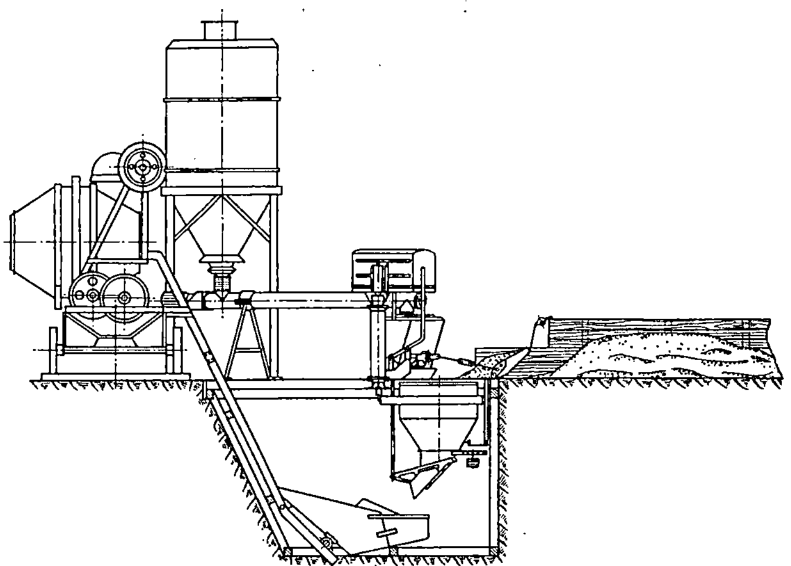

Abb. 53. Dosiereinrichtung mit Ettlinger Schrapperwiegesilo ESW 750, Ettlinger Handschrapper HSM 3 Dalli und Ettlinger Zementschneckenwaage EZW (Elba Archiv)

Abb. 54. Ettlinger Schrapperwiegesilo ESW 750 durch einen Ettlinger Handschrapper HSM Dalli beschickt

mit Rücksicht auf die Lohnersparnisse, die mit ihnen erzielt werden. Abb. 52 zeigt einen solchen Handschrapper (Elba-Werk, Handschrapper Dalli), der auf Abb. 53 zusammen mit Schrappersilowaage und Zementschneckenwaage zu sehen ist. Erwähnt sei hier noch, daß solche Hand-

Abb. 55. Ettlinger Zementschneckenwaage, Handschrapper und Schrapperwiegesilo

schrapper auch zusammen mit Förderbändern zum Einsatz kommen können, ebenso wie sie auch für viele andere Zwecke, wie Entleerung von Zement- und Kieswaggons verwendet werden können.

Das Abwiegen der Zuschlagstoffe, das, wie schon an anderer Stelle erwähnt, günstiger ist als eine Raumabmessung, kann in einer Schrappersilowaage erfolgen. Die schematische Anordnung des Silos zu ebener Erde ist aus Abb. 54 zu ersehen. Die Zuschlagstoffe fallen aus dem Schrapper in den kleinen Silo, werden dort gewogen und gelangen in das Fördergefäß des Betonmischers. Die Bedienung ist sehr einfach, und es ist nur ein Maschinist erforderlich für Schrapper, Schrappersilowaage und Zementschneckenwaage, wie aus Abb. 55 ersichtlich ist.

b) Schnecke und Schneckenwaage

Bei der Entnahme von Zement aus Silos mit Hilfe von Schnecken wird jede Staubentwicklung und damit auch ein Verlust von Zement vermieden. Je nach der Entfernung zwischen Hochsilo und Misch-

Abb. 56. Ettlinger Zementschnecke und Zementschneckenwaage

maschine können mehrere Schnecken hintereinander aufgestellt werden. An der letzten Schnecke ist die automatische Waage angeordnet. Die Schnecke fördert den Zement bis das am Wiegebalken eingestellte

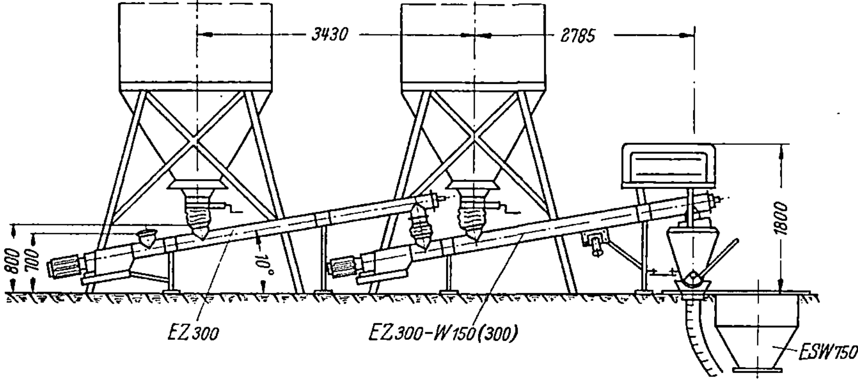

Abb. 57. Ettlinger Zementschnecke und Zementschneckenwaage

Zementgewicht im Wiegegefäß erreicht ist und wird dann automatisch abgeschaltet. Der bereits erwähnte Bedienungsmann für Schrapper und Silowaage entleert das mit einem Segmentverschluß ausgerüstete Wiegegefäß und setzt durch Drücken eines Druckknopfes den Motor der Schnecke wieder in Gang. Abb. 56 zeigt die schematische Anordnung der Schnecken und der Waage, während aus Abb. 57 und auch aus Abb. 55 die allgemeine Anordnung ersichtlich ist.

In dieser Weise erfolgt die Beschickung der Mischmaschine mit Zuschlagstoffen und Zement in einfachster Weise, dabei ist, wie bereits erwähnt, die Einrichtung so wenig umfangreich, daß sie auch bei kleinen Baustellen in vorteilhafter Weise angewandt werden kann.

c) Pneumatische Förderanlage

Der Beton gelangt von der Mischmaschine aus unmittelbar in den Druckkessel der pneumatischen Förderanlage. Die Anlage besteht aus dem Druck- oder Förderkessel, den Rohrleitungen, dem Auffangkessel

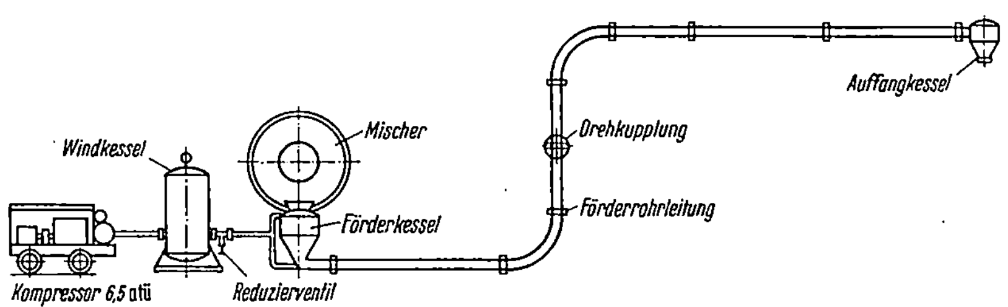

Abb. 58. Schematische Skizze einer Emde-Druckluft-Betonförderanlage (Baumaschinen-Gesellschaft Emde & Co. m. b. H., Düsseldorf-Oberkassel)

oder Strahlfänger sowie dem Kompressor, Windkessel und Reduzierventil. In Abb. 58 ist die schematische Anordnung der Förderanlage gezeigt.

Der Druckkessel hat ein Fassungsvermögen von 250 bis 600 l. Wie aus Abb. 59 und 60 hervorgeht, befindet sich oben die Einfüllöffnung, die durch einen nach oben gehenden konischen Deckel mit einem Hebelgriff verschlossen wird. Die Druckluft wird durch eine Rohrleitung zugeführt, die zu zwei Anschlußstutzen am Druckkessel führt. Ein Stutzen sitzt am oberen

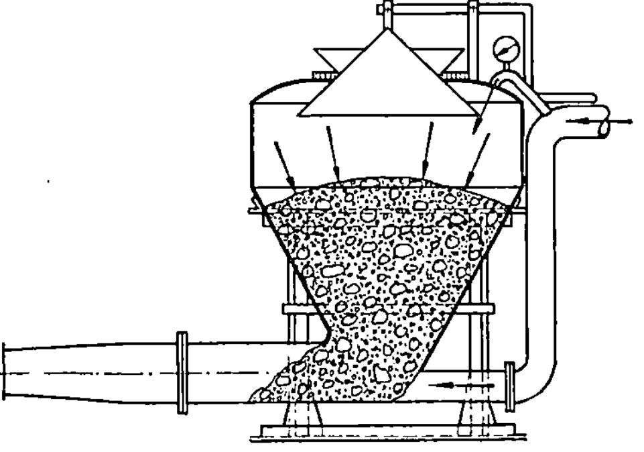

Abb. 59. Schnitt durch den Druckkessel eines pneumatischen Betonforderers (Baumaschinen - Gesellschaft Emde & Co. m. b. H.)

Teil, einer unten in Verlängerung der Förderleitung. Durch die oben eintretende Druckluft wird der frisch eingefüllte Beton nach unten gedrückt, während die unten eintretende Luft die Vorwärtsbewegung des Betons bewirkt.

Die Drucklufterzeugung erfolgt in einem Kompressor für 6 bis 8 at. Der Luftbedarf richtet sich nach der zu fördernden Betonmenge und der Transportlänge. In Tab. 43 sind Annäherungswerte für den Luftbedarf, den Inhalt des Windkessels und die Anzahl der theoretischen Zahl der Mischungen gemacht.

Die Rohrleitung besteht aus nahtlos gezogenen Rohren von 150 oder 180 mm Innendurchmesser. Die Rohre sind mit Schnellkupplungen ausgestattet. Um das Umlegen der Rohrleitungen weitgehend einzuschränken, hat man die Schwenkmöglichkeit der Rohrleitung durch Einschaltung von Drehkupplungen vorgesehen. Abb. 61 zeigt diese Anordnung. Am Ende der Rohrleitung wird ein trichterförmiger Auffangkessel angeschlossen, der mit einer Entlüftung zum Entweichen der Druckluft versehen ist, wie aus Abb. 62 hervorgeht.

Abb. 60. Druckluftkessel eines pneumatischen Betonforderers (Emde & Co. m.b.H.)

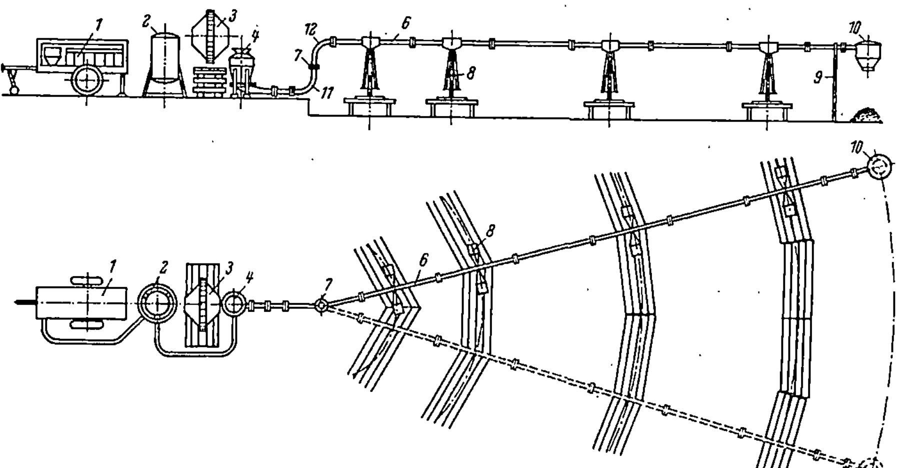

Abb. 61. Schwenkmöglichkeit waagrechter Rohrleitungen durch Einbau von S-Drehkupplungen
(Emde & Co., Dusseldorf-Oberkassel)
1 Kompressor, 2 Windkessel, 3 Betonmischer, 4 Betonförderer, 5 Krummer, 6 Gerade Rohre,
7 Drehkupplung, 8 Verteilerwagen, 9 Rohrstütze, 10 Auffangkessel, 11 Krummer mit Federbund,
12 Krummer mit Nutenbund

Tabelle 43. *Annäherungswerte zum pneumatischen Betonförderer System Emde Type EEF 500 bei Förderung von Weichbeton mit einem Zementgehalt von 250–300 kg pro cbm Beton bei Verwendung von Rohren 150 mm Innendurchmesser*

Transportlänge horizontal m	50					70					80					100					150				
Transporthöhe vertikal aufwärts m	0	10	20	30	40	0	10	20	30	40	0	10	20	30	40	0	10	20	30	40	0	10	20	30	40
Förderrohrbetriebsdruck atü	2	3,5	4,5	5	6	2,5	4	4,5	5	6	3	4,5	4,5	5	6	3	4,5	4,5	5	6	4	4,5	4,5	5,5	6
Kompr. Lstg. bei 6 atü Liefermenge cbm/min	2,5	3	4	5	6	2,5	3	4	5	6,5	2,5	3	4,5	5,5	6,5	3	4	5	6	8	3,5	4,5	6	6,5	9
Inhalt Windk. cbm	1,5	1,5	1,5	2	2	1,5	1,5	1,5	2	2,5	1,5	1,5	2	2	3	1,5	2	2	3	3,5	1,5	2,5	3	3	4
Transportzeit sek	45	60	72	90	120	48	66	75	96	150	54	72	78	102	165	60	78	90	120	192	75	102	114	150	240
mogl. Mischungen pro Std.	42	36	32	27	22	40	33	13	28	18	38	32	30	25	17	36	30	27	22	15	31	25	23	18	12

Transportlänge horizontal m	175					200					250					300				
Transporthöhe vertikal aufwärts m	0	10	20	30	40	0	10	20	30	40	0	10	20	30	40	0	10	20	30	40
Förderrohrbetriebsdruck atu	4	5	5	5,5	6	4	5	5	,55	6	4	5	5	5,5	6	5	5	5	5,5	6
Kompr. Lstg. bei 6 atü Liefermenge cbm/min	4	5	6,5	8	10	5	6	8	9	10	6	8	9	10	12	6,5	9	10	10	12
Inhalt Windk. cbm	1,5	2,5	3	4	4	2	3	3,5	4	5	2,5	3	4	5	6	3	3	5	5	6
Transportzeit sek	90	120	132	165	270	120	150	162	180	300	150	180	198	240	330	180	240	258	270	360
mogl. Mischungen pro Std.	27	22	20	21	11	22	18	17	15	10	18	15	14	12	9	15	12	11	10	9

Diese möglichen Mischperioden pro Stunde sind unter der Annahme errechnet, daß fur Entleeren des Mischers, Füllen des Forderkessels usw. bis zum Beginn des Betontransportes 40 sek benotigt werden. Bei Verkurzen dieser Zeit konnen die Betonforderleistungen erhoht werden.

Bemerkungen:

1. *Die stark eingerahmten Werte* sind rein theoretische Werte, die nur in gewissen Sonderfallen rentabel sind.

2. *Für Rohre mit 180 mm Innendurchmesser* werden bis zu 80 m horizontal oder 8 m vertikal die gleichen Windkesselgroßen verwendet. Bei größeren Längen oder Hohen ist der Windkessel um 50% größer zu wahlen.

Die gleichen Kompressorleistungen konnen bis zu 120 m horizontal oder 12 m vertikal angesetzt werden. Bei größeren Hohen oder Langen ist auch der Kompressor

Die Anlage hat sich als leistungsfähig und betriebssicher bewährt. Ein Vorzug ist die einfache Apparatur mit geringem Verschleiß. Im übrigen gelten für die Zusammensetzung eines gut zu fördernden Betons ähnliche Richtlinien wie bei Verwendung von Betonpumpen. Auch das Reinigen der Rohrleitungen und die Behebung von Störungen im Betontransport erfolgt in ähnlicher Weise wie bei den Betonpumpen.

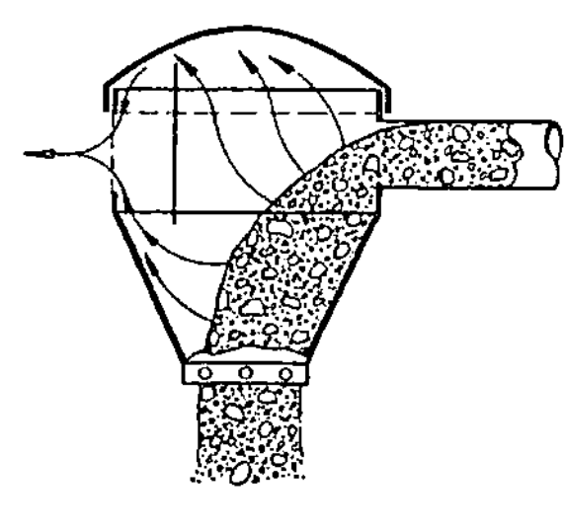

Abb. 62. Schnitt durch den Auffangkessel (Emde & Co., Dusseldorf-Oberkassel)

Man sieht aus diesem Beispiel, daß auch bei Arbeiten geringen Umfangs der Einsatz von Maschinen und eine Mechanisierung des Betriebes heute möglich ist, nachdem die Baumaschinenindustrie sich der Herstellung von Maschinen für kleinere Bauvorhaben zugewandt hat.

Aufgabe 21.
Betonverteilungsanlage bei dem Bau einer Schwergewichtstalsperre

Für den Bau einer Talsperre ist die zweckmäßigste Einrichtung für die Einbringung des Betons zu bestimmen. Es handelt sich um die Herstellung von insgesamt 1 000 000 m³ Beton bei einer Arbeitszeit von etwa 150 Tagen je Jahr und 20 Stunden je Tag. Die Höhe der Talsperre über Gründungssohle ist maximal 160 m, die Kronenlänge der gekrümmten Schwergewichtsmauer ist rd. 500 m. Die Gründungssohle der Sperre liegt im alten Flußlauf etwa 12 m und an den Flanken etwa 8 bis 10 m unter der jeweiligen Geländeoberfläche. Die Ansicht der Sperre und der Grundriß sind in Abb. 63 und 64 gezeigt.

Der fertig gemischte Beton kommt von der Mischanlage ungefähr auf der Kronenhöhe der zu bauenden Talsperre an, und zwar auf dem linken Ufer. Die Anfuhr erfolgt in Förderkübeln, deren beste Größe unter Berücksichtigung der vorzuschlagenden Transportmethode zu bestimmen ist, wobei aber zu beachten ist, daß die Mischmaschinen ein Fassungsvermögen von 2 m³ aufweisen.

Das Bauprogramm sieht die Ausführung der Erd- und Felsarbeiten im ersten Baujahr vor, ebenso soll die Einrichtung für die Betonierungsarbeiten im ersten Jahr soweit fertiggestellt werden, daß im zweiten Baujahr sofort mit der Betonierung begonnen werden kann. Die Talsperre soll am Ende des vierten Baujahres bis zur Krone hochgeführt sein, so daß im fünften Baujahr nur noch der Abbruch der Baueinrichtung zu erfolgen hat, soweit das nicht schon im vierten Jahr geschehen kann.

Lösung. Bevor man an die Bearbeitung des Entwurfes einer Baueinrichtung herangehen kann, muß man sich über die erforderlichen Leistungen zur Durchführung der Arbeiten entsprechend den Festlegungen des Bauprogrammes klar werden. Die theoretische Leistung ergibt sich zu

$$\frac{1\,000\,000}{3 \cdot 150 \cdot 20} = 111 \text{ m}^3/\text{h}.$$

Dabei ist hier mit vollen 3 Jahren mit je 150 Tagen gerechnet. Dies ist nicht richtig, denn im zweiten Baujahr wird die Betonierung nicht von

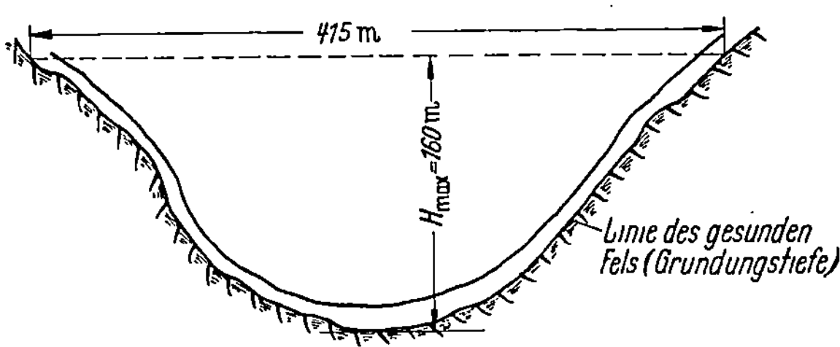

Abb. 63. Ansicht der Talsperre von der Unterstromseite aus

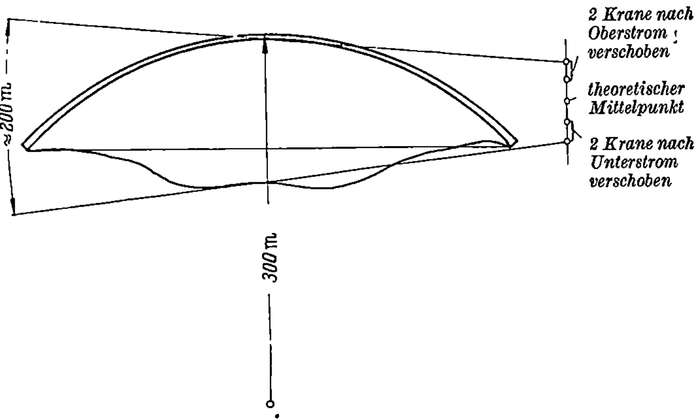

Abb. 64. Grundriß der Talsperre

Anfang an im Zweischichtenbetrieb und mit vollen Leistungen durchgeführt werden können. Weiter wird in den letzten Monaten des vierten Baujahres die Leistung stark absinken, da in dem dünnen Teil der Mauer die großen Betonmengen nicht in gleicher Weise untergebracht werden können, wie im unteren dicken Teil der Mauer. Auch wenn man berücksichtigt, daß die Kronenlänge erheblich größer ist als die Länge der Sperre im unteren Teil, so darf man doch nicht annehmen, daß dadurch ein voller Ausgleich ermöglicht wird. Ferner muß beachtet werden, daß nicht an allen anderen Tagen der Bauzeit die volle Leistung erreicht wird, da auch hier mit Störungen zu rechnen ist. Man kann in einem solchen Fall entweder für die ersten und letzten Monate wesentlich geringere Leistungen einsetzen und für die übrige Bauzeit eine Leistung annehmen, die geringer ist als die theoretische Leistung, aber vielleicht nur 30 oder 40% darunterliegt, oder man kann die Leistungsabnahmen am Anfang und Ende der Bauzeit vernachlässigen, muß dann aber mit einer noch niedrigeren Durchschnittsleistung rechnen. Im Endergebnis werden bei entsprechenden Annahmen beide Methoden zu ungefähr dem gleichen Ergebnis führen, die erste hat jedoch den Vorteil, daß sie mit den Tatsachen besser übereinstimmt und ein darauf aufgebautes Kontrollprogramm zeigt besser, daß die Leistung der letzten Monate nur gering ist.

Hier kann man zur Vereinfachung die zweite Methode anwenden und mit einer gleichmäßigen Durchschnittsleistung rechnen. Im II. Bd. wurde gezeigt, daß bei vielen Arbeiten die Verlustzeiten 60% und mehr der gesamten Arbeitszeit ausmachen. Bei einem solchen Betrieb, der einem Fabrikbetrieb ähnelt, kann man die Verlustzeiten wesentlich geringer annehmen. Man wird sich hier auf der sicheren Seite halten, wenn man annimmt, daß die Verlustzeiten nicht mehr als 50% der gesamten Zeit ausmachen, d.h. die Leistung, die oben errechnet worden ist, muß verdoppelt werden. Die Baueinrichtung muß daher für eine Leistung von 222 m³/h bemessen werden.

In einem praktischen Fall muß versucht werden, die notwendige Leistung noch etwas genauer zu erfassen, der Erfolg wird aber im allgemeinen nicht sehr groß sein.

Nunmehr kann man dazu übergehen, die Möglichkeiten für die Betoneinbringung näher zu untersuchen, wobei man zunächst einmal feststellen wird, welche Methoden überhaupt im Talsperrenbau angewandt werden können und welche im vorliegenden besonderen Fall nicht in Betracht kommen.

Im Talsperrenbau werden im allgemeinen folgende Einrichtungen für den Transport des Betons verwendet:

1. Brücken verschiedener Art mit Kranen, die den Beton an die Einbaustelle bringen oder mit Rinnen, durch die der Beton zur Verwendungsstelle fließt. Die Zufuhr zum Kran oder zu der Rinne kann durch Wagen oder unter Umständen auch durch Förderbänder erfolgen.

2. Kabelkrane, von denen mehrere Typen benutzt werden können, zum Teil auch in Verbindung mit Betonierbühnen.

3. Einzelne feststehende Krane von beträchtlicher Höhe oder auch sog. Bandtürme. Diese Anordnungen wurden bei verschiedenen Talsperrenbauten gewählt, brauchen hier aber nicht ausführlich behandelt zu werden, da in diesen Fällen die Zufuhr nicht wie hier festgelegt, in Höhe der Krone der Talsperre erfolgt, sondern auf der Talseite ungefähr in Talsohle.

4. Betonpumpen.

Von jedem der hier genannten Fälle findet sich entsprechend den unterschiedlichen örtlichen Verhältnissen usw. eine größere Zahl von Abarten. Außerdem mögen in dem einen oder anderen Fall andere Lösungen gewählt worden sein, bei der vorliegenden Aufgabe aber genügt es, sich auf häufig gewählte Lösungen zu beschränken.

Es sei zuerst einiges gesagt über die Verwendung von Betonpumpen. Die größte theoretische Leistung der Betonpumpen liegt bei etwa 45 m³/h. Um die geforderte Leistung von 222 m³/h zu erreichen, müßten mindestens fünf, wahrscheinlich aber sechs Pumpen aufgestellt werden. Eine so große Anzahl erscheint nicht vorteilhaft zu sein. Weiter aber muß man beachten, daß die größte Transportweite nur etwa 350 m beträgt, was im vorliegenden Fall nicht ausreichend wäre. Der wichtigste Grund, der gegen die Verwendung von Pumpen im vorliegenden Fall spricht, ist aber folgender: Durch Pumpen kann der Beton nur aufwärts oder in der horizontalen Richtung gefördert werden, niemals aber abwärts. In der Aufgabe ist gesagt, daß die Zuführung des Betons etwa auf Kronenhöhe erfolgt, d. h. der gesamte Beton muß von der Kronenhöhe bis zur jeweiligen Arbeitsstelle abgesenkt werden. Unter diesen Umständen kommt der Einsatz von Pumpen grundsätzlich nicht in Frage, außerdem aber sind die heute erhältlichen Pumpen noch nicht für solch hohe Leistungen geeignet wie sie hier notwendig sind. Dies sagt nichts gegen die Betonpumpen im allgemeinen, die sich stets bewährt haben und unter anderen Bedingungen auch im Talsperrenbau schon Verwendung gefunden haben, wie z. B. beim Bau der Okersperre (s. Bd. II, S. 270f.).

Es bleiben somit nur zwei verschiedene Methoden für den Transport des Betons übrig, die Verwendung von Brücken irgendwelcher Art und der Einsatz von Kabelkranen.

Bei Brücken sind zu unterscheiden: Niedrige Brücken, auf denen Turmdrehkrane oder andere hohe Krane laufen und hohe Brücken, bei denen die Fahrbahn und die Brückenkonstruktion meist über der Dammkrone liegt, wobei dann nur niedrige Krane gebraucht werden, sofern man nicht Rinnen verwendet, was aber mit Rücksicht auf die Gefahr einer Entmischung, insbesondere bei großen Höhen, nicht empfehlenswert ist. Die Pfeiler können entweder aus Stahl gebaut werden oder – vor allem, soweit sie in den Beton der Talsperre zu liegen kommen – aus Beton. Dazu kommen noch verschiedene andere Lösungen, wie z. B. bei der Talsperre Bort-les-Orgues (s. Bd. II, S. 257ff.) u. a. m.

Niedrige Brücken kommen bei höheren Talsperren nur sehr selten in Frage. Einmal müßten dann hohe Krane eingesetzt werden, dann könnte man, wenn die Brücke auf der Oberstromseite liegt, nicht während des Baues mit dem Aufstau beginnen, was in den meisten Fällen wünschenswert, wenn nicht sogar notwendig ist. Bezüglich der Anordnung niedriger Brücken auf der Luftseite, die vielleicht vereinzelt in Betracht gezogen werden kann, sei auf das unter 3 Gesagte verwiesen, was hier sinngemäß Gültigkeit hat.

Hohe Brücken finden sich häufig; es seien hier genannt die Bleilochsperre (s. Abb. 65), die Schluchseesperre (s. Abb. 66) usw. Es handelt sich meist um Stahlbrücken, nur in einem Fall hat man hölzerne Brücken auf die Beton- bzw. Stahlpfeiler gesetzt. Den Beton von der Brücke aus in Fallrohren oder Rinnen zur Verwendungsstelle zu bringen, empfiehlt sich

Abb. 65. Betonierbrücke für den Bau der Bleilochsperre

nicht im Hinblick auf eine möglicherweise eintretende Entmischung des Betons, obwohl bei den in dieser Weise ausgeführten Talsperren keinerlei schlechte Erfahrungen gemacht wurden. Eine bessere Lösung ist es, auf der Brücke Krane laufen zu lassen, die den in Kübeln beigefahrenen Beton ohne Umladung zur Verwendungsstelle herunterlassen.

Man könnte für den Transport von der Mischanlage bis zum Kran oder zur Rinne auch Förderbänder einsetzen. Da es sich um einen Transport von mehreren hundert Metern handelt, ist diese Lösung nicht günstig, denn es besteht hier die Gefahr einer Entmischung, vor allem durch die etwas wellenförmige Fortbewegung des Betons. Weiter ist der Beton auf dem Band den Witterungseinflüssen, wie Sonnenschein und Regen, ausgesetzt. Außerdem geht durch die Anordnung eines Bandes auf der Brücke der Vorteil verloren, daß man Schalung usw. zum Kran beifahren kann, da neben dem Förderband kaum noch Platz sein wird, ein Gleis zu verlegen.

Was ist der Vorteil solcher Brücken? Einmal ist eine sehr hohe Leistungsfähigkeit gegeben, die Gefahr von Störungen ist sehr gering, da auf einer solchen Brücke fast immer zwei Gleise verlegt sind, die

Krane, von denen mehrere vorhanden sind, sind einfache und sehr betriebssichere Konstruktionen. Ein weiterer Vorteil ist, daß auf einer solchen Brücke Schalungsteile und auch Betonstahl verfahren werden können und, sofern Krane verwendet werden, leicht auf die jeweilige

Abb. 66. Transportbrucke beim Bau der Schluchseesperre

Sperrenoberfläche abgesenkt werden können. Wenn man für die Brücken einheitliche Spannweiten wählt, ist eine spätere Wiederverwendung auch für andere Zwecke möglich.

Diesen Vorteilen, die recht bedeutend sind, stehen jedoch auch Nachteile gegenüber. Vor allem sei hier folgender Punkt erwähnt: Mit dem Bau der Pfeiler kann nicht begonnen werden, solange nicht der Erd- und Felsaushub für die Sperre erledigt ist. Es ist erforderlich, die Pfeiler genau so tief zu gründen wie die Sperre. Auch empfiehlt es sich, nicht mit dem Bau der Pfeiler zu beginnen, wenn auf einem kurzen Stück der Aushub fertiggestellt ist, da dann immer noch die Gefahr besteht, daß die Pfeiler bei den Sprengungen im benachbarten Abschnitt beschädigt werden. Je länger die Aushubarbeiten dauern, d. h. je tiefer die Gründung erfolgen muß, desto später kann mit dem Bau der Brücke begonnen werden. Im vorliegenden Beispiel wird es – wenn man eine Brücke errichten will – bestimmt nicht möglich sein, im ersten Baujahr den Aushub zu tätigen *und* dann noch den Bau der Brücke durchzuführen, da die ganze zur Verfügung stehende Bauzeit nur 150 Tage beträgt.

Als weiterer Nachteil wird es von verschiedenen Seiten angesehen, daß durch die Pfeiler Erschütterungen in den Talsperrenbeton gelangen, die den Abbinde- und Erhärtungsvorgang stören und die Qualität des Betons ungünstig beeinflussen können. Die bei solchenBrücken gemachten Erfahrungen bestätigen nicht die Richtigkeit dieser Behauptung. Es muß aber zugegeben werden, daß das einheitliche Gefüge der Talsperre unterbrochen wird, besonders dann, wenn die Pfeiler aus Beton hergestellt werden. Dieser Beton hat schon längst abgebunden, wenn der ihn umgebende Sperrenbeton eingebracht wird, und es besteht hier die Möglichkeit der Bildung von Rissen. Auf jeden Fall empfehlen sich hier Zementeinpressungen.

Dies sind die wesentlichsten Vor- und Nachteile der in vieler Beziehung technisch guten Lösung.

Im vorliegenden Fall kommt die Anwendung entsprechend dem oben Gesagten nicht in Betracht, wenn die Bestimmungen genau erfüllt werden sollen. Es wäre aber unter Umständen zu untersuchen, ob man nicht in Anbetracht der großen Leistungsfähigkeit einer Brücke das Bauprogramm etwas abändern sollte, in der Weise, daß man im Beginn des zweiten Baujahres nicht sofort mit der Betonierung beginnt, sondern erst noch die Errichtung der Brücke einschiebt, für die gewisse Vorarbeiten im ersten Jahr an der Baustelle geleistet werden könnten, während die Stahlkonstruktion im ersten Jahr und im folgenden Winter soweit vorbereitet werden könnte, daß im zweiten Baujahr sofort mit der Montage begonnen werden kann. Dies bedeutet eine nicht unbeträchtliche Verkürzung der Bauzeit für die Betonierung. Nimmt man für die gesamte Montage nur 75 Arbeitstage an – was vielleicht nicht ausreichend sein mag – so verkürzt man dadurch die Betonierungszeit von 450 auf 375 Tage. Dementsprechend müßte die Leistung von 222 m^3/h auf etwa 270 m^3 je Stunde gesteigert werden. Für das Einbringen des Betons wäre diese Steigerung in Anbetracht der Leistungsfähigkeit der Brücke vielleicht noch innerhalb wirtschaftlicher Grenzen möglich, es bedeutet dies aber, daß unter sonst gleichbleibenden Bedingungen die Mischanlage und auch die Zerkleinerungsanlage entsprechend größer gehalten werden müßten, was sich aus wirtschaftlichen Gründen als undurchführbar herausstellen dürfte.

Einzelne hohe feststehende Krane oder Bandtürme auf der Oberstromseite oder auch auf der Unterstromseite aufzustellen, ist bei der Höhe und der Größe der Talsperre kaum möglich, auch aus dem Grund weil die Anfuhr des Betons in Höhe der Dammkrone und nicht auf der Talsohle erfolgt.

Es bleibt daher zu untersuchen, ob Kabelkrane irgendwelcher Art ohne oder auch in Verbindung von Kabelbühnen Verwendung finden können. Mit Rücksicht auf die Grundrißgestaltung der Sperre kommen nur radial oder parallel verfahrbare Krane in Frage, nicht aber feststehende.

Die Zahl der Kabelkrane hängt von der Tragkraft und von der tatsächlich im Durchschnitt erreichbaren Zahl der Spiele ab. Während bei den früheren Talsperrenbauten die Tragkraft 6 t am Haken kaum überschritt, ist die Tragkraft moderner Krane etwa 20 t entsprechend einem Fassungsvermögen der Kübel von 6 m³ Beton. Die Zahl der Spiele ist abhängig von der Transportweite und der Absenktiefe (s. a. Bd. I, S. 185 ff.). Die Erfahrung hat gezeigt, daß man im Mittel mit einer stündlichen Anzahl von 10 bis 12 Spielen rechnen kann. Nimmt man zur Sicherheit den niedrigeren Wert an, so ist die stündliche Leistung 60 m³ Beton. Es sind also vier Krane notwendig. Es wäre vielleicht möglich, die geforderte Betonleistung mit drei Kranen zu erreichen, man darf aber nicht vergessen, daß die Transporte von Schalung und anderen an der Baustelle benötigten Dingen einen weiteren Kran notwendig machen. Es ist daher im gegebenen Fall besser, vier Kabelkrane anzuordnen.

Die Einbringung des Betons würde allerdings erleichtert werden, wenn eine geringere Zahl von Kabelkranen die geforderte Leistung erreichen könnte, da besonders im oberen Teil der Mauer, in dem der Querschnitt schon dünn ist, vier Krane schwer gleichzeitig arbeiten können und auf jeden Fall dann die einzelnen Krane den Beton in verschiedene Felder bringen müssen. Diese Schwierigkeiten können, wie die Praxis gezeigt hat, überwunden werden, es ist nur die Aufstellung eines genau durchgearbeiteten Arbeitsplanes erforderlich. Auf keinen Fall aber sollte man sich aus diesem Grund in unserem Beispiel mit nur drei Kranen begnügen.

Nimmt man radial fahrbare Krane an, so hat man auf der einen Seite – und zwar meist auf dem Ufer, auf dem sich die Mischanlage befindet – je Kran einen festen, nicht fahrbaren Turm. Es ist möglich, für zwei Krane einen gemeinsamen Turm zu errichten, wenn dies billiger kommt. In den letzten Jahren hat man an Stelle der Türme das Tragkabel in einer Felswand verankert, sofern die Voraussetzungen dafür gegeben waren. Bildet man die Krane auf beiden Seiten fahrbar aus – bei Talsperren eine seltene Lösung – so gilt das im folgenden über die fahrbaren Türme Gesagte auch für diesen Fall sinngemäß.

Fahrbare Türme erfordern, je nach der Konstruktion der Türme, eine breite Fahrbahn. Bei Türmen, die auf zwei Schienen bzw. zwei Fahrbahnen laufen, muß die gesamte Breite der Fahrbahn noch etwas größer sein als bei Pendeltürmen, die nur auf einer Schiene laufen. Der Unterschied ist aber nicht so groß, wie man vielleicht im ersten Augenblick annehmen möchte, da mit Rücksicht auf das Gegengewicht und die wechselnde Neigung des Pendelturms der Felsaushub nicht viel kleiner wird als bei einer zweigleisigen Fahrbahn.

Im übrigen aber finden sich Pendeltürme nur selten. Solche Kabelkrane haben zwar den Vorteil, daß die Änderung des Durchgangs des Kabels zwischen unbelastetem und belastetem Zustand nicht so groß ist wie bei den anderen Kranen, dafür haben standfeste Türme verschiedene Vorteile bei der Montage sowohl wie auch im Betrieb.

Für die fahrbaren Türme muß eine Fahrbahn ausgehoben werden — meist im Fels, die so lang ist, daß alle Kabelkrane fast immer das ganze Baufeld bestreichen können. Die Länge der Fahrbahnen richtet sich nach den topographischen Verhältnissen, ist aber auch in hohem Maß abhängig von der Grundrißform der Talsperre, ihrer Höhe und damit der Stärke der Mauer und auch von dem Aufstellungsort der festen Türme bzw. der Lage der Verankerung.

Jeder Ingenieur, an den die Aufgabe zum erstenmal herangetragen wird, die Aushubmassen für eine solche Fahrbahn zu schätzen, wird in den meisten Fällen zu einem Fehlschluß kommen. Die Aushubmassen werden sich bei einer genauen Berechnung als wesentlich höher herausstellen als ursprünglich angenommen. Auch wird sich die Aushubmasse manchmal nach Aufstellung des genauen Entwurfes nochmals erhöhen, da vielfach zur Sicherung der Fahrbahn Böschungen abgetragen werden müssen. Die Aushubmassen sind so groß, daß dadurch oftmals die Kosten des Betontransportes beeinflußt werden und außerdem die Fertigstellung der Kabelkrananlagen verzögert werden kann. Es sei hier nur ein Beispiel erwähnt: Für zwei radial fahrbare Kabelkrane mußten in einem Fall mehr als 60 000 m³ ausgehoben werden. Wenn diese Zahl auch sehr hoch ist, so sollte man doch bei einem Entwurf einer Kabelkrananlage diesem Punkt besondere Aufmerksamkeit schenken.

In manchen Fällen hat man die festen Türme oder auch die Verankerung höher angeordnet als die fahrbaren Türme, um auf diese Weise die Last nicht aufwärts fahren zu müssen. Bei einem Talsperrenbau hat man die Spitze der 23 m hohen Türme 62 m tiefer angeordnet als den Festpunkt, um so ein Aufwärtsfahren der belasteten Katze weitgehend zu vermeiden.

Die Abgabestelle des fertig gemischten Betons wird man so legen, daß die Anfuhr des Betons zu den Kabelkranen möglichst kurz gehalten werden kann. Früher hat man zur Anfuhr häufig auf Schienen laufende Wagen benutzt, die durch kleine Lokomotiven oder auch durch ein endloses Seil bewegt wurden. In den letzten Jahren verwendet man dafür meist selbstfahrende Fahrzeuge, da sie leichter beweglich sind. In manchen Fällen wird der Beton von der Mischmaschine aus unmittelbar in die Förderkübel gegeben, in anderen Fällen hat man noch Zwischensilos angeordnet.

Geht man nun nach diesen allgemeinen Untersuchungen dazu über, für die gegebene Aufgabe eine günstige Lösung zu finden, so kann man folgenden Vorschlag machen, der aber keineswegs die einzig mögliche Lösung darstellt, sondern nur eine von mehreren möglichen Vorschlägen ist. Die Leistung von 222 m³ Beton je Stunde erfordert eine größere Anzahl von Mischmaschinen. Nimmt man für das Mischen im Durchschnitt 18 Spiele je Stunde an, so ist die von einer Mischmaschine gelieferte Betonmenge 36 m³/h. Es sind daher mindestens sechs Mischer erforderlich. Wenn in der Aufgabe nicht festgelegt wäre, daß Mischer von 2 m³ Inhalt zu verwenden sind, so wäre es günstiger, größere Maschinen zu verwenden, nicht nur, um auf diese Weise die Zahl der Maschinen geringer zu halten, es wäre auch einfacher, wenn nur zwei Mischungen für die Füllung eines Kübels des Kabelkrans notwendig wären. Das Mischen von 3×2 m³ mit einer Maschine dauert unter den gemachten Annnahmen $60 \times 3/18 = 10$ Minuten. Es wäre nicht günstig, jeweils einen Kübel von einer Mischmaschine aus zu füllen, vielmehr muß man den Beton aus mehreren Maschinen entnehmen. Dies bedeutet ein mehrmaliges Verfahren des Kübels, oder es muß ein kleiner Siloraum zwischen die Mischmaschinen und die Füllstelle der Kübel zwischengeschaltet werden. Wenn man für den Transport schwere Kabelkrane mit einer Tragkraft von 20 t wählt, dann ist es nicht richtig, die vorhergehenden Maschinen, in unserem Fall die Mischer, zu klein zu wählen.

Ein anderes Problem, über das schon viel diskutiert worden ist, ist, ob man die Kübel am Kabelkran auswechseln soll oder nicht. Man kann vom zurückkommenden Kabelkran entweder den Kübel abhängen und einen vollen Kübel ankuppeln oder es ist auch möglich, den noch am Kabelkran hängenden Kübel zu füllen. Im ersten Fall hat man einen Zeitverlust durch das Auswechseln der Kübel, im anderen Fall ist der Kabelkran festgehalten bis der Kübel gefüllt ist. Es ist nicht möglich, im zweiten Fall den Kübel direkt von der Mischmaschine aus zu füllen, vielmehr muß bei dieser Arbeitsweise ein Zwischensilo angeordnet werden. Die Erfahrung hat gezeigt, daß das Auswechseln der Kübel sehr schnell erledigt werden kann. An einer Baustelle dauerte im Durchschnitt bei einem gut eingearbeiteten Betrieb das Einfahren und Absetzen des Leerkübels, das Umhängen einschließlich des Verschiebens des Plattformwagens, das Anhängen und Anheben des vollen Kübels nur etwa 40 Sekunden. Ein Füllen des am Kabelkran hängenden Kübels könnte kaum in kürzerer Zeit durchgeführt werden. So findet sich in den allermeisten Fällen ein Auswechseln der Kübel.

Die modernen Kabelkrane haben – wie aus den Angaben im I. Bd. S. 186f., ersichtlich – sehr hohe Fahr-, Senk- und Hubgeschwindigkeiten. Der Unterschied in der Zahl der Spiele beim Arbeiten nahe der Gründungssohle und in der Nähe der Sperrenkrone ist daher im allgemeinen nicht so beträchtlich, daß dadurch die gesamte Leistung je Stunde oder Tag stark beeinflußt wird.

Die Krümmung der Mauer und die Höhe derselben spielt aber bei der Wahl des Aufstellungsplatzes der Krane eine große Rolle. Je höher die Talsperre, desto dicker ist die Mauer im untersten Teil. Nimmt man an, daß die Stärke der Mauer ungefähr 0,8 H ist, so hat in unserem Beispiel die Mauer an der Sohle eine größte Stärke von etwa 128 m. Daraus ergibt sich bei der Verwendung von parallel fahrbaren Kranen eine beiderseitige Fahrbahnlänge von mindestens der gleichen Ausdehnung oder besser etwas mehr. Bei radial fahrbaren Kranen würde man eine wesentlich längere Fahrbahn auf der einen Seite erhalten, wenn man von einem gemeinsamen Mittelpunkt aus jeden Punkt der Sperre bestreichen wollte. Sie würde in unserem Fall etwa 300 m betragen. Abgesehen von den hohen Kosten, von dem Zeitaufwand für die Bewältigung der außerordentlich großen Felsmengen des Aushubs und manchen anderen Schwierigkeiten wird aber in den wenigsten Fällen eine so lange Fahrbahn überhaupt möglich sein, mit Rücksicht auf die Geländegestaltung. Man muß daher versuchen, die Fahrbahn kürzer zu halten, was innerhalb gewisser Grenzen möglich ist, wenn man darauf verzichtet, jeden Punkt der Sperre bestreichen zu können. Insbesondere auf der Luftseite ist es nicht schlimm, wenn eine kleinere Fläche außerhalb des Bereiches der Krane liegt, da es sich hier nur um geringe Betonmengen handelt, und zwar nur im untersten Teil der Mauer. Auf der Oberstromseite liegen die Verhältnisse anders, denn dort müssen große Betonmengen bis zur Sperrenkrone eingebracht werden. Es sollte daher die ganze Oberstromseite mindestens von einem Kabelkran bestrichen werden können. Während man sich auf der Luftseite damit helfen kann, daß der Kübel etwas verzogen wird, was sich in der Talsohle bei dem langen Seil leicht bewerkstelligen läßt, ist diese Möglichkeit auf der Wasserseite besonders im oberen Teil nicht gegeben.

In unserer Aufgabe erhält man unter Beachtung dieser Bestimmungen eine Fahrbahn von einer Länge von etwa 200 m. Erwähnt sei hier, daß man bei verschiedenen Talsperrenbauten, bei denen die Geländeverhältnisse den Bau einer Fahrbahn von der gewünschten Länge nicht zuließen, die Fahrbahn teilweise auf einer Stahl- oder Stahlbetonkonstruktion angeordnet hat. Unter Umständen mag eine solche Lösung nicht teurer sein, da man dadurch an Felsaushub sparen kann.

Da die Kabelkrane einen größeren Abstand voneinander haben müssen, damit sich die Kabel der abgesenkten Kübel auch bei windigem Wetter nicht verwickeln können, ist es immer nur möglich, mit einem einzigen Kran einen bestimmten Punkt der Sperre mit Beton beschicken zu können. Nimmt man den notwendigen Abstand zwischen zwei Kranen, z. B. mit 15 m an, so müssen vier Krane mindestens ein Feld von 45 m Breite zur Verfügung haben, in das alle vier Krane Beton einbringen können. Solange die Mauer stärker als 45 m ist, können somit alle Krane, wenn erforderlich, in ein Feld ihre Lasten entleeren. Im oberen Teil der Sperre, in dem die Stärke geringer als 45 m ist, müssen zwei oder sogar mehrere Felder bereit sein, um den Beton abnehmen zu können. Durch diese Verteilung des Betons auf mehrere getrennte Arbeitsstellen, entstehen keine besonderen Schwierigkeiten, denn auch aus anderen Gründen ist eine solche Verteilung erforderlich. Die Grundfläche eines Blockes ist gegeben durch die Stärke der Mauer und durch den Abstand zweier benachbarter Fugen, im allgemeinen etwa 15 m. Die Blockhöhe ist meist mit etwa 1,5 m vorgeschrieben, ebenso bestehen häufig besondere Vorschriften für die höchst zulässige Steigegeschwindigkeit des Betons. Auch durch die Beachtung dieser Vorschriften ergibt sich im mittleren und erst recht im oberen Teil der Mauer die Notwendigkeit, den Beton zu gleicher Zeit in mehrere Blöcke abzuladen.

Würde man im vorliegenden Fall alle Kabelkrane im Abstand von etwa 15 m anordnen, so müßte die Fahrbahn noch länger werden als angenommen. Dadurch, daß man die festen Türme teils etwas nach Oberstrom, teils aber etwas nach Unterstrom rückt, erhält man eine Verkürzung der Fahrbahn. Es muß aber in jedem Fall von der die Kabelkrane liefernden Firma untersucht werden, wieweit eine solche Verschiebung mit Rücksicht auf die Unterschiede in den Spannweiten zulässig ist.

Bei der Entleerung der Kübel findet kein Absetzen derselben statt, es muß nur Vorsorge getroffen werden, daß der Kübel im Augenblick der Entleerung durch die Verminderung des Gewichtes und den sich dadurch ändernden Durchhang nicht zu schnell hochgerissen wird.

Wenn auch, wie bereits erwähnt, im obersten Teil eine gewisse Verminderung der Arbeitsleistung unvermeidbar ist, so kann sie jedoch in engen Grenzen gehalten werden durch Aufstellung eines Arbeitsplanes. Dies ist keine ganz leichte Aufgabe, besonders auch, da nicht alle in Arbeit befindlichen Blöcke genau auf der gleichen Höhe liegen, sondern mit Rücksicht auf eine gute Verzahnung usw. einige Blöcke tiefer liegen bleiben. Eine sorgfältige Untersuchung all dieser Fragen lohnt sich aber, da es auf diese Weise möglich sein wird, immer dafür zu sorgen, daß die erforderliche Anzahl von Arbeitsstellen zur Verfügung steht.

Die Kabelkrane haben sich bei vielen Talsperrenbauten bewährt, doch stößt die Wiederverwendung häufig auf Schwierigkeiten, obwohl ein solcher Kran leicht für andere Spannweiten usw. umgeändert werden kann. Gegenüber dem ersten Einsatz dieser Krane im Talsperrenbau sind beträchtliche Fortschritte gemacht. Nicht nur, daß die Geschwindigkeiten erhöht worden sind, auch das Signalwesen ist bedeutend verbessert worden, so daß heute auch bei unsichtigem Wetter die Krane arbeiten können.

Die Kabelkrane mit Kabelbrücken zu verbinden, s. Bd. I, S. 256, hat sich in verschiedenen Fällen als vorteilhaft erwiesen. Insbesondere in der Schweiz sind Talsperren mit einer derartigen Einrichtung gebaut worden, wie z. B. die Wäggitalsperre usw. Eine derartige Einrichtung soll an Hand einer italienischen Ausführung, der Talsperre Ancipa (s. Bd. II, S. 263f.), noch etwas näher behandelt werden[1].

Die geradlinige Pfeilerkopfmauer hat eine Breite von etwa 90 m bei einer maximalen Höhe von 100 m und einem Betoninhalt von 320000 m³. Zur Betoneinbringung waren vier Kabelkrane vorgesehen, von denen jeder Kübel mit 2 m³ Inhalt verfahren konnte. Der Beton wurde von den Kabelkranen nicht direkt an die Verwendungsstelle gebracht, sondern zu Verteilerbrücken, die an je zwei Kabeln aufgehängt waren und waagrecht und senkrecht verfahrbar waren. Die Länge einer Brücke betrug rd. 40 m. Die Anordnung der Brükken geht aus den Abb. 67, 68 und 69 hervor. Es war in dieser Weise möglich, den Beton an jeden Punkt der Sperre zu bringen, und zwar auf eine Fläche von einer maximalen Breite von 80 m.

Die Leistung der Anlage betrug 120 m³ je Stunde, die Spitzenleistung erreichte in etwas mehr als 17 Stunden 2000 m³.

Im vorliegenden Beispiel würde der Einsatz einer solchen

---

[1] Die Unterlagen wurden von der Impresa Ing. Lodigiani S. p. A., Milano, zur Verfügung gestellt, der dafür auch hier gedankt sei.

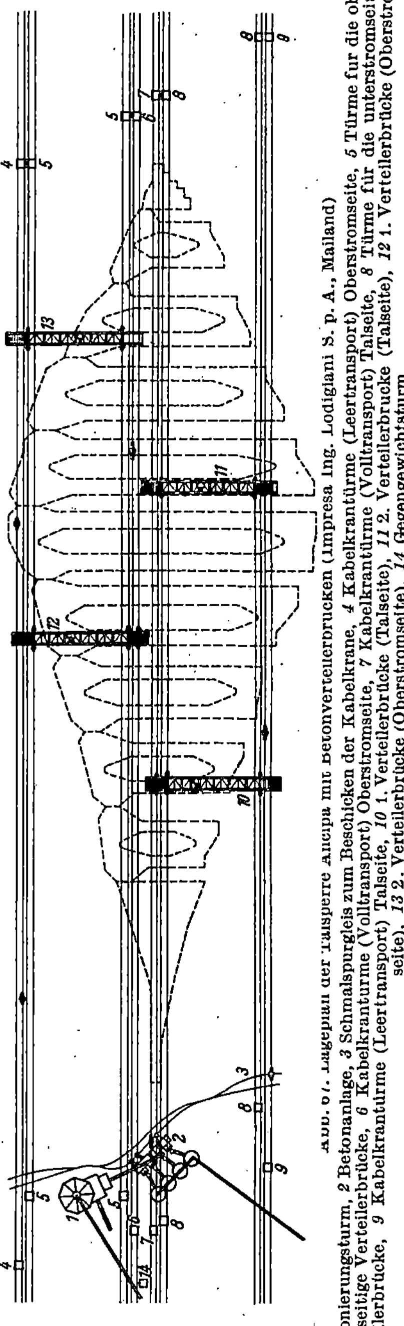

Abb. 67. Lageplan der Talsperre Ancipa mit Betonverteilerbrücken (Impresa Ing. Lodigiani S. p. A., Mailand)
1 Betonierungsturm, 2 Betonanlage, 3 Schmalspurgleis zum Beschicken der Kabelkrane, 4 Kabelkrantürme (Leertransport) Oberstromseite, 5 Türme für die oberstromseitige Verteilerbrücke, 6 Kabelkrantürme (Volltransport) Oberstromseite, 7 Kabelkrantürme (Volltransport) Talseite, 8 Türme für die unterstromseitige Verteilerbrücke, 9 Kabelkrantürme (Leertransport) Talseite, 10 1. Verteilerbrücke (Talseite), 11 2. Verteilerbrücke (Talseite), 12 1. Verteilerbrücke (Oberstromseite), 13 2. Verteilerbrücke (Oberstromseite), 14 Gegengewichtsturm

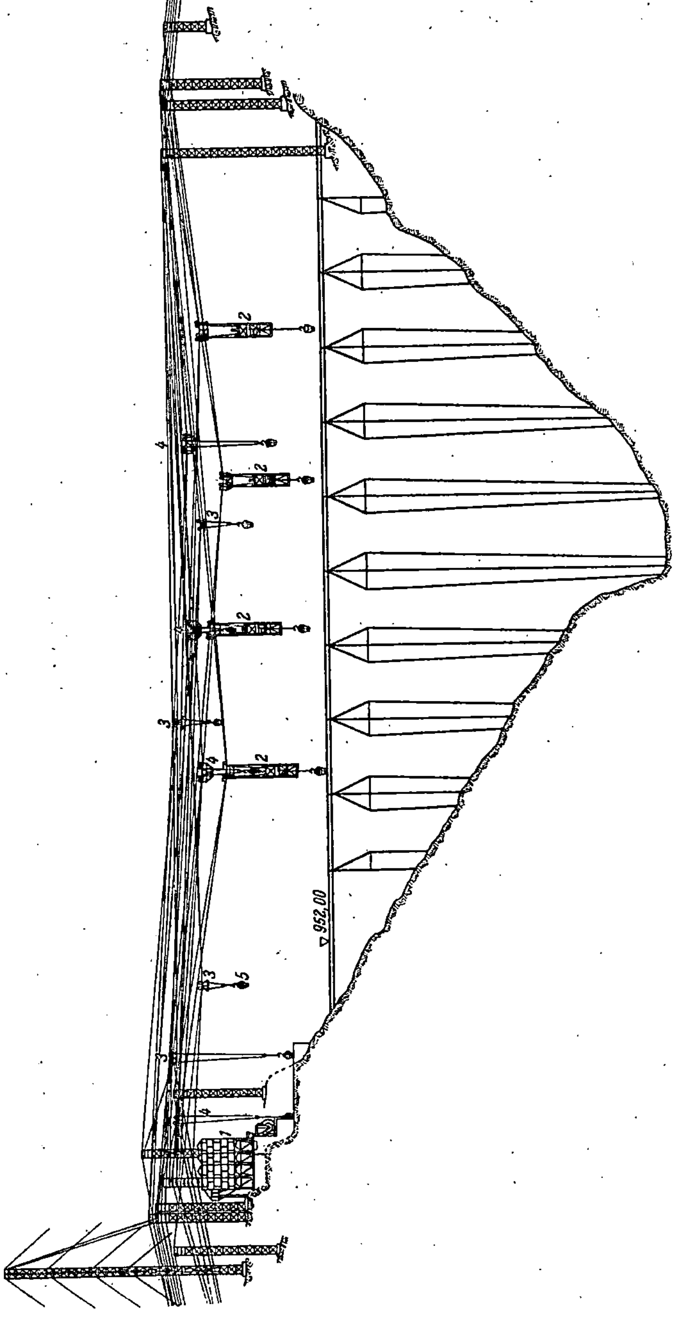

Abb. 68. Kabelkrane und Verteilerbrücken beim Bau der Talsperre Ancipa (Impresa Ing. Lodigiani S. p. A., Mailand)
1 Betonanlage, 2 Verteilerbrücken, 3 Kabelkrankatze (Leertransport), 4 Kabelkrankatze (Volltransport), 5 Kabelkrankübel, 2m³ Inhalt

Anlage beträchtlich erschwert durch die Breite der Mauer und auch durch die Krümmung der Mauer im Grundriß.

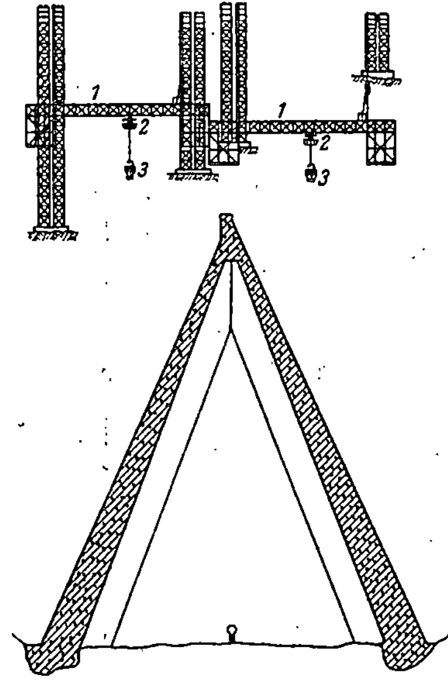

Abb. 69. Querschnitt durch die Talsperre Ancipa mit Betonverteilerbrücken
(Impresa Ing. Lodigiani S. p. A. Mailand)
1 Verteilerbrücken, *2* Brückenkran, *3* Kübel

Das Ergebnis der Untersuchungen für die vorliegende Aufgabe kann man dahingehend zusammenfassen, daß radial fahrbare Kabelkrane die beste Lösung darstellen dürften. Sie werden gerade für sehr hohe Talsperren geeignet sein, wenn andere Lösungen im Hinblick auf die Stärke der Mauer ausscheiden müssen.

Aufgabe 22.
Betonverteilungsanlage bei dem Bau einer Bogengewichtsmauer

Für eine Bogengewichtsmauer von 50 m Höhe über der Talsohle und einer Kronenlänge von 410 m ist die Baueinrichtung zu entwerfen, jedoch nur soweit, als der Transport des Betons von der Mischanlage bis zur Verwendungsstelle in Frage kommt. Dabei sind folgende Angaben zu berücksichtigen:

1. Der Radius der Talsperre ist nur etwa 160 m.

2. Der Talquerschnitt ist muldenförmig (s. Abb. 70).

3. Das künftige Staubecken soll von allen Baueinrichtungen frei gehalten werden.

4. Die Mischanlage wird zweckmäßigerweise etwa auf Talsohle aufgestellt, und zwar in der Nähe des linksufrigen Böschungsfußes.

5. Der Inhalt der Sperrmauer beträgt rd. 300000 m³, die Tagesleistung an Beton soll im Durchschnitt mindestens 1500 m³ erreichen.

Lösung. Gegenüber der zuvor behandelten Baueinrichtung für eine Schwergewichtsmauer sind wesentliche Unterschiede festzustellen, die die Baueinrichtung beeinflussen: Die Mauer ist viel niedriger, nur 50 m gegenüber 160 m, kleinerer Krümmungsradius (160 m gegenüber 300 m), geringer Inhalt der Mauer (300000 m³ gegenüber 1000000 m³), geringere Betonierungsleistung, dünnerer Sperrenquerschnitt, da es sich um eine Bogengewichtsmauer handelt usw.

Ein weiterer Umstand ist, daß die Mischanlage auf der Tahlsohle steht, und zwar, da Einbauten im künftigen Staugebiet nicht zulässig sind, auf der Talseite.

Die Anordnung von Kabelkranen ist in diesem Fall unzweckmäßig. Bei der stark gekrümmten Mauer ist das zu bestreichende Feld sehr breit, und man würde sehr lange Fahrbahnen erhalten. Radial fahrbare Krane wären kaum zu gebrauchen, es müßten wohl parallel fahrbare Krane gewählt werden. Bei dem dünnen Querschnitt wäre es in vielen Fällen schwierig, mit zwei Kranen, die mindestens erforderlich wären, in ein Feld zu arbeiten. Kurzum, viele Umstände sprechen gegen die Verwendung von Kabelkranen, mindestens aber würden die wesentlichen Vorzüge der Kabelkrane nicht zur Geltung kommen.

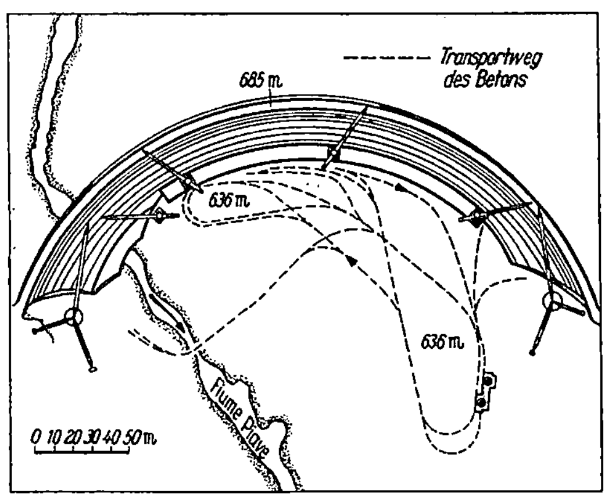

Abb. 70. Lageplan der Talsperre mit Betonierungsanlage

Der Bau einer Brücke, die in der Mauer gelegen wäre, ist auch nicht günstig, insbesondere mit Rücksicht auf die starke Krümmung der Mauer und damit auch der Brücke. Dazu kommt, daß der Beton auf der Luftseite in der Talsohle von der Mischanlage entnommen wird und so die Lage der Brücke etwa in der Mitte der Sperre ungünstig wäre.

Auch die Verwendung von Betonpumpen erscheint in diesem Fall nicht sehr befriedigend, zwar ist der Beton hier aufwärts zu transportieren, der Einsatz von Pumpen ist daher grundsätzlich möglich, aber die Höhe der Mauer ist immerhin 50 m, überschreitet also die maximale vertikale Förderhöhe, die bei etwa 40 m liegt, beträchtlich.

Von den in der vorigen Aufgabe genannten Fördermöglichkeiten bleiben somit nur noch einzelne Krane übrig, die in der nahezu horizontalen Talsohle laufen können und auch bei normalen Auslegerweiten die ganze Mauer bestreichen können, da die Stärke der Sperre an der Grundfläche nur etwa 26 m beträgt.

Es ist daher richtig, diese Lösung näher zu untersuchen.

Die Tagesleistung ist im Durchschnitt mit 1500 m³ festgelegt. Die erreichbare Spitzenleistung muß erheblich höher liegen und man kann sie mit rd. 2750 m³ annehmen. Die tägliche Arbeitszeit ist nicht festgelegt und soll, wie im vorhergehenden Beispiel, mit 20 Stunden angenommen werden. Die maximale Stundenleistung ist folglich rd. 140 m³. Die Zahl der benötigten Krane hängt von der Tragkraft derselben ab. Mit Rücksicht auf die Anordnung der Krane auf der Luftseite müssen

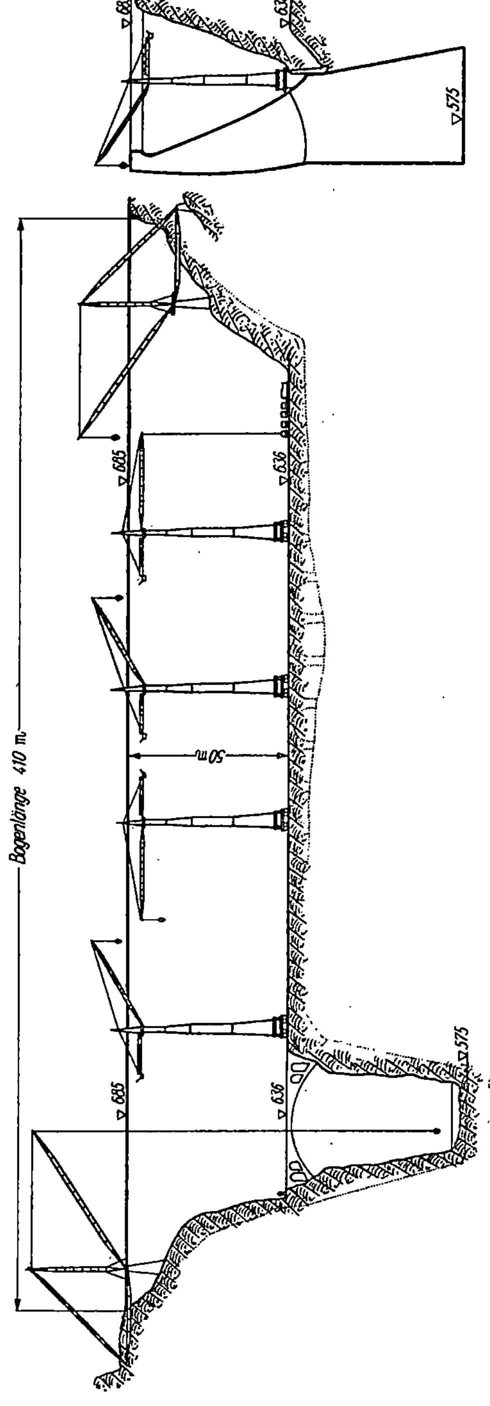

Abb. 71. Ansicht der Talsperre von der Talseite mit Betonierungseinrichtungen

dieselben eine Ausladung von mindestens 30 m haben. Die Höhe der Krane muß mindestens 52 m betragen, damit auch der Beton an der Krone noch eingebracht werden kann. Die Tragkraft eines solchen Kranes, sofern man Typen verwendet, die im Handel zu haben sind, ist beschränkt und beträgt im Höchstfall 3 t. Es ist daher nur möglich, mit einem Kranspiel 1 m³ Beton hochzuheben. Die Anzahl der Spiele ist in diesem Fall erheblich höher als bei einem Kabelkran, und man kann mit etwa 25 Spielen je Stunde rechnen. Somit ist die Leistung eines Kranes 25 m³ je Stunde, und für die geforderte Leistung von 140 m³ sind mindestens fünf bis sechs Krane erforderlich.

Wie auch im ersten Beispiel über die Hebeeinrichtungen bei Talsperren, muß man auch hier die Transporte von Schalung usw. in Betracht ziehen. Es ist daher richtiger, an Stelle der nur knapp ausreichenden fünf Krane sechs anzuordnen. Bei der beschränkten Ausladung der Krane ist es nicht möglich, feststehende Krane zu verwenden, vielmehr müssen in diesem Fall die Krane fahrbar ausgebildet sein, so daß die Ausleger an jeden Punkt der Oberstromseite reichen können.

In dieser Weise kann der größte Teil der Sperrmauer hergestellt
werden, nämlich die Mauer, soweit sie im breiten und flachen Tal liegt,
nicht jedoch die beiden Flanken der Sperre, die in den Hang einschneiden.
Während für den mittleren Teil der Sperre eine allen Kranen gemeinsame
Fahrbahn angelegt werden kann, ist dies an den Hängen nicht möglich.
Man wird daher hier auf fahrbare Krane verzichten und an jeder Tal-

Abb. 72. Blick auf die Talsperre Pieve di Cadore während des Baues (Dott.-Ing. G. Torno & Co.
Soc. p. A., Impresa Costruzioni e Consulenze, Milano)

seite einen feststehenden Kran, z. B. einen Derrick aufstellen. In diesem
Fall kann man eine größere Ausladung wählen, da es sich um einen feststehenden Kran handelt und den Kran entsprechend den Geländeverhältnissen höher aufstellen, so daß seine vertikale Reichhöhe wesentlich
geringer als bei den anderen Kranen sein kann. Es genügt hier eine Kran-
höhe von rd. 30 m. Da man bei einem Derrick, wie bereits erwähnt, die
Ausladung ohne erhebliche Schwierigkeiten größer wählen kann als bei
einem fahrbaren Kran, sollte man hier die Ausladung so bestimmen, daß
die beiden Derricks die Betonkübel von einem Gleis, das noch in der
Talsohle liegt, aufnehmen kann. Dadurch erreicht man gleichzeitig den
Vorteil, daß der Derrick auf der rechten Talseite einen großen Teil des
im alten Flußbett liegenden Teiles der Mauer, die hier wesentlich tiefer
zu gründen ist, mit ausführen kann. Für die vier Turmdrehkrane, die in
der Talsohle laufen, muß eine besondere Fahrbahn angelegt werden, und

zwar muß diese unmittelbar neben der Mauer oder unter Umständen über dem luftseitigen Mauerfuß liegen, damit die Ausladung der Krane voll ausgenutzt werden kann.

Die Zufuhr des Betons von der Mischanlage zu den Kranen kann entweder unter Zuhilfenahme einer Schmalspurbahn oder auch mit Hilfe von kleinen Selbstfahrern erfolgen. Die letzte Lösung hat manche Vorteile, da auf diese Weise eine größere Freizügigkeit in der Anfuhr zu jedem einzelnen Kran gewährleistet ist.

Für den Beton verwendet man zweckmäßigerweise Kübel mit Roll- oder Doppelsektorverschluß, wie bereits bei anderer Gelegenheit erwähnt.

Die Verteilung des Betons ist in Abb. 71 in schematischer Weise dargestellt.

Diese Aufgabe wurde in freier Anlehnung an die Ausführung der Betonierungsarbeiten bei der italienischen Talsperre Pieve di Cadore bearbeitet. Dabei wurde der Aufsatz von TORNO, „Le barrage de Pieve di Cadore", in „Travaux", 1951, benützt. Abb. 72 zeigt ein Lichtbild der Baustelle der Talsperre Pieve di Cadore[1]. Man sieht im Vordergrund einen Derrick und die fahrbaren Krane längs der Talseite der Mauer.

Eine ähnliche Anordnung wurde auch beim Bau der Talsperre Prà da Stua gewählt.

V. Beispiele für die Einrichtung von Straßen- und Flugplatzbaustellen

Wenn jemand ein Buch schreiben wollte über die Baueinrichtungen von Straßenbaustellen, müßte er die Einrichtung für die Durchführung der Erdarbeiten für den Unterbau behandeln, dann die Einrichtungen für die Beschaffung oder Herstellung der Zuschlagstoffe und die Beifuhr und Lagerung der Bindemittel und die Betonmischung. Erst dann käme er dazu, die besonderen Einrichtung für die Deckenherstellung zu beschreiben. Im Rahmen der bereits vorliegenden zwei Bände und der vorhergehenden Kapitel dieses Bandes sind die Einrichtungen für die Herstellung des Unterbaues zusammen mit allen übrigen Erdarbeiten behandelt. Ebenso sind die Einrichtungen für die Aufbereitung der Zuschlagstoffe und die Anfuhr und Lagerung der Bindemittel in den alle Betonarbeiten betreffenden Kapiteln besprochen. Es mag daher einem Leser, der nicht das ganze Buch gelesen, sondern nur das Kapitel über Straßenbauten herausgegriffen hat, erscheinen, daß der Straßenbau etwas stiefkindlich behandelt worden sei.

---

[1] Die Abb. 72 und die übrigen Unterlagen wurden von der Fa. Dott.-Ing. G. Torno & Co., Soc. p. A., Mailand, dankenswerterweise zur Verfügung gestellt.

Dies wäre bei der großen Bedeutung des modernen Straßenbaus nicht richtig. Im I. Bd. sind in Kap. V und im II. Bd. in Kap. VI B 8 ausschließlich die Einrichtungen für die Herstellung der Decken verschiedener Art behandelt, alle übrigen im Straßenbau vorkommenden Einrichtungen sind jeweils bei den betreffenden Abschnitten, wie Erdarbeiten usw., eingeschlossen.

Auch im vorliegenden Band soll bei den Übungsaufgaben im Straßenbau nur die Herstellung der Decken behandelt werden, während für die übrigen im Straßenbau ebenfalls vorkommenden und gleichfalls wichtigen Arbeiten auf die vorhergehenden Beispiele in den Abschnitten Erdarbeiten und Betonarbeiten verwiesen sei.

Es wird somit hier die gleiche Einteilung wie in den ersten beiden Bänden beibehalten, denn nur dadurch ist es möglich, überflüssige Wiederholungen zu vermeiden.

A. Herstellung von Betondecken im Straßenbau

Über die Aufbereitung der Zuschlagstoffe und ihre Lagerung, ferner über die Lagerung der Bindemittel und ihre Abmessung ist bereits in den vorhergehenden Beispielen alles erwähnt, was – soweit die Baueinrichtung davon betroffen wird – von allgemeiner Bedeutung ist, so daß diese Punkte hier nicht mehr zu behandeln sind.

Es ist aber noch der Transport von der Aufbereitungsanlage zur Verwendungsstelle zu besprechen.

Aufgabe 23.
Transport von der Aufbereitungsanlage zur Einbaustelle

An einem Deckenbaulos sollen täglich in 10 Stunden durchschnittlich 150 lfd. m Fahrbahn von 7,5 m Breite und 22 cm Stärke hergestellt werden.

Es soll untersucht werden, ob es bezüglich des Geräteeinsatzes günstiger ist

a) den Beton in einer stationären Anlage fertig zu mischen und zur Verwendungsstelle zu verfahren oder

b) in einer stationären Anlage nur die Zuschlagstoffe und Bindemittel für eine Mischung fertig abzumessen, die Mischung aber an der Einbaustelle in Brückenmischern herzustellen und unmittelbar einzubauen oder

c) wie vor in einer stationären Anlage nur die Abmessung vorzunehmen, die Mischung aber auf dem Weg zur Einbaustelle in einem Transportmischer durchzuführen.

Die maximale Entfernung von der Aufbereitungsanlage zur Einbaustelle beträgt 5 km. Insgesamt sind einschließlich der Randstreifen rd. 40 000 m³ Beton herzustellen.

Lösung. Wenn der Beton in der Aufbereitungsanlage fertig gemischt wird, unterscheidet sich diese Anlage in keiner Weise von einer anderen Anlage, in der Beton für irgendwelche andere Zwecke hergestellt wird. Ein Transport des Betons über eine größte Entfernung von 5 km ist nach den „Richtlinien für den Bau von Betonfahrbahnen" im allgemeinen nicht zulässig. Die Richtlinien bestimmen, daß bei Gleisförderung die größte Entfernung nur einen Kilometer betragen darf. Folglich scheidet diese Transportart in unserem Fall von vornherein aus. Bei Förderung mit Lastkraftwagen soll die Entfernung im allgemeinen nicht mehr als 3 km betragen. Auf guter Fahrbahn darf aber die größte Förderweite mit Lastkraftwagen bis zu 5 km betragen, sofern kein Entmischen des Betons eintritt.

Nach den bestehenden Richtlinien kann also in unserem Beispiel der Transport des Frischbetons noch mit Lastkraftwagen ausgeführt werden, wenn das Entmischen verhindert werden kann.

Dies ist möglich durch schnellen Transport ohne Wartezeiten, Förderung auf guten Straßen, so daß die Erschütterungen gering sind, aber auch durch richtige Zusammensetzung der Korngrößen der Zuschlagstoffe. Die Erfahrungen in den USA, aber auch in Deutschland, haben gezeigt, daß keine Gefahr einer Entmischung besteht, wenn die gesamte Transportdauer weniger als 10 Minuten beträgt.

Zum Transport von der Mischmaschine zur Einbaustelle können verwendet werden: Autoschütter, wie z. B. bei einem Deckenlos der Autobahn Nr. 31, Köln–Frankfurt (s. Bd. II, S. 283), oder Dumperets auf Lastkraftwagen, wie in den USA (s. Bd. II, S. 287). Man wählt meist Fahrzeuge mit einem Fassungsvermögen von etwa 3,5 m³, so daß die Fahrzeuge gut ausgenutzt werden.

Die Nachteile des Transportes des fertig gemischten Betons – außer der bereits erwähnten Gefahr der Entmischung – sind folgende: Wenn die Fahrbahn, wie meist der Fall, in zwei Lagen hergestellt wird, hat jede Lage ein anderes Mischungsverhältnis. Bei der Anfuhr des Frischbetons kann vielleicht eine Verwechslung der Mischungen leichter vorkommen, als bei einem Mischen an der Verwendungsstelle. Durch eine gute Organisation kann diese Gefahr vermieden werden, außerdem aber kann man auch darauf hinweisen, daß eine Verwechslung ebenso möglich ist, wenn man die abgemessenen Zuschlagstoffe und Bindemittel beifährt.

Wichtiger erscheint die Gefahr, daß bei der Anfuhr und dem Abkippen des Betons für die obere Schicht eine Vorverdichtung des Betons der unteren Lage hervorgerufen wird. Man hat sich hier zum Teil so geholfen, daß die Fahrzeuge, die den Beton für die obere Lage brachten, auf eine fahrbare Brückenkonstruktion fuhren und den Beton auf eine Plattform abluden, die mit der fahrbaren Brückenkonstruktion verbunden war. Der Verteiler nahm das Gut von dieser Plattform ab.

Die unter b erwähnte Lösung ist bisher wohl am häufigsten angewandt worden. Sie hat den Vorteil, daß der Beton sofort nach dem Mischen in die Fahrbahn eingebaut wird, also kein größerer Transport nötig ist. Auf diese Weise wird jede Gefahr einer Entmischung vermieden. Dies bedeutet einen nicht zu unterschätzenden Vorteil, besonders im Sommer, wo der Frischbeton schnell abzubinden oder mindestens zu erhärten beginnt.

Die Betonbereitungsanlage kann etwa die gleiche sein wie im vorigen Fall, nur mit dem Unterschied, daß keine Mischer aufgestellt werden, sondern die abgemessenen Bestandteile in die auf den Lastkraftwagen aufgebauten Kästen fallen.

In diesem Fall können nicht die sonst üblichen Mischmaschinen verwandt werden, sondern nur sog. Brückenmischer, wie sie im I. Bd. (s. Bd. I, S. 271, Abb. 265) beschrieben worden sind.

Für den Transport wird in beiden Fällen ungefähr die gleiche Anzahl von Fahrzeugen benötigt, wenn das Fassungsvermögen annähernd gleich ist. Beim Transport von Frischbeton sind die Gewichte, die zu fördern sind, höher, da der Wasserzusatz hier eine Rolle spielt. Raummäßig aber ist der Transport des Frischbetons kaum ungünstiger als der der Zuschlagstoffe und Bindemittel.

Beim Transport der abgemessenen Bestandteile des Betons können Lastkraftwagen von entsprechender Tragkraft eingesetzt werden, auf die selbstgebaute Kästen gesetzt werden. Bei Frischbeton empfiehlt sich diese einfache und etwas primitive Methode nicht. Die Autoschütter sind Spezialfahrzeuge, die allerdings auch für andere Zwecke verwendet werden können. Die Dumpcrets werden auch auf gewöhnliche Lastkraftwagen gesetzt, aber es müssen Vorrichtungen geschaffen werden, um die Gefäße schnell entleeren zu können.

Im übrigen aber kommen in beiden Fällen die gleichen Geräte, wie Verteiler usw., zur Anwendung.

Wenn man zunächst nur die beiden Lösungen a und b in Betracht zieht, so findet man bezüglich des Geräteeinsatzes folgendes Ergebnis: Der einzige, wesentliche Unterschied ist der Einsatz von Brückenmischern gegenüber der Verwendung von stationären Mischmaschinen, wenn man die bereits erwähnten Unterschiede bei den Fahrzeugen für die Kostenberechnung als nicht so bedeutend vernachlässigt, was aber nur sehr bedingt richtig ist. Nimmt man an, daß drei Mischmaschinen von je 1000 l Inhalt erforderlich sind, so sind die Neuwerte dafür $3 \cdot 11\,000 = 33\,000$ DM und die Abschreibungsbeträge $3 \cdot 187 = 561$ DM je Monat. Brückenmischer gleicher Größe haben einen Neuwert von $3 \cdot 30\,000 = 90\,000$ DM und die Abschreibungsbeträge sind $3 \cdot 810 = 2430$ DM je Monat. Die Ersparnis ist somit 1869 DM je Monat bei Verwendung gewöhnlicher Mischmaschinen. Auf der anderen Seite muß man noch einen Teil dieser Ersparnis an Abschreibungsbeträgen ausgeben, wenn man, wie oben erwähnt, bei der Herstellung der oberen Lage eine fahrbare Brückenkonstruktion vorsieht, jedoch ist in unserem Beispiel bei Einsatz von drei Mischmaschinen nur eine solche Brücke notwendig, da nur eine Mischmaschine für die obere Lage arbeitet.

Demnach ist bei beiden Lösungen bezüglich des Geräteeinsatzes kein Unterschied vorhanden, der klar für eine der beiden Lösungen spricht. Die oben errechnete Ersparnis von weniger als 2000 DM je Monat kann – wie bereits erwähnt – zum Teil durch die fahrbare Brückenkonstruktion aufgebraucht, dann aber auch durch höhere Abschreibungsbeträge für die Fahrzeuge weiter vermindert werden. Auf keinen Fall wird eine kleine restliche Ersparnis auf die Entscheidung, welche Methode gewählt werden soll, großen Einfluß haben.

Bevor man zu der Untersuchung der dritten Methode übergeht, muß noch geprüft werden, ob die obengemachte Annahme, daß drei Mischmaschinen notwendig und ausreichend sind, nachgeprüft werden, ebenso muß die Zahl der erforderlichen Transportfahrzeuge in jedem Fall noch untersucht werden.

Wenn drei Mischmaschinen als erforderlich angenommen worden sind, so hauptsächlich aus dem Grund, weil die im ganzen 22 cm starke Decke in eine obere Lage von 7 cm Stärke und eine untere Lage von 15 cm Stärke unterteilt wird. Arbeitet eine Mischmaschine für den Oberbeton, so müssen zwei Mischmaschinen gleicher Größe für den Unterbeton den Beton mischen, um gleiche Arbeitsfortschritte zu erzielen.

Die erforderliche Leistung ergibt sich aus der Angabe, daß in 10 Stunden 150 m Fahrbahn von 7,5 m Breite und 22 cm Stärke fertigzustellen sind zu $150 \cdot 7,5 \cdot 0,22 = 248$ m³ oder rd. 25 m³/h. Rechnet man mit einer 40%igen Leistung, so muß die stündliche Maschinenleistung 62 m³h sein. Die vorgesehenen drei Mischmaschinen reichen aus, da etwa 20 Mischungen je Maschine in der Stunde erreichbar sind.

Im Grenzfall beträgt die Transportweite 5 km. Für die Errechnung der notwendigen Anzahl von Fahrzeugen sei mit einem Mittelwert von 3 km gerechnet. Nimmt man eine durchschnittliche Geschwindigkeit der Fahrzeuge von 20 km/h an, so ist die Transportdauer 9 Minuten. Die Dauer eines Spiels kann zu $2 \cdot 9 = 18$ min zuzüglich der Dauer für Beladen, Entladen und Rangieren der Fahrzeuge angenommen werden. Setzt man dafür 5 Minuten ein, so ergibt sich eine Spieldauer von insgesamt 23 Minuten. Bei jedem Spiel werden rd. 3 m³ Beton zur Verwendungsstelle gebracht. Die erforderliche Anzahl von Fahrzeugen errechnet sich zu

$$\frac{62 \cdot 23}{60 \cdot 3} = \sim 8 \,.$$

Mit dieser Rechnung bewegen wir uns auf der sicheren Seite, denn es ist die Spitzenleistung von 62 m³ zugrunde gelegt.

Das hier gefundene Ergebnis stimmt mit der Praxis gut überein, denn bei dem Bau des obenerwähnten Deckenloses wurden bei ähnlichen Leistungen auch drei Mischmaschinen von je 1 m³ eingesetzt und beim Ohio Turnpike (s. Bd. II, S. 288) wurden 10 Lastkraftwagen eingesetzt bei einer Leistung in 9 Stunden von 960 m einer 3,6 m breiten Fahrbahn und einer größten Transportweite von 8 km.

Wenn man nun den Vorschlag unter c betrachtet, so kann man zunächst feststellen, daß die Aufbereitungsanlage genau die gleiche sein kann wie im Fall b. Die Einrichtung an der Einbaustelle ist die gleiche wie im Fall a. Der Transport wird durchgeführt mit Hilfe von Transportmischern, bei denen das Mischen während der Förderung von der Aufbereitungsanlage zur Verwendungsstelle vorgenommen wird. Der Vorteil gegenüber der ersten Lösung ist, daß die Gefahr einer Entmischung vermieden wird.

Dieser nicht zu bestreitende Vorteil ist aber teuer erkauft, denn die Zahl der Fahrzeuge muß, wenn man denselben Inhalt der Fahrzeuge annimmt, die gleiche sein wie in den beiden anderen Fällen. Es ist aber ein Transportmischer wesentlich teurer als die stationären Mischmaschinen im Fall a, und auch teurer als die Brückenmischer in Fall b. Außerdem aber handelt es sich hier um acht Transportmischer, im anderen Fall jedoch um nur drei Brückenmischer.

Ohne weiter auf diese Lösung einzugehen, kann man feststellen, daß die Verwendung von Transportmischern bezüglich des Geräteeinsatzes erheblich ungünstiger ist als die beiden anderen Lösungen. Man wird daher eine solche Lösung kaum anwenden, sofern nicht besondere Umstände den Einsatz von Transportmischern wünschenswert erscheinen lassen.

Man kommt also zu dem Ergebnis, daß Lösung a ebenso wie Lösung b vom Standpunkt des Geräteeinsatzes aus sehr wohl angewandt werden können, daß aber nicht allgemein gesagt werden kann, welche der beiden Lösungen vorteilhafter ist. Die Lösung unter c wird kaum in Betracht kommen.

Allgemein kann man aber noch folgendes sagen: Die Lösung unter a kann nur bei kürzeren Transportweiten gewählt werden. Entfernungen von einigen Kilometern können nur dann auf diese Weise überbrückt werden, wenn ein guter Anfuhrweg zur Verfügung steht, auf dem die immerhin hohe mittlere Geschwindigkeit von etwa 20 km/h möglich ist und dieser Zufahrtsweg auch so eben ist, daß der Beton ohne Verluste und ohne die Gefahr einer Entmischung gefördert werden kann. Dies wird nur in seltenen Fällen zutreffen, so daß aus diesem Grund die Lösung unter a nicht immer angewandt werden kann.

B. Betonherstellung und -einbau bei Flugplatzbauten

Die Geräte für die Betonherstellung und die Einbringung des Betons sind vielfach dieselben wie bei Straßenbauten. Auch hier finden sich

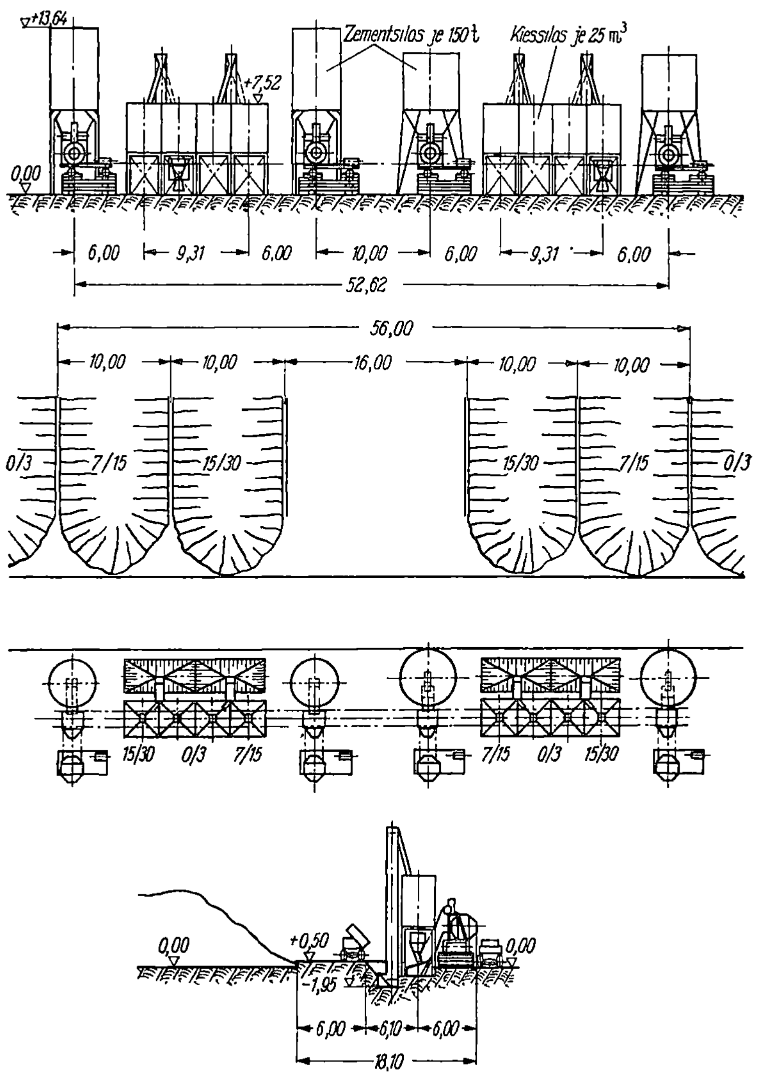

Abb. 73. Betonieranlage auf dem Flugplatz Manching (Philipp Holzmann A.G., Frankfurt a. Main)

stationäre Mischanlagen, von denen aus der Frischbeton zur Verwendungsstelle gefahren wird und auch Anlagen, in denen Zuschlagstoffe und Bindemittel nur abgemessen werden, die Mischung aber in fahrbaren

Mischern erfolgt, obgleich an Flugplätzen die Förderweite für Beton meist geringer ist als im Straßenbau und Entfernungen von mehr als 1 bis 2 km nur selten vorkommen.

Aufgabe 24. Herstellung der Betondecken für die Startbahn, Rollstraße usw. auf einem Flugplatz

Es sind an einem Flugplatz insgesamt 120000 m² Betondecken herzustellen. Die Startbahn hat eine Breite von $4 \cdot 7,5 = 30$ m, die Rollbahn von $2 \cdot 6,25 = 12,5$ m. Die Stärke der Betondecke, mit Ausnahme der Wendeflächen, beträgt 20 cm. Die gesamte Betonmenge ist 24000 m³.

Abb. 74. Die Betonfabrik für den Bau des Flugfeldes Manching (Beton- und Monierbau A.G., Düsseldorf)

Die durchschnittlich stündliche Leistung soll etwa 55 m³ je Stunde betragen.

Lösung. Bei einer so allgemein gehaltenen Aufgabe sind viele Lösungen möglich. Es soll daher hier keine theoretische Lösung gezeigt, vielmehr soll auf eine praktische Ausführung zurückgegriffen werden, und zwar auf die Ausführung der Betonarbeiten am Flugplatz Manching, von dem bereits im II. Bd. (s. S. 210f.) die Erdarbeiten gebracht wurden.

Man hat hier eine stationäre Mischanlage aufgebaut und den Beton in Lastkraftwagen zu den Einbaustellen verfahren.

Die Betonieranlage ist in Abb. 73 und 74 gezeigt. Die Zuschlagstoffe in den drei Körnungen 0 bis 3, 7 bis 15 und 15 bis 30 mm waren in großen Haufen parallel zu der Mischanlage gelagert und wurden von dort mit Hilfe eines Raupenbaggers entnommen, auf Lastkraftwagen geladen und von diesen zu den Elevatorgruben an der Mischanlage gefahren.

Die Mischanlage bestand aus zwei fast gleichen Teilen. Auf jeder Seite waren vier Kiessilos von je 25 m³ Inhalt angeordnet. Die Beschickung erfolgte durch insgesamt vier Elevatoren, und zwar zwei mit einer Becherbreite von 400 m für die Korngrößen 15 bis 30 und 0 bis 3 mm, und zwei mit einer Becherbreite von 250 mm für die Korngrößen 0 bis 3 und 7 bis 15 mm. Unter den vier nebeneinander liegenden Zuschlagstoff-

Abb. 75. Mischmaschinen mit besonderem Aufsatz zum Entleeren in Lastkraftwagen
(Philipp Holzmann A. G., Frankfurt a. Main)

silos war eine Fahrbahn für die Waagen angeordnet. Eine Waage war für die Abmessung der Zuschlagstoffe aus den vier Silos ausreichend, man hatte aber noch eine weitere Waage als Reserve am Ende der Siloreihe aufgestellt.

Der Zement wurde in Behälterwagen angefahren, aus denen er pneumatisch in die vier Silos gepumpt wurde, die an jedem Ende der beiden Siloreihen aufgestellt waren und ein Fassungsvermögen von je 150 t hatten. Der Zement wurde von den Silos über Waagen unmittelbar in die 1000 l Mischer gegeben. Zur Reserve war noch eine fünfte Mischmaschine vorhanden.

Die Mischanlage ist verhältnismäßig einfach, hat sich aber gut bewährt. Die Leistung betrug im Durchschnitt 55 bis 60 m³ je Stunde.

Die Abnahme des Betons aus der Mischanlage und der Transport zur Einbaustelle erfolgte, wie auch aus Abb. 74 ersichtlich ist, in Lastkraftwagen. Zur besseren Beschickung der Wagen hat man an den Mischern besondere Aufsätze angebracht, die aus Abb. 75 zu ersehen sind.

Abb. 76. Anfuhr des Betons in Lastkraftwagen beim Bau einer Autobahn. (Man sieht hier die Eselsrücken, auf die die Lastkraftwagen zum Entleeren fahren) (Beton- und Monierbau A. G., Düsseldorf)

Für die ersten Betondeckenstreifen hat man 40 cm hohe Eselsrücken verwendet, wie sie auch sonst im Straßenbau manchmal üblich sind (s. Abb. 76, die eine Anordnung der Eselsrücken beim Bau einer Autobahndecke zeigt). Bei den weiteren Streifen hat man, um eine Beschädigung des frischen Betons beim Weiterziehen der Eselsrücken zu vermeiden, auf diese verzichtet und an de-

Abb. 77. Transportfahrzeug mit Pritscheneinlage (Philipp Holzmann A. G., Frankfurt a. Main)

ren Stelle einseitig überhöhte, mit Blech beschlagene Holzgestelle in die Transportfahrzeuge eingebaut (s. Abb. 77). Hierdurch konnte der Abwurf der Pritsche um etwa 40 cm höher gelegt werden und der Beton fiel besser in die Wanne der Betonverteiler hinein. Wenn die Lastkraftwagen auf den betonierten Streifen fahren konnten, erübrigten sich diese Einbauten.

Für die Betoneinbringung wurden für Startbahn und Rollstraße die gleichen Geräte mit 7,5 und 6,25 m Arbeitsbreite verwendet.

Die durchschnittliche Leistung war bei der Herstellung der Startbahn 22,5 m³/h einschließlich Umstellen der Geräte.

Im Flugplatzbau mehr noch als im Straßenbau finden die stationären Anlagen immer mehr Eingang, vor allem, weil die Förderwege nicht zu weit sind, dann aber auch, weil der Einsatz von Brückenmischern hier mit mancherlei Nachteilen verbunden ist. Auch die im II. Bd. gebrachten Beispiele (s. S. 291 ff.) lassen diese Entwicklung deutlich erkennen.

VI. Beispiele für die allgemeine Einrichtung einer Baustelle

(Zu Bd. II, S. 86 bis 106)

Der Entwurf für die allgemeine Baueinrichtung kann erst aufgestellt werden, wenn alle übrigen Entwurfsarbeiten der Baueinrichtung abgeschlossen oder mindestens im wesentlichen beendet sind. Dies ergibt sich aus der Tatsache, daß man für den Entwurf der allgemeinen Einrichtung die Ergebnisse der anderen Untersuchungen benötigt. Man kann z. B. den Entwurf für die Wasserversorgung, die Stromversorgung usw. erst aufstellen, wenn man darüber Klarheit hat, welche Maschinen zum Einsatz kommen sollen, wieviele Maschinen erforderlich sind und welche Leistung sie haben müssen. Auch die Werkstätten und ihre Einrichtung mit Maschinen hängen von der übrigen Einrichtung der Baustelle ab und können somit erst am Ende der ganzen Entwurfsbearbeitung in Angriff genommen werden. Das ist aber nicht so zu verstehen, daß man an diesen Fragen zunächst achtlos vorbeigeht und erst im letzten Augenblick sich über diese Probleme Gedanken macht. Man wird vielmehr die allgemeinen Richtlinien für den Entwurf der allgemeinen Baueinrichtung schon frühzeitig in großen Zügen bearbeiten, aber die Ausführung im einzelnen kann erst dann erfolgen, wenn alle Unterlagen zur Verfügung stehen.

Betrachtet man z. B. die Stromversorgung einer größeren Baustelle, so wird man die Frage, ob die Versorgung von einem öffentlichen Netz aus möglich ist oder ob ein eigenes Baukraftwerk errichtet werden muß, frühzeitig prüfen und auch zu entscheiden suchen. Der Entwurf für das Baukraftwerk, wenn ein solches notwendig wird, wird man aber erst bearbeiten, wenn man weiß, welche Maschinen an der Baustelle eingesetzt werden müssen und wie die Belastung des Stromnetzes aussehen wird. Hier, wie in vielen anderen Fällen der Entwurfsbearbeitung der Baueinrichtung, wird man manchmal auf Grund des Ergebnisses der Entwurfsbearbeitung für die allgemeine Baueinrichtung gezwungen sein, nochmals Änderungen am Entwurf einzelner Teile der Baueinrichtung oder sogar des Bauprogramms vornehmen zu müssen, um ungünstige Spitzen usw. zu vermeiden. Diese Rückwirkungen sind oft unangenehm, durch solche Studien werden aber die Vorschläge häufig wesentlich verbessert und zu größerer Reife gebracht.

Entsprechend dem eben Gesagten ist es schwierig, Beispiele für den Entwurf der allgemeinen Baueinrichtungen zu geben, da man dazu erst alle anderen Entwürfe aufstellen müßte. Da dies aber hier nicht möglich ist, müssen wir uns darauf beschränken, solche Entwürfe allgemein zu behandeln oder in verschiedenen Fällen Annahmen zu machen, die zwar in der Praxis nicht unbedingt richtig sein müssen, die es aber doch ermöglichen, zu zeigen, welche Gesichtspunkte bei einer Entwurfsaufstellung zu beachten sind.

A. Wasserversorgungsanlagen

Aufgabe 25. Wasserversorgung einer Talsperrenbaustelle

Für den Bau einer Talsperre soll unter Benutzung der Angaben in Aufgabe 10 die benötigte größte Wassermenge festgestellt werden:

a) unter der Annahme, daß die Zuschlagstoffe in der Nähe der Baustelle aus einem Steinbruch gewonnen und hergestellt werden können und ein Waschen des Felsmaterials nicht notwendig ist und

b) unter der Annahme, daß die Zuschlagstoffe in gleicher Weise wie unter a gewonnen werden, daß aber mit Rücksicht auf die Verschmutzung des Materials etwa zwei Drittel der gesamten Menge der Zuschlagstoffe gewaschen werden müssen.

Lösung. Der Wasserverbrauch an einer solchen Baustelle, wie auch an fast allen übrigen Baustellen, ist nicht während der ganzen Bauzeit einigermaßen gleichmäßig. Solange an einer Baustelle hauptsächlich Aushubarbeiten durchgeführt werden, ist der Bedarf an Wasser meist wesentlich geringer als während der dann folgenden Betonierungsarbeiten. Der Verbrauch schwankt aber auch entsprechend den Witterungsverhältnissen. In einer heißen und trockenen Periode wird z. B. zur Nachbehandlung des Betons erheblich mehr Wasser verbraucht werden als in einer feuchten und kühleren Zeit.

Von sehr großem Einfluß auf den Wasserverbrauch ist die Reinigung des Felsmaterials oder der Zuschlagstoffe. Dabei spielt der Grad der Verschmutzung eine wichtige Rolle. Man rechnet für das Waschen etwa

0,75 bis 1,5 m³ Wasser für jeden m³ zu waschendes Material, obwohl der Verbrauch bei starker Verschmutzung manchmal noch höher liegen kann.

In der obengestellten Aufgabe muß man den Wasserverbrauch für folgende Arbeiten berücksichtigen:

Vorbereitungsarbeiten für die Betonierung, wie Reinigen der Felssohle usw.

Arbeiten im Steinbruch und Bedarf in der Kompressoranlage, in der Aufbereitungsanlage und im Fall b in der Waschanlage, in der Betonieranlage, bei der Behandlung des Betons.

Dazu kommt noch weiter der Verbrauch für Werkstätten, Maschinenanlagen, wie z. B. Baukraftwerk usw., Sprengen der Straßen und andere Reinigungsarbeiten, ferner der Verbrauch für Trinken, Kochen und andere Zwecke im Lager, wie Schlächterei, Wäscherei usw.

Der größte Wasserverbrauch wird eintreten, wenn die Betonierungsarbeiten in vollem Gange sind. Man braucht daher die oben angeführten Mengen für das Reinigen der Felssohle nicht besonders zu berücksichtigen, da diese Arbeiten zur Zeit des Spitzenbedarfes schon abgeschlossen sein werden.

Es genügt daher, hier zu untersuchen, wie hoch der Wasserverbrauch während des größten Betonierungsbetriebes sein wird. Wenn die Wasserversorgung dafür ausreichend bemessen wird, dann ist sie auch für alle übrigen Arbeiten, die vorher oder nachher ausgeführt werden, leistungsfähig genug.

Für die Arbeiten im Steinbruch, in der Kompressorenstation usw. ist der Wasserverbrauch nicht allzu groß. Bei einer maximalen Betonierungsleistung von rd. 285 m³/h werden, wie in Aufgabe 10 errechnet, etwa 254 m³ Felsmaterial gebraucht. Rechnet man mit einem gesamten Verbrauch von $254 \cdot 0{,}05 = 13$ m³/h, so dürften damit alle Anforderungen erfüllt werden können.

Der Verbrauch in der Aufbereitungsanlage ist, wenn das Material nicht gewaschen werden muß, ebenfalls gering, es seien hierfür 5 m³ je Stunde vorgesehen.

Die Betonierungsanlage hat einen wesentlich höheren Bedarf. Die Wassermenge ist abhängig von der zu liefernden Menge Beton, hier 285 m³/h und dem Wasserzusatz. Man hat früher meist größere Mengen von Wasser zugelassen, insbesondere in der Zeit, wo man Gußbeton herstellte, als das heute der Fall ist. Der tatsächliche Verbrauch ist etwas veränderlich, je nach dem Feuchtigkeitsgehalt der Zuschlagstoffe usw. Es sei hier mit 0,2 m³ Wasser je m³ Beton gerechnet, wobei in dieser Menge nicht nur das Anmachwasser für den Beton eingeschlossen ist, sondern der gesamte Verbrauch der Aufbereitungsanlage. Es muß daher hier mit einem Verbrauch von 57 m³/h gerechnet werden.

Die Nachbehandlung des Betons erfordert verhältnismäßig große Mengen von Wasser, insbesondere im Sommer. In europäischen Ländern wird man mit 0,3 bis 0,4 m³ Wasser je m³ Beton gut auskommen, in wärmeren Gegenden steigt aber der Verbrauch für diesen Zweck auf das Doppelte an. Bei 0,4 m³ Wasser je m³ Beton ist der Verbrauch rd. 127 m³/h. Man sieht, daß die Nachbehandlung des Betons mehr Wasser erfordert als das Mischen.

Der Verbrauch in den Werkstätten, für Maschinen usw. läßt sich nur schwer genau erfassen, besonders hier, wo man über diese Einrichtungen nicht näher unterrichtet ist. Es sollen in unserem Beispiel für all diese Zwecke 15 m³/h vorgesehen werden.

Der Verbrauch im Lager hängt von der Zahl der beschäftigten Arbeiter, der Jahreszeit usw. ab. Nimmt man willkürlich eine Belegschaftsziffer von 1500 Mann an und rechnet mit einem Verbrauch von 100 l je Kopf und Tag, so ist der Tagesverbrauch für diesen Zweck 150 m³. Verteilt man diese Menge auf 12 Stunden, so ergibt sich ein Verbrauch von 12,5 m³/h.

Der Gesamtbedarf an der Baustelle wird daher etwa 230 m³/h betragen. Man wird die Wasserversorgungsanlage mindestens für diese Menge dimensionieren, besser aber für einen etwas größeren Verbrauch von etwa 250 m³/h, um für den Fall eines vorübergehenden größeren Bedarfs gesichert zu sein. Man mag dagegen einwenden, daß man sich durch Anlage eines oder mehrerer Wasserbehälter gegen besonders hohe Spitzen sichern kann. Dies ist richtig, doch bei einem stündlichen Bedarf von etwa 250 m³ müßte man die Behälter, die auf jeden Fall notwendig sind, sehr groß halten, wenn sie bei einer längeren Dauer der Spitze den Bedarf decken sollen.

Im Fall b bleiben die obengemachten Annahmen unverändert bestehen, es tritt jedoch noch der beträchtliche Bedarf für das Waschen der Zuschlagstoffe hinzu. Es werden benötigt die Wassermengen für zwei Drittel der Zuschlagstoffe. Rechnet man hier angenähert 1 m³ Zuschlagstoffe für 1 m³ Beton, so müssen rd. 190 m³ je Stunde gewaschen werden.

Wenn das Material nicht stark verschmutzt ist, so mag 1 m³ Wasser für 1 m³ Zuschlagstoffe genügend sein. Es wären also zusätzlich 190 m³/h notwendig, und der gesamte Verbrauch würde sich auf 430 bis 450 m³/h erhöhen. Diese Annahme mag in vielen Fällen nicht ausreichend sein, besonders wenn große Mengen von Sand gewaschen werden müssen. Es sind Fälle bekannt, bei denen der Wasserverbrauch bis zu 2,6 m³ Wasser je m³ Material und sogar höher angestiegen ist.

Der Wasserverbrauch für das Waschen ist also in unserem Beispiel der größte einzelne Posten und erhöht den Bedarf um etwa 75%.

Im übrigen hängt der Wasserverbrauch, allgemein gesprochen, von der Art der Sandaufbereitung ab. Wird die Aussortierung des Sandes im

Gegensatz zu der des Grobkorns auf nassem Weg vorgenommen, so ist der Wasserverbrauch naturgemäß viel höher als bei einer Trockenaufbereitung. Die in Amerika häufiger als bei uns übliche Methode des Aufschwimmens des Sandes erhöht den Wasserbedarf sehr stark. Man muß sich also bei der Entwurfsbearbeitung für die Wasserversorgungsanlage über die wichtige Frage, ob das Material ganz oder teilweise gewaschen werden muß und welche Methoden und Maschinen für das Waschen und die Sortierung angewandt werden sollen, endgültig klar sein.

All diese Fragen sind für die technische Einrichtung und auch für die Kostenberechnung wichtig. Ihre Bedeutung nimmt aber zu, wenn die Beschaffung der erforderlichen Wassermengen auf Schwierigkeiten stößt. Dies mag in manchen Fällen schon für europäische Verhältnisse zutreffen, ist aber von weit größerer Bedeutung in tropischen Ländern, wo bei meist erhöhtem Wasserbedarf, oftmals Schwierigkeiten angetroffen werden, solche Wassermengen in der Nähe der Baustelle zu beschaffen. Dabei darf in solchen Ländern auch der nicht unerhebliche Bedarf vergessen werden, der für die Kühlung des Betons notwendig wird.

B. Stromversorgung einer Baustelle

Im allgemeinen erfolgt die Stromversorgung einer Baustelle von öffentlichen Werken aus. Nur in wenigen Fällen ist es notwendig, ein eigenes Baukraftwerk zu errichten. Dies wird nur notwendig werden in Ländern und Gegenden, wo die allgemeine Stromversorgung nicht voll entwickelt ist oder in Fällen, wo der Strombedarf außergewöhnlich hoch ist und die öffentlichen Werke nicht in der Lage sind, die Bedarfsdeckung der Baustelle zu übernehmen. Aus wirtschaftlichen Gründen wird man kaum ein Baukraftwerk errichten, denn ein nur für kurze Zeit errichtetes Elektrizitätswerk kann nicht mit einem Werk in Wettbewerb treten, das für eine dauernde Stromlieferung errichtet ist, besonders wenn man noch die ungünstigen Belastungsverhältnisse einer Baustelle in Betracht zieht.

Wenn der Strom von einem bestehenden Elektrizitätswerk bezogen werden kann, ist die Errechnung der größten auftretenden Spitze nicht so wichtig wie im Fall der Errichtung eines Baukraftwerkes, da im ersten Fall die Baustelle einen meist nur sehr geringen Bruchteil der Leistung des Kraftwerkes abnimmt und somit gewisse Überschreitungen der angenommenen Spitze keinen großen Einfluß haben, im anderen Fall aber die Baustelle der einzige Stromabnehmer ist und somit bei einer Überschreitung der Spitze keine Deckungsmöglichkeit gegeben ist. Man wird daher, wenn man ein Kraftwerk für den Bau erstellen muß, die möglicherweise auftretende Spitze besonders sorgfältig errechnen müssen, so daß die Leistung des Kraftwerkes unter allen Umständen ausreichend ist.

Aufgabe 26. Leistungsberechnung für ein Baukraftwerk

Für eine neu einzurichtende Baustelle soll die für ein Baukraftwerk notwendige Leistung errechnet werden.

Lösung. Die erste und wichtigste Unterlage für die Berechnung des Strombedarfes ist die Geräteliste. In dieser sollen alle Geräte aufgeführt sein, die an der Baustelle eingesetzt werden. Man kann in dieser Liste gleich den Strombedarf für jedes Gerät mit eintragen oder, vorsichtiger ausgedrückt, die PS- oder KW-Zahl eines jeden in den Geräten eingebauten Motors. Addiert man diese Werte, so erhält man die gesamte installierte Leistung. Man muß dabei noch prüfen, ob nicht noch andere stromverbrauchende Einrichtungen an der Baustelle vorhanden sind, die in der Geräteliste vielleicht nicht enthalten sein werden. Dies kann z. B. der Fall sein bei Kleingeräten, die nicht in der Baugeräteliste enthalten sind, aber elektrisch betrieben werden.

Mit dieser Zahl für die an der ganzen Baustelle installierten Leistung ist aber für die an der Baustelle notwendige Stromversorgung nicht viel gewonnen, denn würde man unter Zugrundelegung dieses Wertes das Baukraftwerk dimensionieren, so würde man dann im Betrieb feststellen müssen, daß die vorgesehenen Anlagen viel zu groß sind und niemals voll ausgenutzt werden. Es liegt dies daran, daß nicht alle Maschinen zu gleicher Zeit laufen und auch eine bereits im Betrieb befindliche Maschine nicht soviel Strom aufnimmt wie beim Anfahren, während der Motor für die Höchstleistung berechnet sein muß.

Wie findet man nun die erforderliche Leistung des Baukraftwerkes? Eine einfache, aber nicht sehr zuverlässige Methode ist, die oben ausgerechnete Summe der in den einzelnen Maschinen installierten Leistungen mit einem sog. Gleichzeitigkeitsfaktor zu multiplizieren. Diese Frage ist bereits im II. Bd., S. 88f., behandelt worden, außerdem sind dort auch Zahlenwerte gegeben, die sich auf praktische Erfahrungen stützen.

Der Gleichzeitigkeitsfaktor ist aber keineswegs an allen Baustellen gleich groß. Er hängt ab: von der Art der eingesetzten Maschinen, der Art der auszuführenden Arbeit, der täglichen Betriebszeit, der Verteilung der Pausen und vielen anderen Umständen.

Nimmt man z. B. Kompressoren zur Erzeugung von Druckluft an, so wird die Belastung verschieden sein, je nachdem die Preßluft im Bohrbetrieb, z. B. bei Arbeiten im Steinbruch oder beim Stollenvortrieb usw., verwandt wird oder für eine Druckluftgründung.

Bei einem Stollenvortrieb wird in der Zeit des Besetzens der Bohrlöcher, des Abschießens und der Lüftung keine oder nur wenig Druckluft benötigt, wohl aber dann beim Laden des geschossenen Materials, sofern man dafür druckluftbetriebene Maschinen einsetzt, und beim Bohren. Es handelt sich hier um einen Betrieb mit fast vollständigen Unterbrechungen im Strombedarf für längere Zeit. Bei einer Druckluftgründung ist dagegen der Luftbedarf ziemlich gleichmäßig während der ganzen Arbeitszeit. Würde man in beiden Fällen für die Errechnung der Stromversorgung gleiche Reduktionsfaktoren verwenden, so würde das Ergebnis nicht zufriedenstellend sein. Beim Stollenvortrieb sind die Spitzen viel höher, während bei der Druckluftgründung kaum größere Spitzen vorkommen.

Aus diesem Beispiel ersieht man, daß die Anwendung eines gleichbleibenden Reduktionsfaktors falsch wäre und für alle Arbeiten besondere Untersuchungen angestellt werden müssen.

Es kann sich daher an manchen Baustellen sehr wohl empfehlen, nicht *einen* Gleichzeitigkeitsfaktor zu wählen, sondern verschiedene Faktoren unter Berücksichtigung der Art der einzusetzenden Maschinen und auch der mit diesen Maschinen auszuführenden Arbeiten.

Wenn kein eigenes Baukraftwerk errichtet werden muß, sondern der Strom aus einem öffentlichen Netz bezogen wird, ist es nicht notwendig, diese Überlegungen mit der gleichen Genauigkeit durchzuführen, obwohl in manchen Fällen sehr hohe Spitzen den Strompreis beeinflussen können. Elektrizitätswerke schätzen aus verständlichen Gründen Stromabnehmer nicht besonders hoch ein, wenn in der Belastung hohe Spitzen auftreten können, und verlangen einen höheren Preis je kWh, wenn das Verhältnis Spitzenbelastung zur Durchschnittsbelastung ungünstig ist. In einem solchen Fall muß der Unternehmer den Strompreis, den er in seiner Kalkulation einführt, auf Grund derartiger Untersuchungen ermitteln.

Die Erfahrung hat gezeigt, daß die bei der Aufstellung der Kostenberechnung gemachten Annahmen bezüglich des Stromverbrauches, der Spitzenbelastung usw., oft nicht richtig waren und der Verbrauch höher lag als ursprünglich angenommen. Zum Teil mag der Unterschied dadurch zu erklären sein, daß der Entwurf der Baueinrichtung nicht genau genug durchgearbeitet war und so nicht alle stromverbrauchenden Maschinen erfaßt wurden. Aber selbst wenn dies nicht der Fall war, sind Unterschiede zwischen Kalkulation und Ausführung aufgetreten, und zwar durch unrichtige Annahme des Gleichzeitigkeitsfaktors.

Hier können nur genaue Messungen des Strombedarfes an Baustellen Unterlagen schaffen, die bei der Neuaufstellung von Kostenberechnungen benutzt werden können.

Die gestellte Aufgabe kann nur unter Benutzung einer möglichst genau aufgestellten Geräteliste und mit Einführung eines Gleichzeitigkeitsfaktors, der auf Grund von Erfahrungen bei ähnlichen bereits ausgeführten Arbeiten bestimmt worden ist, gelöst werden.

C. Preßluftversorgung

Wenn man den Bedarf an Druckluft an einer Baustelle feststellen will, so muß man berücksichtigen, daß Druckluft nicht nur für Preßlufthämmer, verschiedene Rüttelgeräte usw. erforderlich ist, sondern auch für viele andere Zwecke benötigt wird, die man bei einer flüchtigen Bearbeitung der Baueinrichtung, z. B. bei einem ersten, vorläufigen Entwurf, leicht übersehen kann.

Es soll deshalb in der folgenden Aufgabe der Druckluftbedarf etwas näher untersucht werden.

Aufgabe 27. Druckluftbedarf an einer Talsperrenbaustelle

Es ist zu untersuchen, für welche Zwecke bei einem Talsperrenbau Druckluft erforderlich ist.

Lösung. In den ersten Monaten der Bauzeit, in denen hauptsächlich Erd- und Felsarbeiten auszuführen sind, wird Druckluft vorwiegend für den Einsatz der Preßlufthämmer bei den Felsarbeiten gebraucht. Die notwendige Menge an Druckluft ergibt sich aus der Anzahl der einzusetzenden Hämmer und deren Luftverbrauch, wobei jedoch zu beachten ist, daß nie alle Hämmer zu gleicher Zeit unter voller Last laufen werden.

In manchen Fällen wird gleichzeitig mit den Aushubarbeiten schon die Verbesserung des Untergrundes durch umfangreiche Zementinjektionen in Angriff genommen werden. Bei dem großen Umfang dieser Arbeiten kann der Druckluftverbrauch außerordentlich ansteigen, einmal durch den Einsatz von Bohrgeräten zum Herstellen der Einspritzlöcher, sofern man dafür Preßluftbohrer verwendet, dann aber für die Injektionspumpen. Insbesondere im letzten Abschnitt der Felsarbeiten werden beide Arbeiten gleichzeitig auszuführen sein und so der anfängliche Druckluftbedarf stark ansteigen. Die Injektionsarbeiten werden aber oftmals nicht mit der Beendigung der Felsarbeiten zum Abschluß kommen, sondern noch gleichzeitig mit den Betonarbeiten weiterzuführen sein.

Der Bedarf an Druckluft für die Ausführung der Betonarbeiten hängt selbstverständlich von der Art der für die Betonierung usw. gewählten Maschinen ab und kann daher hier nur allgemein erörtert werden. Druckluft kann benötigt werden für die im folgenden aufgeführten Zwecke. Es ist aber weder gesagt, daß in allen Fällen jedes der hier aufgeführten Geräte zum Einsatz kommen wird, noch auch kann diese Liste Anspruch auf Vollständigkeit erheben. Es wird immer wieder vorkommen, daß Druckluft auch noch für andere Zwecke als hier aufgeführt, benötigt wird. Dies ist besonders bei dem Einsatz vieler neuer Maschinen der Fall, da in den letzten Jahren der Einsatz druckluftbetriebener Geräte zugenommen hat und weiter Druckluft auch für andere Zwecke verwendet wird.

In der Zerkleinerungsanlage und insbesondere für die Verschlüsse der Zuschlagstoffsilos ist häufig Preßluft erforderlich. Bei einem größeren Talsperrenbau waren z. B. allein für die Bedienung der Siloverschlüsse etwa 6 m³ Luft je min notwendig.

In Zementsilos wird vielfach Druckluft zum Auflockern des Zementes verwandt. Es sei hier auch an die Verwendung von Preßluft für den Transport des Zementes erinnert. Der Bedarf an Druckluft zum Auflockern des Zementes ist nicht gering und lag bei dem zuvor erwähnten Bau ebenfalls bei etwa 6 m³ je min.

Wenn ein JOHNSON-Turm eingesetzt wird, entsteht ebenfalls ein Bedarf an Druckluft, der, je nach den Einzelheiten der Ausrüstung, bis etwa 10 m³ je min betragen kann.

Für die Bedienung von Betonkübeln wird in manchen Fällen ebenfalls Druckluft benötigt.

Für die heute als außerordentlich wichtig anerkannte Verdichtung des Betons wird gleichfalls häufig Preßluft verwendet. Die benötigte Menge hängt von der Anzahl der Verdichtungsgeräte ab und deren Luftbedarf. Immerhin ist die Luftmenge recht erheblich, sie betrug in dem obigen Beispiel 14 m³ je min und kann, je nach der zu verarbeitenden Menge Beton, noch wesentlich höher liegen.

Für viele andere Zwecke, wie z. B. Sandstrahlgebläse usw., ferner auch in den Werkstätten, kann ein zusätzlicher Verbrauch eintreten.

Ohne Berücksichtigung der beim Felsaushub erforderlichen Druckluftmengen kann an einer größeren Baustelle ein Luftbedarf von 60 bis 80 m³/min ohne weiteres auftreten.

Bei der Bearbeitung des Entwurfes für diesen Teil der Baueinrichtung muß man an Hand des Bauprogramms feststellen, welche Arbeiten zu gleicher Zeit ausgeführt werden und welcher Luftbedarf im Höchstfall auftreten kann. Es genügt nicht, an Hand der Geräteliste den voraussichtlichen Luftbedarf auszurechnen, denn einmal geht aus der Geräteliste nicht klar genug hervor, wann die einzelnen Geräte zum Einsatz kommen, dann aber sind aus der Geräteliste nicht zu ersehen, welche Luftmengen zur Bedienung von verschiedenen Armaturen, wie Siloverschlüssen usw., notwendig sind, ebenso wie auch aus der Liste nicht zu entnehmen ist, wie groß der Luftbedarf für andere Zwecke, wie Auflockern des Zements usw., ist. Man muß sich hier also vor allem auf das Bauprogramm stützen, dann aber auch auf ein eingehendes Studium aller zur Baudurchführung notwendigen Arbeitsvorgänge.

Auch hier taucht wieder die Frage auf, welcher Gleichzeitigkeitsfaktor gewählt werden muß. Ebensowenig wie bei der Stromversorgung kann auch hier für alle Arbeiten der gleiche Faktor gewählt werden, er ist verschieden, je nach der Art der auszuführenden Arbeiten, und er kann nur auf Grund von Erfahrungen bei ähnlichen Arbeiten angenommen werden.

Der Bestimmung des Luftbedarfes haftet somit immer, d. h. auch bei genauester Bearbeitung aller Unterlagen, eine gewisse Ungenauigkeit an, die aber in der Praxis keine allzu große Bedeutung hat, da man durch Einschaltung von Windkesseln den Einfluß vorübergehender, kurzer Spitzen im Luftverbrauch ausschalten kann.

Auf die Bedeutung der Wahl von Rohrleitungen mit einem ausreichend großen Durchmesser ist bereits im I. Bd. hingewiesen worden.

VII. Beispiele für die Unterteilung der Bauarbeiten
(Zu Bd. II, S. 106 bis 118)

A. Unterteilung der gesamten Arbeiten in einzelne zeitlich getrennte Abschnitte

Die Unterteilung der Bauzeit in mehrere getrennte Bauperioden kommt häufig vor bei Arbeiten großen Umfangs, die sich über mehrere Jahre erstrecken und bei denen nicht das ganze Jahr für Bauarbeiten ausgenutzt werden kann, sondern aus irgendwelchen Gründen längere Unterbrechungen eintreten, wie z. B. die allbekannte Winterpause bei Arbeiten im Hochgebirge usw.

Das Bestreben muß sein, die im ganzen zur Verfügung stehende Bauzeit bestmöglichst auszunutzen, um die Einrichtung der Baustelle so klein wie möglich halten zu können. Andererseits muß aber auch die Gewähr gegeben sein, daß das Programm für jedes Jahr tatsächlich eingehalten werden kann, selbst wenn die nutzbare Bauzeit durch widrige Umstände, wie früher Einbruch des Winters, spätes Einsetzen des warmen Wetters im Frühjahr, regenreicher Sommer usw., kürzer ist als man auf Grund vorliegender Erfahrungen annehmen kann. In manchen Fällen mag bei einer mehrjährigen Bauzeit ein gewisser Ausgleich möglich sein, im allgemeinen aber sollte man sich nicht darauf verlassen, denn es ist sehr schwierig und auch kostspielig, eingetretene Verzögerungen wieder aufholen zu wollen, vor allem, wenn dazu eine Erweiterung der Baueinrichtung notwendig wird.

Wenn die Bauzeit nicht festgelegt ist, muß man auf Grund solcher Untersuchungen herausfinden, in welcher Weise die Unterteilung der Arbeiten am besten vorgenommen wird und welche gesamte Bauzeit sich am günstigsten erweist.

Aufgabe 28. Unterteilung der Arbeiten beim Bau einer Talsperre

Bei einem Talsperrenbau sind 120000 m³ lose Überlagerung und 50000 m³ Fels auszuheben. Für die Mauer einschließlich Nebenanlagen sind 450000 m³ Beton herzustellen.

Die gesamte Bauzeit soll 4 Jahre nicht überschreiten, wobei mit einer Winterunterbrechung von 5 Monaten bei den Betonarbeiten und von 4 Monaten bei den Aushubarbeiten zu rechnen ist. Die Arbeiten können bei Einsatz der guten Witterung im ersten Baujahr begonnen werden.

Welche Verteilung der Arbeiten auf die einzelnen Jahre ist anzustreben und wie groß müssen die Leistungen in jedem Jahr sein?

Lösung. Es sei angenommen, daß die Erd- und Felsarbeiten bis 1. Dezember fortgeführt werden und am 1. April wieder begonnen werden können. Bei den Betonarbeiten muß eine Unterbrechung vom 15. November bis 15. April eintreten. Die Zahl der Arbeitstage je Monat kann mit 22 angenommen werden.

In jedem Jahr stehen somit 176 Arbeitstage für Erd- und Felsarbeiten und 154 Arbeitstage für Betonarbeiten zur Verfügung.

Im allgemeinen versucht man, die Erd- und Felsarbeiten im ersten Baujahr durchzuführen und gleichzeitig die Baueinrichtung aufzubauen. Man kann dann die übrigen Jahre für die Betonierung verwenden. Wenn die Erd- und Felsarbeiten im ersten Jahr nicht beendet werden konnten, hat man in einigen Fällen trotzdem entweder noch am Ende des ersten oder im Beginn des zweiten Baujahres die Betonarbeiten aufgenommen und die Erd- und Felsarbeiten an den Hängen nebenbei weitergeführt. Die Erfahrung hat gezeigt, daß vor allem bei verhältnismäßig breiten Tälern diese Lösung möglich ist. Sie hat aber verschiedene Nachteile, die nicht übersehen werden dürfen. Durch die gleichzeitige Ausführung von Aushubarbeiten und Betonarbeiten tritt eine gegenseitige Behinderung ein, was mit einer Leistungsverminderung verbunden ist, darüber hinaus besteht aber für die bei den Betonarbeiten an der Talsohle eingesetzten Arbeiter eine Gefährdung nicht allein infolge der Sprengarbeiten, sondern auch durch herabfallende Felsbrocken und Gesteinsstücke bei dem Abbau und Verladen des Gesteins. Wenn irgend möglich, sollte man daher die Betonarbeiten erst beginnen, wenn die Aushubarbeiten fertiggestellt sind. Man kann allerdings unter Umständen im oberen Teil der Hänge noch über der Gründungssohle eine später noch zu entfernende Felsschicht stehen lassen, um eine Verwitterung der Gründungsflächen zu vermeiden. Es handelt sich dann aber nur noch um die Entfernung geringer Mengen, die gelöst und geladen werden können, wenn unterhalb der Aushubarbeiten keine Betonarbeiten im Gange sind.

Günstiger ist es, wenn die Erd- und Felsarbeiten beendet sind bevor die Betonierung einsetzt. Es soll deshalb hier angenommen werden, daß die Aushubarbeiten in ihrer Gesamtheit vorweg fertigzustellen sind.

Die Aushubmengen sind in diesem Beispiel sehr erheblich. Es erscheint daher von vornherein fraglich zu sein, ob diese Arbeiten im ersten Baujahr bewältigt werden können. Dabei ist noch zu beachten, daß es falsch wäre, vom ersten Arbeitstag an mit einer wenn auch nur geringen

Leistung zu rechnen. Man muß berücksichtigen, daß am Anfang der Bauzeit einige Wochen für die produktive Arbeit fast ganz verloren gehen, da zuerst Unterbringungsmöglichkeiten für die Arbeiter geschaffen werden müssen und Geräte zur Baustelle zu bringen sind. Auch wenn die Erd- und Felsarbeiten keine große Baueinrichtung erfordern, so muß man hier doch den Antransport zur Baustelle und im besonderen zur Verwendungsstelle in Rechnung stellen. Ferner ist zu bedenken, daß nach dieser Zeit der Vorbereitungen nicht der volle Betrieb einsetzt, sondern eine gewisse Anlaufzeit mit geringen Leistungen unvermeidbar ist.

Im ersten Jahr stehen für die gesamten Arbeiten 176 Tage zur Verfügung. Nimmt man an, daß für die erste Einrichtung – nicht die Einrichtung der ganzen Baustelle einschließlich der Installation für die Betonarbeiten – 2 Monate gleich 44 Arbeitstagen ausreichend sind – eine recht günstige Annahme – so bleiben für Erd- und Felsarbeiten noch 132 Tage übrig.

Es ist nun zu entscheiden, welche Leistung beim Erdaushub im Monatsdurchschnitt während der hauptsächlichen Bauzeit erreicht werden kann. Im Talsperrenbau ist diese Leistung beschränkt, da die Ausdehnung der Arbeitsstelle nicht allzu groß ist und somit im allgemeinen nicht mehr als zwei Bagger angesetzt werden können. Nimmt man eine Tagesleistung von 800 m³ an, so wird man in vielen Fällen schon schwer kämpfen müssen, um dieses Ziel zu erreichen. Im ersten Monat kann man, wie bereits erwähnt, auf keinen Fall mit einer solchen Leistung rechnen. Nimmt man an, daß im ersten Monat des Erdbetriebes 50%, also 400 m³, geleistet werden können, so ist das eine gute Leistung. In der ersten Hälfte des zweiten Monats sei die Leistung etwa zwei Drittel der vollen Leistung, die dann bis zur Einstellung der Arbeiten im Spätherbst beibehalten werden soll. Die Leistung im ersten Jahr ergibt sich dann wie folgt:

Insgesamt Arbeitstage . . . . 8 Monate = 176 Arbeitstage
Baueinrichtung . . . . 2 Monate = 44 Arbeitstage
Somit verbleiben für die Aushubsarbeiten . . . . = 132 Arbeitstage
Leistung im ersten Monat: 22 · 800 · 0,5 . . . . = 8 800 m³
Leistung in der ersten Hälfte des 2. Monats:
   11 · 800 · 0,66 . . . . = 5 800 m³
Leistung in der zweiten Hälfte des 2. Monats:
   11 · 800 . . . . = 8 800 m³
Leistung in den letzten 4 Monaten des 1. Jahres:
   88 Tage mit 800 m³/Tag . . . . = 70 400 m³
Leistung im ersten Baujahr . . . . = 93 800 m³
Leistung im zweiten Baujahr . . . . = 26 200 m³

Man sieht, daß die Erdaushubsarbeiten im ersten Jahr nicht beendet werden können, sondern im zweiten Jahr fortgesetzt werden müssen.

Im ersten Monat des zweiten Jahres wird die Leistung mit zwei Drittel von 800 m³ eingesetzt und beträgt somit 22 · 800 · 0,66 = 11 500 m³, so daß noch 14 700 m³ im zweiten Monat ausgehoben werden müssen, was möglich sein dürfte. An und für sich wäre es leicht, auf dem Papier die Leistung im ersten Jahr so hoch anzusetzen, daß die Erdarbeiten beendet werden können. Es wird sich aber in der Praxis sehr wahrscheinlich herausstellen, daß die Einhaltung eines solchen Programms unmöglich ist. Es ist daher besser, vorsichtigere Annahmen zu machen, die dann auch eingehalten werden können.

Die Felsarbeiten können erst begonnen werden, wenn die Erdarbeiten ziemlich weit fortgeschritten sind, so daß an größeren Flächen die Überlagerung von losem Boden schon weggeräumt ist. Auf jeden Fall steht fest, daß die Felsarbeiten erst beginnen können, nachdem der Bodenaushub schon einige Monate im Gange ist und sie können erst einige Monate nach Beendigung der Erdarbeiten abgeschlossen werden. Nimmt man an, daß die Felsarbeiten 4 Monate später als die Erdarbeiten beginnen können und 3 Monate länger dauern, so stehen zur Durchführung dieser Arbeiten folgende Monate zur Verfügung: im ersten Jahr Oktober und November und im zweiten Jahr April, Mai, Juni, Juli und August. Die Betonarbeiten könnten dann im September beginnen und bis 15. November weitergeführt werden.

Die Felsarbeiten müßten entsprechend den obigen Ausführungen in 7 Monaten durchgeführt werden, also in 154 Arbeitstagen. Die durchschnittliche Tagesleistung ergibt sich somit zu rd. 330 m³. Da am Beginn der Felsarbeiten, dann aber auch am Anfang des zweiten Baujahres und am Ende der Felsarbeiten die Leistungen wesentlich geringer sein werden, muß man die durchschnittliche Leistung höher annehmen, und zwar mit etwa 400 bis 450 m³/Tag.

Die bei den Erd- und Felsarbeiten angegebenen Leistungen sind Durchschnittsleistungen. Die Baueinrichtung muß für wesentlich höhere Spitzenleistungen getroffen werden, da, wie an verschiedenen Stellen des I. und II. Bd. ausgeführt, andernfalls die Durchschnittsleistungen nicht erreicht werden können.

Die Betonarbeiten von insgesamt 450 000 m³ müssen, wenn man davon Abstand nimmt, bereits, während die Felsarbeiten noch fortgeführt werden, zu beginnen, in 16¹/₂ Monaten durchgeführt werden. Es ist nicht anzunehmen, daß in 2¹/₂ Monaten des zweiten Baujahres noch sehr große Leistungen erreicht werden können. Es ist dies, wie auch an anderer Stelle schon erwähnt, eine Art Probebetrieb, um zu sehen, ob die Anlage so läuft, wie angenommen.

Die Leistung in dieser Zeit soll zu 50 % der Durchschnittsleistung der normalen Bauzeit angesetzt werden. Im folgenden Jahr, dem dritten Baujahr, muß die hauptsächliche Leistung getätigt werden. Man kann hier im ersten Monat vielleicht mit einer 70 %igen Leistung rechnen und dann mit der vollen Leistung. Im letzten Baujahr wird man im ersten

Monat wieder mit 70% rechnen, dann mit voller Leistung, aber in den letzten 3 Monaten eine starke Abnahme berücksichtigen. Es sei hier mit Leistungen von 70, 50 und 30% gerechnet.

Unter diesen Annahmen ergibt sich die 100%ige Leistung zu 34 200 m³ je Monat oder 1555 oder rd. 1600 m³ je Arbeitstag.

Auch hier muß die Spitzenleistung, für die die Baueinrichtung bemessen werden muß, erheblich höher liegen, etwa bei 2500 m³/Tag oder besser 3000 m³/Tag. Eine Entscheidung, welche Spitze erforderlich ist, kann nur getroffen werden, wenn alle Einzelheiten der Baustelle und der auszuführenden Arbeiten bekannt sind.

Für die Baueinrichtung, d. h. die Zerkleinerungs- und Mischanlage, ferner die Transporteinrichtungen des Betons, stehen in diesem Fall außer dem ersten Baujahr noch im zweiten Baujahr die Monate bis Ende August zur Verfügung. Diese Zeit muß ausreichend sein, die Anlagen nicht nur vollständig aufzubauen, sondern auch in einen Probebetrieb zu nehmen.

Würde man mit allen Mitteln versuchen, die Betonarbeiten im Beginn des zweiten Baujahres in Gang zu bringen, so hätte dies den nicht zu unterschätzenden Vorteil, daß die Leistungen im Betonierbetrieb geringer gehalten werden können. Dem steht der Nachteil gegenüber, daß die Baueinrichtung für Erd- und Felsarbeiten entsprechend den wesentlich größeren Leistungen verstärkt werden muß. Außerdem aber besteht immer die Gefahr, daß unter den schwierigen Verhältnissen an einer solchen Baustelle – noch dazu im Hochgebirge – die Leistungen beim Aushub nicht erreicht werden können und dann die Baueinrichtung für die Betonarbeiten nicht ausreicht und auch kaum verstärkt werden kann, wie an anderen Stellen erwähnt. Es dürfte daher besser sein, am Anfang zu hohe, überspannte Leistungen zu vermeiden und sich durch reichliche Bemessung der Betonierungseinrichtungen zu sichern, daß der endgültige Fertigstellungstermin eingehalten werden kann.

Die zahlreichen Nebenarbeiten, die außer dem Erd- und Felsaushub und der Betonierung an einer solchen Baustelle noch auszuführen sind, wurden hier vollkommen vernachlässigt, um den Arbeitsvorgang möglichst einfach zu halten. Sie werden aber in Wirklichkeit eine nicht unbeträchtliche Rolle spielen und sie müssen in das Rahmenprogramm gut eingepaßt werden. Man sollte nie vergessen, daß manchmal durch Arbeiten, die keinen allzu großen Umfang haben und auf den ersten Blick unbedeutend erscheinen, unliebsame Verzögerungen eintreten können, die auf die Fertigstellung aller Arbeiten Einfluß haben können.

Es empfiehlt sich, auch hier graphische Darstellungen des Arbeitsfortschrittes zu machen. Ein Beispiel dieser Art ist in Abb. 78 gezeigt. Man sieht hier u. a., bis zu welcher Höhe die Talsperre in den einzelnen Jahren hochgeführt wird. Dies mag in manchen Fällen für die Beurteilung der Abflußmöglichkeiten des später aufzustauenden Flusses von Wichtigkeit sein, aber auch für die Frage, wann mit dem Aufstau begonnen werden kann, damit man nach Beendigung der Bauarbeiten möglichst schnell in Betrieb gehen kann.

Eine weitere Untersuchung, die man auf alle Fälle anstellen sollte, ist die Unterbringungsmöglichkeit des Betons. Während im unteren Teil

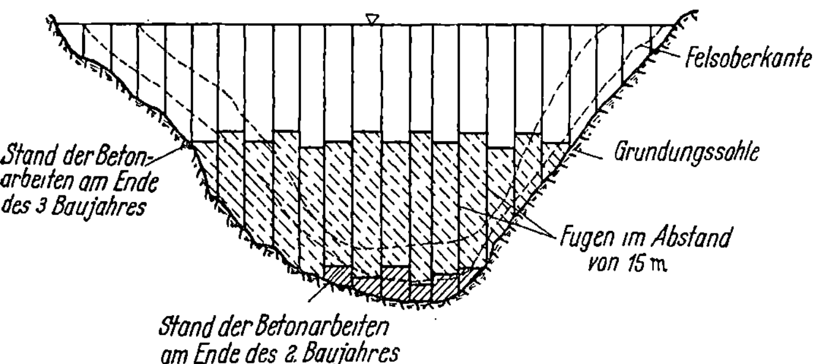

Abb. 78. Schematische Darstellung des Baufortschrittes in den einzelnen Baujahren beim Bau einer Talsperre

1. Baujahr: Aushub der Überlagerung und eines Teiles des Fels; 2. Baujahr: Restlicher Felsaushub und Beginn der Betonierung; 3. Baujahr. Betonierung; 4. Baujahr: Betonierung

der Mauer kaum Schwierigkeiten auftreten werden, die großen Mengen von Beton einzubauen, da hier die Mauer sehr stark ist, ist im oberen und besonders im obersten Teil der Mauer oft nicht genügend Platz vorhanden, den angelieferten Beton einzubauen unter Beachtung der meist bestehenden Vorschriften über die zulässige Steighöhe des Betons. Dazu kommt noch weiter, daß meist eine neue Lage Beton erst nach einer gewissen Zeit auf eine bereits fertige Lage aufgebracht werden darf. Diese Vorschriften, die allmählich auf Grund von Erfahrungen über Rißbildung, hohe Temperaturen in der Mauer usw. entwickelt worden sind, sollten streng eingehalten werden, obwohl sie die Betonierung, besonders im oberen Teil der Mauer, stark behindern und sogar zu einer Bauverzögerung Anlaß geben können, wenn man nicht schon bei der Aufstellung des Bauprogramms darauf Rücksicht nimmt.

Auch die Methode der Einbringung des Betons muß in Betracht gezogen werden. Es ist z. B. bei Verwendung von mehreren Kabelkranen, wie auch bereits erwähnt, schwierig, im oberen Teil der Mauer alle Krane gleichzeitig ohne gegenseitige Behinderung Beton in die hier schmale Mauer einbringen zu lassen. Auf jeden Fall sprechen viele Umstände dafür, die Betonierungsleistungen im oberen Teil der Mauer vorsichtig zu bemessen und all den hier erwähnten Umständen Rechnung zu tragen.

B. Unterteilung der gesamten Arbeiten in örtliche Abschnitte

(Zu Bd. II, S. 109 ff.)

Eine örtliche Unterteilung der Arbeiten findet bei der Ausführung aller großen Bauvorhaben statt. Wenn eine Straße oder Autobahn gebaut wird, werden die Strecken in einzelne Abschnitte unterteilt, schon weil es nicht möglich ist, an allen Stellen zu gleicher Zeit zu beginnen. Man nimmt aber auch eine Unterteilung vor, da ein Unternehmer nicht die ganze Arbeit ausführen soll oder auch kann. Diese Unterteilung in einzelne Lose ist häufig, aber keineswegs immer durch die örtlichen Verhältnisse von vornherein festgelegt, sondern kann oftmals mehr oder weniger willkürlich angenommen werden, obwohl auch hier gewisse Gesichtspunkte, wie Massenausgleich, Kreuzungen mit anderen Verkehrswegen, besonders mit Flußläufen, zu beachten sind.

Diese Unterteilung in einzelne Lose soll hier nicht näher behandelt werden, vielmehr soll nur besprochen werden, wie am zweckmäßigsten eine örtlich beschränkte Arbeit unterteilt wird, so daß ihre Ausführung nicht nur möglich, sondern auch am günstigsten gestaltet wird.

Wie auch aus den im II. Bd. bereits gezeigten Beispielen hervorgeht, hat diese Frage besondere Bedeutung bei Arbeiten an und in einem Fluß, wie Brückenbauten, Bau von Wasserkraftanlagen mit und ohne Schleusen, ferner auch bei Bauten an der See, z. B. große Schleusen usw.

Es soll hier ein Beispiel für den Bau einer Wasserkraftanlage durchgesprochen werden, da hierbei alle Fragen, die mit der Unterteilung der Arbeiten auftauchen, in einfacher Weise behandelt werden können.

Man mag hier einwenden, daß beim Bau verschiedener Wasserkraftanlagen eine Unterteilung in einzelne Lose vorgenommen worden ist, wie z. B. bei dem schon behandelten Beispiel des Baues des Wehres und des Krafthauses der Anlage Ryburg–Schwörstadt (s. Bd. II, S. 113f.) und anderen Anlagen. Auch in diesen Fällen mußte – und zwar von der Bauleitung – ein Bauprogramm für die Arbeiten der verschiedenen Unternehmer aufgestellt und die Arbeiten der einzelnen Unternehmer so aufeinander abgestimmt werden, daß sich aus der Unterteilung in Lose keine Schwierigkeiten ergaben.

In einzelnen Fällen sind bei solchen Projekten sogar nicht alle Arbeiten gleichzeitig ausgeführt worden, sondern in größeren Zeitabständen, wie z. B. Anlagen am Main, am Neckar usw. Auch dieser Umstand bedeutet keine grundsätzliche Änderung, denn für jeden einzelnen Abschnitt müssen ähnliche Untersuchungen über freie Durchflußbreiten usw. angestellt werden, wie in dem hier behandelten Beispiel.

Aufgabe 29. Bauabschnitte beim Bau eines Flußkraftwerkes

Der Lageplan für ein Flußkraftwerk ist in Abb. 79 oben gegeben. Die Anlage besteht aus Wehr und Krafthaus. Das Krafthaus liegt zum großen Teil im Flußlauf, und zwar reicht es von der Uferlinie aus 70 m in den Fluß hinein, dessen gesamte Breite 200 m beträgt.

Das Wehr besteht aus fünf Öffnungen von je 20 m lichter Weite. Die Pfeilerstärke ist 6 m. Das Landwiderlager liegt im Ufer außerhalb des Flußprofils. Neben dem Krafthaus ist ein Endpfeiler anzuordnen, der die gleiche Stärke haben soll wie die übrigen Zwischenpfeiler.

Während der Bauzeit sind immer mindestens 80 m Durchflußbreite von Einbauten freizuhalten. Der Durchfluß durch das Krafthaus, nach Beendigung des Baues desselben, soll vernachlässigt werden.

Für Krafthaus und Wehr soll eine Umschließung der einzelnen Baugruben durch Fangedämme erfolgen. Die Breite derselben soll nicht mehr als 8 m betragen.

Ist es günstiger, zuerst das Krafthaus und dann das Wehr zu bauen oder kommen auch andere Lösungen in Frage? Wie gestalten sich in jedem Fall die einzelnen Bauvorgänge? Es soll dabei auch untersucht werden, ob die Umschließung der Wehrbaugruben durch Stahlspundwände an Stelle der Fangedämme Vorteile mit sich bringt und wie sich diese auf die Wahl der Bauabschnitte auswirkt.

Lösung. Allgemein ist zu diesem Problem folgendes zu sagen:

Mit Rücksicht auf eine kurze Gesamtbauzeit und eine frühzeitige Inbetriebnahme des Kraftwerkes wird man es im allgemeinen vorziehen, das Krafthaus im ersten Bauabschnitt auszuführen, da man dann gleichzeitig mit dem Bau des Wehres genügend Zeit zu Verfügung hat, die Montage der Turbinen und Generatoren auszuführen. Der Krafthausbau, der im allgemeinen mehr Massen als das Wehr enthält und durch die oft schwierigen Schalungsarbeiten eine verhältnismäßig lange Bauzeit erfordert, wird daher gern als erster Bauabschnitt in Angriff genommen und nebenbei, soweit es die Durchflußverhältnisse erlauben, ein oder zwei Abschnitte des Wehres. Nach Beendigung der Bauarbeiten am Krafthaus wird dann noch der restliche Teil des Wehres ausgeführt.

Es findet sich aber auch manchmal die andere Lösung, daß man zuerst das Wehr oder größere Teile desselben baut und im letzten Abschnitt das Krafthaus. Auf diese Weise kann man unter Umständen erreichen, daß die Zahl der Bauabschnitte beim Wehr verringert wird, womit man auch an Länge der Fangedammbauten spart und die Zahl der sonst unvermeidlichen Anschlüsse der Fangedämme an bereits fertiggestellte Pfeiler herabsetzt.

Für eine Untersuchung des günstigsten Bauvorganges spielt die Lage der Bauwerke im Fluß eine ausschlaggebende Rolle, insbesondere dann, wenn Teile des Kraftwerkes oder des Wehres in das alte Ufer auf größere Länge einbinden.

Im vorliegenden Beispiel sind die Annahmen möglichst einfach gehalten worden. In der Praxis wird man nur selten die Angabe erhalten, welche Durchflußbreite freigehalten werden muß, vielmehr wird man diese Breite auf Grund der Abflußmengen selbst errechnen müssen, außerdem aber wird diese Menge nicht während des ganzen Jahres konstant, sondern in den einzelnen Jahreszeiten verschieden groß sein, so daß auch die erforderliche Durchflußbreite in den einzelnen Monaten oder Jahreszeiten wechselt.

Es soll nun zuerst der Fall untersucht werden, daß das Krafthaus im ersten Bauabschnitt, zusammen mit einem Teil des Wehres und der restliche Teil des Wehres in einem zweiten oder in einem zweiten und dritten Abschnitt ausgeführt wird (s. Abb. 79).

Man wird wohl in allen Fällen den Endpfeiler des Wehres zusammen mit dem Krafthaus ausführen und ihn deshalb mit in die Krafthausbaugrube einbeziehen.

Die erste Baugrube hat daher eine Länge von $70 + 6 = 76$ m, wozu noch die Stärke des Fangedammes mit 8 m hinzukommt. Es ist aber noch zu beachten, daß der Fangedamm nicht unmittelbar neben dem auszuführenden Bauwerk liegen kann, sondern, daß hier noch ein Zwischenraum von einigen Metern freibleiben muß. Es soll dieser Abstand mit 4 m angenommen werden. In der Praxis richtet sich dieses Maß nach der Höhe der Fangedämme, den Bodenverhältnissen, der Gründungstiefe usw. Die gesamte Baugrubenbreite erhöht sich daher auf 88 m. Es verbleibt somit noch eine Durchflußbreite von 112 m, während 80 m genügen. Es kann daher noch eine Wehröffnung gleichzeitig ausgeführt werden, die entweder am linken Ufer liegen oder auch in die Krafthausbaugrube einbezogen werden kann.

Für die Wehröffnung am linken Ufer ist eine Breite von $20 + 6 + 4 + 8 = 38$ m notwendig, wenn man hier auch einen Fangedamm in gleicher Weise wie zuvor erwähnt anordnet. Dadurch würde sich die freie Durchflußbreite auf $200 - 88 - 38 = 74$ m verringern, was nach den Bedingungen nicht zulässig ist. Ersetzt man aber den Fangedamm der Wehrbaugrube durch eine Stahlspundwand, so spart man, wenn man die Stärke der Spundwand mit 1 m einsetzt, gegenüber dem Fangedamm 7 m, außerdem kann man die Spundwand näher an das zu errichtende Bauwerk heranführen, so daß in diesem Fall die Durchflußbreite ausreichend wäre. Man sieht, daß die Verwendung einer einfachen Spundwand an Stelle eines Fangedammes sehr wohl den Bauvorgang vereinfachen kann. Bei dem Wehrbau, bei dem die Bauzeit für eine Öffnung wesentlich kürzer sein wird als für den Krafthausbau, wird sich häufig die Verwendung von Stahlspundwänden als ausreichend erweisen, selbst wenn bei der großen Krafthausbaugrube bei sonst gleichen Verhältnissen ein Fangedamm notwendig ist.

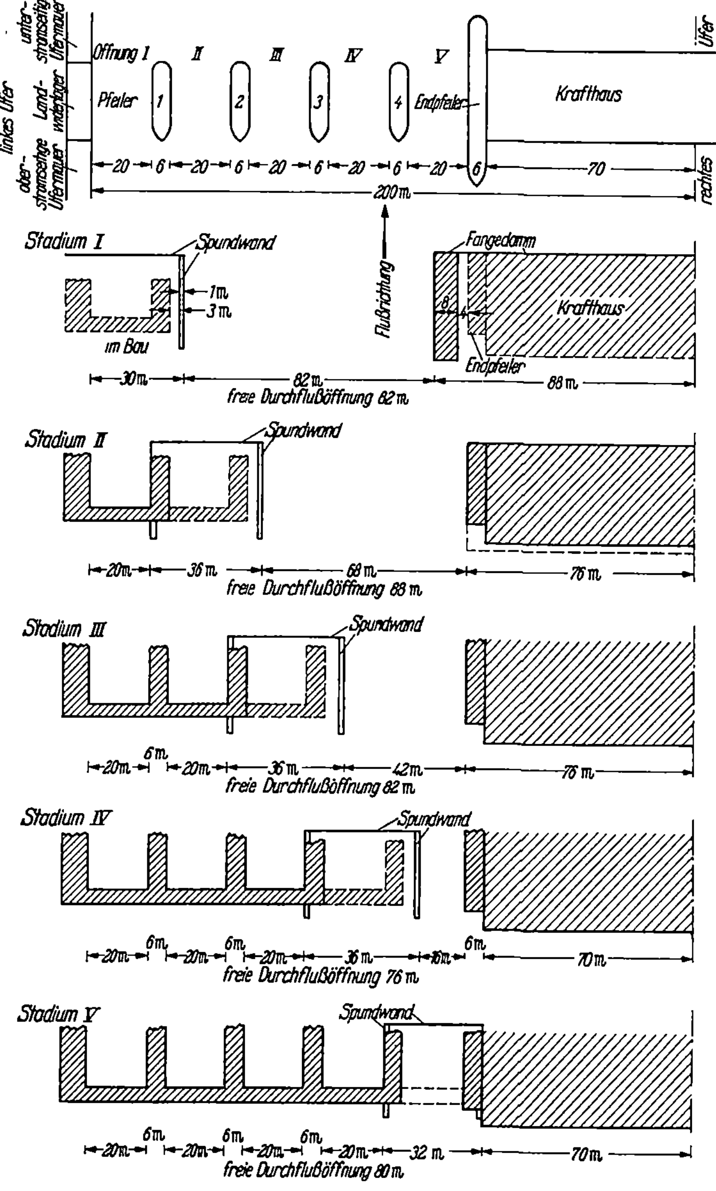

Abb. 79. Baustadien beim Bau einer Flußkraftanlage, Vorschlag I

Wenn man die Wehröffnung neben dem Krafthaus in die erste Baugrube einbezieht, ergibt sich eine Breite von $70 + 6 + 20 + 6 + 4 + 8 = 114$ m, die erforderliche Durchflußöffnung ist somit frei. Diese Lösung

hat den Vorteil, daß die Baugrube groß und der Mehraufwand an Fange-
dämmen für den Bau dieser Wehröffnung gering ist. Ein Nachteil ist aber
vorhanden, nämlich die lange Bauzeit für die Wehröffnung, die hier durch
die Ausführung der gesamten Arbeiten für das Krafthaus, soweit sie im
Schutz des Fangedammes ausgeführt werden müssen, bedingt ist. Man
könnte allerdings daran denken, in der großen Baugrube die Arbeiten für
die Wehröffnung, d.h. Endpfeiler, Wehrboden und Zwischenpfeiler zu
beschleunigen und dann den Fangedamm zum Endpfeiler heranzuführen
und die Wehröffnung vorzeitig freizugeben. Diese Lösung soll später noch
weiter untersucht werden.

Es soll nun zunächst die Lösung weiterverfolgt werden, bei der im
ersten Stadium außer der Krafthausbaugrube noch eine Baugrube am
linken Ufer umschlossen wird zum Bau der ersten Wehröffnung. In diese
Baugrube ist auch das Landwiderlager einzubeziehen, das nicht im Fluß-
profil liegt. In diesem Stadium erhält man bei Verwendung einer Stahlspundwand und einem Abstand der Spundwand vom Pfeiler von 3 m
eine freie Durchflußöffnung von 82 m, man bleibt also im zulässigen
Rahmen.

Im zweiten Stadium soll die Spundwand an den im ersten Stadium
bereits fertiggestellten Pfeiler angeschlossen und um Öffnung 2 und
Pfeiler 2 herumgeführt werden, wobei auch wieder der Abstand Pfeiler-
außenkante – Spundwand mit 3 m angenommen wird. Es bliebe dann eine
freie Durchfahrt von $200 - 36 - 88 = 76\,m$ übrig, was nicht ausreichend
ist. Man ist daher gezwungen, in der Krafthausgrube eine Änderung vorzunehmen und, wie schon oben erwähnt, den Fangedamm an den bereits
fertiggestellten Endpfeiler heranzuführen und dadurch diese Baugrube
um 12 m schmaler zu machen. Man bekommt auf diese Weise eine freie
Durchfahrt von 88 m. Diese Umlegung des Fangedammes der Krafthausbaugrube ist einfach, da alle Arbeiten in der trocken gelegten Baugrube
ausgeführt werden können und wahrscheinlich der Endpfeiler eine wesentlich größere Länge erhalten wird als die Zwischenpfeiler.

Im Stadium III wird die dritte Öffnung und der Wehrpfeiler 3 erstellt.
Einerlei, ob das Krafthaus zu diesem Zeitpunkt schon fertiggestellt ist
oder nicht, gehen auf der rechten Flußseite 76 m für den Durchfluß verloren. Die Wehrbaugrube beansprucht 36 m, so daß eine freie Durchflußbreite übrigbleibt von 82 m, unterteilt in zwei Wehröffnungen von
je 20 m und eine Öffnung zwischen Spundwand und Endpfeiler von 42 m.
Auch diese Lösung ist nur möglich, wenn man für den Wehrbau keinen
Fangedamm benötigt, sondern eine Stahlspundwand verwenden kann.

Im Stadium IV treten aber auch unter diesen Annahmen Schwierigkeiten auf. Da ein Wehrpfeiler mehr als im Stadium II fertiggestellt ist,
verringert sich die freie Durchflußöffnung nochmals um 6 m und beträgt
daher nur 76 m.

Im Stadium V ist nur noch der Wehrboden der letzten Öffnung herzustellen, und es stehen vier Öffnungen zum Durchfluß zur Verfügung, die geforderte Breite von 80 m ist daher vorhanden.

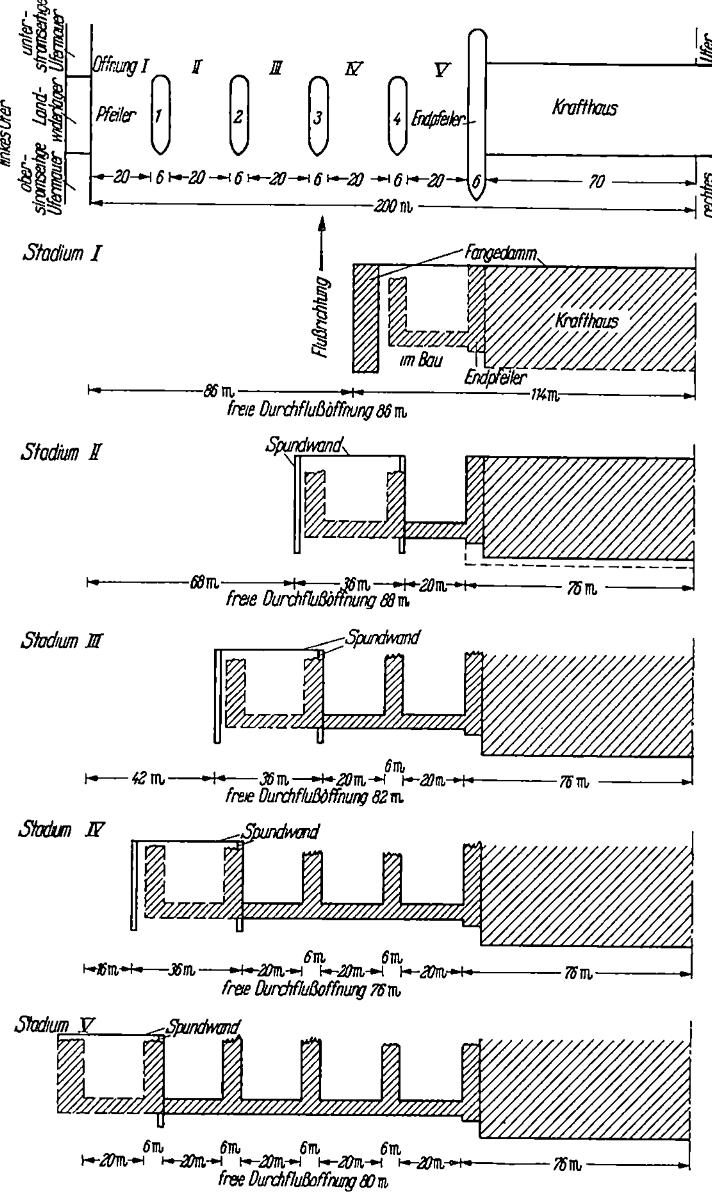

Abb. 80. Baustadien beim Bau einer Flußkraftanlage, Vorschlag II

Es ist nun zu entscheiden, ob die Verminderung der Durchflußbreite im Stadium IV zugelassen werden kann, und ob die Möglichkeit besteht, beim Wehrbau den Fangedamm durch eine Stahlspundwand zu ersetzen. Die Verwendung der Spundwand wird im allgemeinen ohne weiteres möglich, vielleicht sogar vorteilhaft sein. Die Verschmälerung der Durchflußbreite um 4 m dürfte kein unüberwindliches Hindernis sein. Einmal wird man diesen Zustand nach Möglichkeit in eine Niederwasserperiode legen, dann aber wird bis zum Eintritt dieses Zustandes ein etwas höherer Aufstau zulässig sein, da die Arbeiten in der Krafthausbaugrube bis dahin abgeschlossen sein werden.

Wenn man aber diesen Vorschlägen nicht zustimmen kann, so ist die hier vorgeschlagene Lösung nicht durchführbar, und es bleibt dann nur übrig, die Krafthausbaugrube in zwei Abschnitte zu unterteilen und den zweiten Abschnitt des Krafthauses erst in Angriff zu nehmen, wenn der Wehrbau soweit fertiggestellt ist. Diese Lösung bedingt eine längere Gesamtbauzeit und ist auch sonst in vieler Beziehung ungünstig, so daß es wohl besser ist, die entgegen den Vorschriften auftretende Verschmälerung der freien Durchfahrt mit in Kauf zu nehmen.

Es ist jetzt noch die zweite, oben bereits erwähnte Lösung zu untersuchen, nämlich die Ausführung der Wehröffnung V zusammen mit dem Krafthaus. Die einzelnen Bauabschnitte sind in Abb. 80 dargestellt. In diesem Fall sollte man nach Fertigstellung des Endpfeilers, des Wehrbodens und des Zwischenpfeilers die Umlegung des Fangedamms vornehmen, da man dadurch wesentlich an Bauzeit sparen kann. Die Baugrube für das Krafthaus und die eine Wehröffnung erfordert eine Lösung von 114 m. Es bleibt also noch die geforderte Durchflußbreite frei.

Im Stadium II ist die Breite der Krafthausbaugrube nur noch 76 m. Dazu kommt jedoch noch eine Wehrbaugrube mit 36 m Breite bei Verwendung von Stahlspundwänden. Diese Baugrube schließt zweckmäßigerweise an Wehrpfeiler 4 an und umfaßt Wehröffnung III und Wehrpfeiler 3. Die freie Durchflußöffnung beträgt 88 m, also mehr als das zulässige Mindestmaß.

Im Stadium III beträgt, wie auch schon bei der zuvor erwähnten Lösung, die Durchflußöffnung 82 m, um dann aber im Stadium IV auch wieder auf 76 m abzunehmen. Im letzten Bauzustand ist die Durchflußbreite 80 m.

Man sieht, daß diese Lösung gegenüber dem ersten Vorschlag keine Verbesserung bedeutet, wenn man von dem geringen Unterschied im ersten Stadium absieht.

Das oben Gesagte gilt daher auch hier sinngemäß.

Wenn man bereit ist, den Vorteil, der mit der frühzeitigen Ausführung des Krafthauses verbunden ist, preiszugeben, kann man die Bauarbeiten mit dem Wehrbau beginnen. Die Bauzustände sind in Abb. 81 gezeigt. Im ersten Stadium kann man einen Fangedamm errichten, der die ersten vier Öffnungen einschließlich der vier Zwischenpfeiler umschließt. Bei

Wahl eines Fangedammes ergibt sich eine Breite der Baugrube von 116 m, es bleibt also eine Durchflußöffnung von 84 m frei.

Im zweiten Stadium wird der Fangedamm an Pfeiler 4 angeschlossen und führt zum rechten Ufer. Er umschließt somit den Boden der Wehröffnung V, den Endpfeiler und das ganze Krafthaus. Die Breite dieser Baugrube ist 102 m. Die freie Durchflußöffnung beträgt 80 m gleich den vier im ersten Abschnitt fertiggestellten Wehröffnungen.

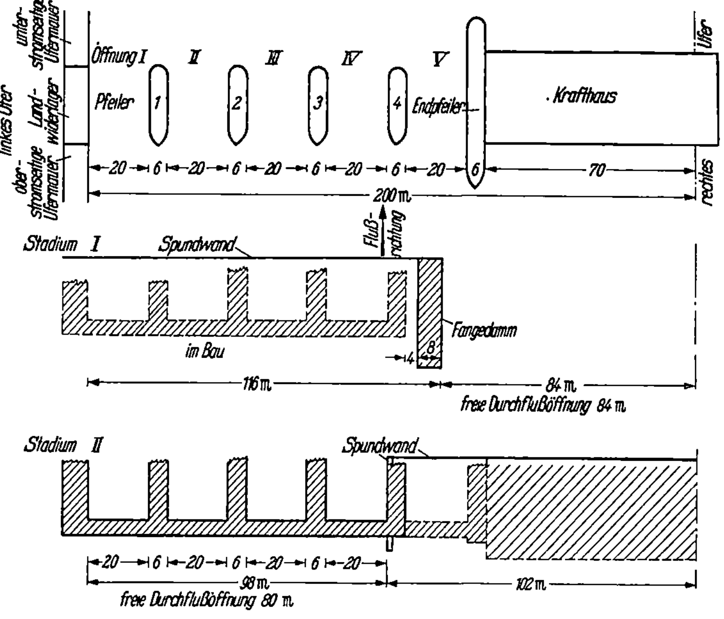

Abb. 81. Baustadien beim Bau einer Flußkraftanlage, Vorschlag III

Bei diesem Vorschlag entstehen auch bei Wahl eines Fangedammes keinerlei Schwierigkeiten bezüglich der Durchflußöffnungen. Ein weiterer Vorteil ist, daß man nur zwei Baustellen hat, demzufolge ist die Länge der Fangedämme bzw. der Fangedämme und Spundwandumschließungen kleiner als bei den anderen Lösungen. Insbesondere hat man nur den Anschluß des Fangedammes an einen Zwischenpfeiler herzustellen, was günstig ist, da an solchen Stellen unter Umständen Undichtigkeiten auftreten können.

Auf der anderen Seite kann mit der Montage der Maschinen im Krafthaus erst begonnen werden, wenn alle Bauarbeiten im wesentlichen beendet sind. Es ist also die Montagezeit für die Maschinen der Bauzeit noch hinzuzurechnen, während bei den anderen Lösungen die Montage dieser Maschinen erfolgt, solange der Bau des Wehres noch im Gange ist.

Es kann hier nicht entschieden werden, welche Lösung – im ganzen gesehen – günstiger ist, da die Montagedauer der Maschinen nicht bekannt und hier auch wirtschaftliche Fragen eine Rolle spielen. Abgesehen von den verschieden hohen Kosten für Fangedämme und Spundwände bei den einzelnen Lösungen, muß man auch untersuchen, wieweit z. B. die Ausführung des Wehres in einzelnen kleinen Abschnitten teurer ist als der Bau fast des ganzen Wehres in einer großen Baugrube.

Man sieht aus diesem Beispiel, daß die Unterteilung in einzelne Bauabschnitte in verschiedener Weise vorgenommen werden kann. Eine endgültige Entscheidung über die beste Lösung ist sehr schwer zu treffen und erfordert eingehende technische und wirtschaftliche Untersuchungen. Vielfach ist auch keine klare, eindeutige Entscheidung möglich, wie auch daraus hervorgeht, daß bei einer Ausschreibung nicht alle Unternehmer gleiche Vorschläge einreichen.

Es soll hier noch eine Frage kurz angeschnitten werden: Welchen Einfluß auf das Bauprogramm hätte es, wenn der Fluß schiffbar wäre und die Schiffahrt möglichst lange im Fluß aufrechtzuerhalten wäre, wobei anzunehmen ist, daß die Schleuse auf einem Ufer liegt, die Anordnung von Wehr und Krafthaus also unverändert bestehen bleibt.

Bei der zuerst behandelten Lösung könnte die Schiffahrt im Fluß verbleiben bis zum Ende von Stadium III, denn auch in diesem Zustand ist noch, und zwar etwa in Flußmitte, eine freie Durchfahrt von 42 m vorhanden. Im Stadium IV kann die Schiffahrt nicht mehr im Flußlauf verbleiben, sondern müßte bereits durch die Schleuse geleitet werden. Da bei Beginn des Bauzustandes IV schon drei Wehröffnungen fertiggestellt sind, dürfte ein Teilaufstau die Umleitung der Schiffahrt ermöglichen.

Bei der zweiten Lösung kann die Schiffahrt im ersten und zweiten Bauzustand durch die Öffnungen von 86 bzw. 68 m am linken Ufer hindurchgehen, im dritten Stadium werden aber die Verhältnisse bereits recht ungünstig. Es bleibt hier zwar auch noch eine freie Durchfahrt von 42 m bestehen, sie liegt aber ganz am linken Ufer und es ist fraglich, ob die Schiffahrt soweit nach links abgelenkt werden kann.

Bei der zuletzt behandelten Lösung kann im ersten Stadium die Schiffahrt durch die freie Öffnung auf der rechten Seite des Flusses gehen, eine Umleitung wäre jedoch schon vor Beginn des zweiten Bauabschnittes nötig, da in diesem Bauzustand die Pfeiler die Durchfahrt von Schiffen unmöglich machen.

Wenn auch das Problem der Schiffahrt hier nicht im einzelnen erörtert werden kann, so sieht man doch, daß in diesem Fall die Unterteilung in einzelne Bauabschnitte wesentlich erschwert wird.

VIII. Beispiele für die Aufstellung
von Bauprogrammen und Geräteprogrammen
(Hierzu s. Bd. II, S. 118ff.)

Es ist schon an verschiedenen Stellen darauf hingewiesen worden, welch große Bedeutung der Aufstellung eines bis in alle Einzelheiten durchgearbeiteten Bauprogramms zukommt. Auch den anderen Programmen sollte entsprechende Aufmerksamkeit geschenkt werden.

Es ist aber sehr schwer, im Rahmen eines Buches die Bearbeitung eines Bauprogramms aufzuzeigen, vor allem, weil das Bauprogramm auf vielen anderen Unterlagen aufgebaut werden muß, die hier nicht zur Verfügung stehen können.

Es ist daher notwendig, ein besonders einfaches Bauvorhaben herauszusuchen, bei dem die Aufstellung des Programms leicht möglich ist. Ein Stollenbau ist dafür geeignet, da hier nur verhältnismäßig wenig verschiedene Arbeiten auszuführen sind und auch die Darstellung des Bauprogramms sich in einfacher Weise durchführen läßt.

A. Aufstellung eines Bauprogramms

Aufgabe 30. Aufstellung eines Programms für einen Stollenbau

Ein Stollen von 5 km Länge kann an einem Ende unmittelbar in Angriff genommen werden. Am anderen Ende kann der Vortrieb nur vom Fußpunkt eines 60 m tiefen Schachtes aus begonnen werden.

Für die Einrichtung der Baustelle werden an dem freien Ende $1^1/_2$ Monate benötigt. Der Schachtausbruch kann erst nach einer Einrichtungszeit von $2^1/_2$ Monaten begonnen werden, da hier der Zugang wesentlich ungünstiger ist.

Der Arbeitsfortschritt vom freien Ende aus kann mit 4,5 m/Tag eingesetzt werden. Beim Schacht beträgt der tägliche Fortschritt nur 1,8 m und beim Stollenvertrieb vom Schacht aus 3,5 m.

Es ist ein Programm zu zeichnen, aus dem die erforderliche Bauzeit bis zum Durchschlag ersichtlich ist und in dem auch die Stelle angegeben ist, wo der Durchschlag erfolgt. Dabei ist anzunehmen, daß der Ausbruch des ganzen Querschnittes des Stollens auf *einmal* erfolgt, also kein besonderer Vortriebsstollen erforderlich ist.

Sodann ist das Programm für die Auskleidung zu zeichnen, unter der Annahme, daß die Auskleidung an einem Punkt im Stollen nach beiden Richtungen vorgetrieben wird. Der Arbeitsfortschritt beträgt in Richtung auf das freie Ende zu 20 m/Tag, auf der anderen Seite 14 m/Tag. Die

Auskleidung des Schachtes kann vernachlässigt werden. Es ist der Punkt zu bestimmen, wo die Auskleidung begonnen werden muß, so daß der ganze Stollen in kürzester Zeit ausgekleidet ist, wobei angenommen werden soll, daß die Auskleidungsarbeiten erst nach vollständiger Beendigung der Ausbruchsarbeiten angefangen werden können, also nicht unmittelbar nach dem Durchschlag. Für das Reinigen der letzten Ausbruch-

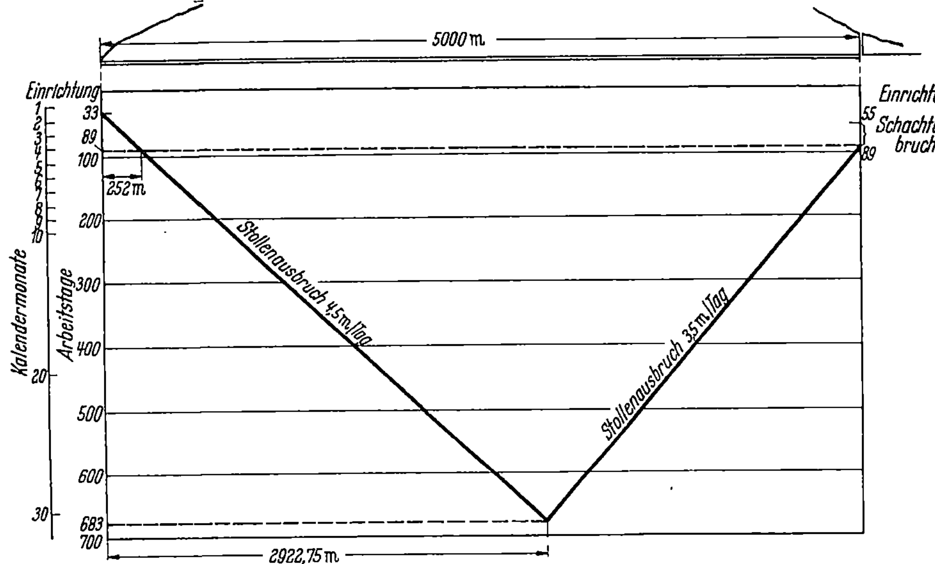

Abb. 82. Bauprogramm für einen Stollenausbruch (Angriff von zwei Seiten)

strecken und die Einrichtung der Betonierungsarbeiten werden etwa 2 Wochen benötigt. Diese kurze Zeit ist ausreichend, da die außerhalb des Stollens liegende Einrichtung für die Betonierung während des Ausbruches aufgebaut werden kann.

Es soll weiter noch untersucht werden, ob die Bauzeit beträchtlich verkürzt werden kann, wenn etwa in der Mitte des ganzen Stollens ein besonderer Zugangsschacht von 80 m Tiefe angelegt wird, wobei dann die oben gemachten Annahmen für Fortschritt usw. auf der Schachtseite sinngemäß auch hier Geltung haben sollen.

Das Längsprofil des Stollens ist über dem Bauprogramm in Abb. 82 dargestellt. Für das Programm wird eine ähnliche Darstellung gewählt wie in Abb. 47 des II. Bds.

Lösung. Wenn man auf beiden Seiten den gleichen Tag für den Arbeitsbeginn festlegt, muß man auf der linken Seite 1,5 Monate für die Durchführung der Einrichtungsarbeiten abtragen und erhält auf diese Weise den Zeitpunkt für die Aufnahme der Ausbruchsarbeiten. Auf der rechten Seite werden 2,5 Monate für die Einrichtung benötigt. Dann erst kann mit dem Schachtaushub angefangen werden, der 60 : 1,8 = 33,3, rd. 34 Tage erfordert. Es soll hier angenommen werden, daß monatlich im Durchschnitt 22 Arbeitstage zur Verfügung stehen. Dann erst kann mit dem Ausbruch des Stollens begonnen werden, der hier aber langsamer als auf der anderen Seite fortschreitet, nämlich nur 3,5 m je Tag. Man findet aus der graphischen Darstellung, daß der Durchschlag des Stollens nach einer Bauzeit von 683 Tagen erfolgen wird, und zwar in einer Entfernung von rd. 2923 m vom freien Ende aus.

Das Ergebnis der Untersuchungen ist im einzelnen folgendes:

Linke Seite: Beginn der Ausbruchsarbeiten nach 33 Tagen.

Rechte Seite: Beginn der Ausbruchsarbeiten nach $2,5 \cdot 22 + 60 : 1,8 \cong 89$ Tagen. Auf der linken Seite sind somit bereits

$89 - 33 = 56$ Tage die Ausbruchsarbeiten im Gange, ehe auf der rechten Seite der erste Meter ausgebrochen werden kann. Der Stollenausbruch auf der linken Seite hat somit schon eine Tiefe von

$56 \cdot 4,5 = 252$ m erreicht, bevor er auf der rechten Seite angefangen werden kann. Es sind daher $5000 - 252 = 4748$ m von beiden Seiten aus vorzutreiben. Der gesamte Fortschritt je Tag beträgt 8 m. Die Bauzeit für den zweiseitigen Vortrieb ist somit $4748 : 8 = 594$ Tage. Die Gesamtbauzeit bis zum Durchbruch ist

$$594 + 89 = 683 \text{ Tage oder } 2,21 \text{ Jahre.}$$

Der Durchschlag erfolgt an einem Punkt, der vom linken Stolleneingang rd. 2923 m entfernt ist.

Bei der langen Bauzeit von 2,21 Jahren ist es richtig, eine Untersuchung anzustellen, ob eine Verkürzung durch Anordnung eines Schachtes in der Mitte der Strecke möglich ist. Die Schachttiefe ist mit 80 m gegeben. Auch hier empfiehlt sich eine graphische Untersuchung (s. Abb. 83). Auf dem linken und rechten Ende des graphischen Programms tritt keine Änderung gegenüber dem ersten Programm ein. In der Mitte der Strecke wird der Schacht angeordnet. Die Einrichtungszeit beträgt 55 Tage wie beim anderen Schacht, der Ausbruch des Schachtes dauert aber infolge der größeren Tiefe $80 : 1,8 = $ rd. 45 Tage. Der beiderseitige Vortrieb auf der linken Seite beginnt somit nach $55 + 45 = 100$ Tagen. Bis zu diesem Zeitpunkt sind an dem freien Stollenende schon

$$(100 - 33) \cdot 4,5 = 301,5 \text{ m}$$

Stollen vorgetrieben. Es verbleiben 2198,5 m für den beiderseitigen Vortrieb, wofür

$$2198,5 : 8 = \text{rd. } 275 \text{ Tage erforderlich sind.}$$

Auf der linken Hälfte ist daher die Zeit von Baubeginn bis zum Durchschlag $100 + 275 = 375$ Tage.

Auf der rechten Hälfte beginnt der beiderseitige Vortrieb ebenfalls nach 100 Tagen. Bis dahin sind vom rechten Schacht aus bereits

11 · 3,5 = 38,5 m vorgetrieben, so daß noch 2461,5 m für den zweiseitigen Vortrieb übrigbleiben. Die dafür erforderliche Zeit ergibt sich zu 2461,5 : 7 = rd. 351,7 cder 352 Tage. Die gesamte Bauzeit auf der rechten Hälfte beträgt somit 452 Tage.

Gegenüber einer Bauzeit von 683 Tagen im ersten Fall tritt eine Verkürzung der Bauzeit um 231 Tage, also um mehr als 10 Monate ein.

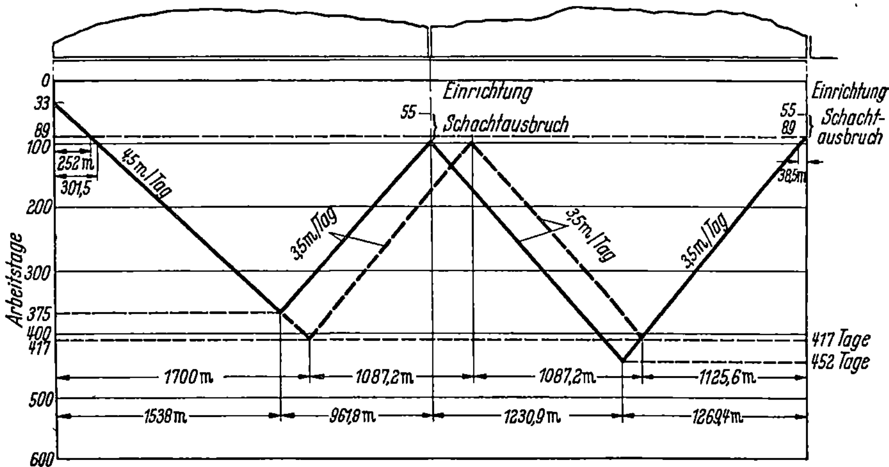

Abb. 83. Bauprogramm für einen Stollenausbruch (mit Zwischenschacht)

Aus dem graphischen Bauprogramm (s. Abb. 83) sieht man deutlich den Unterschied zwischen der Bauzeit auf der linken und rechten Hälfte. Eine weitere Verkürzung der Bauzeit würde eintreten, wenn man den Zwischenschacht so anordnen könnte, daß für beide Abschnitte die Bauzeit gleich lang würde. Man müßte also den Schacht weiter nach rechts rücken können und würde dann, wie aus der graphischen Darstellung hervorgeht, eine Bauzeit von rd. 410 Tagen erhalten.

Bei einer so beträchtlichen Verkürzung mag die Anordnung eines Schachtes, sofern die Geländeverhältnisse dies zulassen, was nur selten der Fall sein wird, auch wirtschaftlich gerechtfertigt sein, was durch besondere Kostenberechnungen noch festzustellen wäre.

Wenn die Geländeverhältnisse es erlauben würden, an Stelle dieses Zwischenschachtes einen Fensterstollen anzulegen, so wäre dies günstiger, selbst wenn der Fensterstollen eine größere Länge als 80 m erhalten müßte, denn die Leistungen beim Ausbruch würden höher liegen, wenn der Zugang durch einen Stollen erfolgen könnte an Stelle des ungünstigen Zuganges durch den Schacht.

Die Auskleidungsarbeiten (s. Abb. 84) können 2 Wochen, also etwa 12 Arbeitstage nach erfolgtem Durchschlag des Stollens beginnen. Die Zeitdauer der Betonierung ergibt sich zu 5000 : (20 + 14) = rd. 147 Tagen.

14*

Die Auskleidungsarbeiten müssen in einem Abstand von $147 \cdot 20$ = 2940 m von dem freien Stolleneingang aus in Angriff genommen werden. Die gesamte Bauzeit ergibt sich somit zu:

$683 + 12 + 147 = 842$ Tagen, wenn kein besonderer Zugangsschacht angelegt wird, zu

$452 + 12 + 147 = 611$ Tagen, wenn ein Schacht in Stollenmitte angeordnet werden kann und zu

$417 + 12 + 147 = 576$ Tagen, wenn der Zugangsschacht so angeordnet werden kann, daß der Durchschlag in den beiden Stollenteilen zum gleichen Zeitpunkt erfolgt.

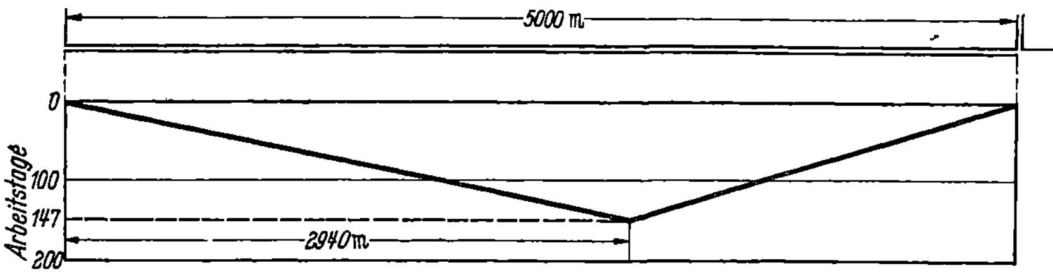

Abb. 84. Bauprogramm für die Herstellung der Auskleidung eines Stollens

Die Zahlenangaben beziehen sich auf Arbeitstage. Aus der oben getroffenen Festlegung, daß ein Monat 22 Arbeitstage haben soll, kann man dann ohne weiteres die tatsächliche Bauzeit ableiten. Sie ergibt sich zu 38,3 bzw. 27,7 bzw. 26,1 Monaten. In Abb. 82 sind außer den Arbeitstagen auch die Kalendermonate eingetragen.

Es ist bei dem Programm für die Betonierung nicht damit gerechnet worden, daß auch von dem Zwischenschacht aus betoniert wird, und zwar aus dem Grund, weil es in der Praxis schwierig ist, die Zuschlagstoffe zum Schacht beizufahren. Außerdem ist bei der Betonierung der Zeitgewinn durch die Benützung des Zwischenschachtes nicht so groß wie bei dem Ausbruch. Immerhin könnte man dadurch noch eine weitere Abkürzung der Bauzeit um etwa 60 Tage erreichen. Es erscheint allerdings in diesem Fall zunächst noch fraglich, ob diese Arbeitsweise wirtschaftlich wäre. Eingehende Untersuchungen der entstehenden Mehrkosten müßten noch angestellt werden.

Versuche, die Bauzeit dadurch abzukürzen, daß man mit der Betonierung schon beginnt, wenn die Ausbruchsarbeiten noch im Gange sind, haben in den meisten Fällen keinen Erfolg gehabt. Die dadurch bedingte Verlangsamung des Vortriebs wirkt sich ungünstig aus, außerdem werden durch die gleichzeitige Ausführung von Ausbruchs- und Auskleidungsarbeiten Verteuerungen unvermeidlich sein.

Es wäre jedoch bei Anordnung eines Zwischenschachtes in Stollenmitte und Benutzung desselben für die Betonierung möglich, auf der linken Hälfte des Stollen die Betonierung nach dem Ausbruch auf dieser Seite zu beginnen und nicht damit zu warten, bis der gesamte Stollen ausgebrochen ist. Auf diese Weise läßt sich etwas Zeit sparen.

B. Aufstellung eines Geräteprogramms

Über den Zweck eines Geräteprogramms wurde schon im II. Bd., S. 133ff., gesprochen. Die Aufstellung eines vollständigen Programms kann erst am Ende der Entwurfsbearbeitung der Baueinrichtung erfolgen, da man erst dann genau weiß, welche Geräte zum Einsatz kommen sollen. Es ist aber meist schon während der Bearbeitung des Entwurfes notwendig, solche Programme für einzelne Teile der Baueinrichtung anzufertigen, schon allein aus dem Grund, um vergleichende Untersuchungen anstellen zu können, welcher Vorschlag am günstigsten ist.

Bei größeren Baustellen wird man das Geräteprogramm häufig entsprechend dem Gerätebedarf an den verschiedenen Unterabschnitten unterteilen, also z. B. an einer Baustelle für ein Flußkraftwerk in die Geräte für Wehr, Krafthaus, Schleuse usw.

In vielen Fällen ordnet man die Geräte in den Listen nach Gruppen an, z. B. unter Benutzung der Gruppeneinteilung in der Baugeräteliste. Doch kann man dafür keine allgemeine Regel aufstellen, da oftmals das gleiche Gerät an verschiedenen Abschnitten der Baustelle benötigt wird oder eine Unterteilung nur schwer möglich ist, wie bei Gleis, Wagen usw., bei der Ausführung von Erdarbeiten.

Bei der Durchsicht des ersten Entwurfes eines Geräteprogramms wird man immer einige Punkte finden, bei denen noch Verbesserungen vorgenommen werden müssen. Es werden sich häufig unerwünschte Spitzen finden, die einen nicht zu begründenden Einsatz an Gerät bedingen, dann aber wird sich manchmal zeigen, daß ein Gerät längere Zeit an der Baustelle ungenutzt herumsteht. In all solchen Fällen muß untersucht werden, ob und wie Abhilfe geschaffen werden kann.

Solche Änderungen im Geräteprogramm haben eine entsprechende Rückwirkung auf das Arbeitsprogramm, so daß man gezwungen ist, auch dieses einer Revision zu unterziehen. Durch ein Studium des Geräteprogramms und auch des Bauprogramms sind oft recht beträchtliche Verbesserungen zu erzielen, die sich auch für die Kostenberechnung vorteilhaft auswirken.

In der folgenden Aufgabe soll eine solche Untersuchung kurz gezeigt werden.

Aufgabe 31. Untersuchung über den Abzug von Geräten bei Unterbrechung der Arbeit

Aus einem Geräteprogramm ist ersichtlich, daß ein Löffelbagger während 8 Monaten an einer Baustelle nicht benutzt werden kann, da die

Aushubarbeiten fertiggestellt sind, die Verfüllarbeiten aber erst begonnen werden können, wenn die Betonierung des untersten Teiles des zu erstellenden Baues durchgeführt ist. Ist es wirtschaftlich gerechtfertigt, den Bagger an der Baustelle unbenutzt stehen zu lassen oder ist es richtiger, ihn an anderer Stelle einzusetzen? Sind hier wirtschaftliche Gründe allein für die Entscheidung maßgebend oder sind noch andere Überlegungen anzustellen?

Lösung. Nimmt man an, daß es sich um einen Dieselraupenbagger von 1 m³ Hochlöffelinhalt handelt, so findet man aus der Baugeräteliste (s. Nr. 212 und 213), daß der Grundbagger, der bahnverladbar ist, einen Neuwert von 100000 DM hat und der monatliche Abschreibungsbetrag 1500 DM ausmacht. Für die Hochlöffelausrüstung ist der Neuwert 19500 DM und die Abschreibung 292 DM. Der Abschreibungs- und Verzinsungssatz für die vollständige Maschine beträgt somit 1792 DM je Monat.

Für 8 Monate käme somit eine Abschreibung und Verzinsung von 14336 DM in Frage. Es bedarf keiner langen Rechnung, um festzustellen, daß dieser Betrag viel höher ist als die Kosten für einen Abtransport des Gerätes zu einer anderen Baustelle und für einen Rücktransport zur alten Baustelle. Da es sich um ein bahnverladbares Gerät handelt, entstehen nur geringe Lohnkosten, und es geht auch nur wenig Zeit für den Transport verloren.

Demnach wäre es wirtschaftlich durchaus begründet, den Bagger nach einer anderen Baustelle zu verladen.

Wenn ein Unternehmer die Absicht hat, einer Baustelle ein Gerät, das später nochmals gebraucht wird, wegzunehmen, erhebt der Bauleiter wahrscheinlich ein großes Wehklagen und in vielen Fällen mit Recht. Denn er weiß, daß es unter Umständen sehr schwer halten wird, ihm den Bagger zu gegebener Zeit wieder zurückzugeben, da die andere Baustelle das Gerät zu dem festgelegten Termin wahrscheinlich nicht frei machen kann. Entweder kommt der Bauleiter in Verzug, da er auf den Bagger warten muß, oder er muß ein anderes Gerät verwenden, das für seinen Zweck nicht so günstig ist oder gegen dessen Einsatz er mindestens Einwendungen erhebt.

Auf der anderen Seite aber ist es fraglich, ob ein Unternehmer den Bagger gerade dann an einer anderen Baustelle einsetzen kann, wenn er an der alten Baustelle frei wird. Selbst in Zeiten, in denen viel zu tun ist, trifft es sich nur selten so günstig, daß die Maschine im Augenblick des Freiwerdens wieder eingesetzt werden kann.

Es ist oben angenommen worden, daß während der Stilliegezeit dieselben Beträge für Abschreibung und Verzinsung zu verrechnen sind, wie während der Arbeitszeit. Dies ist nicht richtig, denn wenn ein Gerät nicht arbeitet, wird es auch nicht abgenützt. Wie die Verrechnung zwischen Stammhaus und Baustelle durchgeführt wird, ist eine interne Angelegenheit und es bestehen dafür keine Vorschriften. Es sei aber erwähnt, daß bei einer Stilliegezeit, die weder der Bauherr noch der Unternehmer zu vertreten hat, gemäß den Erläuterungen zur Baugeräteliste für die Vorhaltung nur 75 % für die Wartung und 8 % der Abschreibungs- und Verzinsungssätze verrechnet werden können. Im allgemeinen wird daher auch ein Unternehmer die Baustelle nicht mit den vollen Beträgen, sondern nur mit einem Teil derselben belasten. Auch wenn man niedrigere Sätze als richtig annimmt, wird bei der hier angenommenen Zeitdauer von 8 Monaten der Betrag für Abschreibung und Verzinsung immer viel höher sein als die Transportkosten, so daß sich an dem oben festgestellten Ergebnis nichts ändert.

Man sieht, daß diese Frage nicht allgemein beantwortet werden kann. Gemäß einer Kalkulation sollte das Gerät nicht ungenutzt an einer Baustelle für längere Zeit stehen bleiben. Die Frage aber ist, ob der Unternehmer das Gerät an einer anderen Baustelle für eine kurze Zeit nutzbringend ansetzen kann, und zwar so, daß die rechtzeitige Freigabe und Rückgabe an die alte Baustelle möglich ist.

Eine andere Überlegung, die in manchen Fällen angestellt werden muß, ist, ob nicht der Bagger nach Beendigung der Aushubarbeiten von der alten Baustelle endgültig abgezogen werden kann und dieser Baustelle später für die Verfüllarbeiten ein anderes passendes Gerät zur Verfügung gestellt wird. Es mag sein, daß für die Verfüllarbeiten der Bagger ein zu schweres und kostspieliges Instrument ist, da es sich um das Aufnehmen von schon einmal gelöstem Boden handelt. Dazu kommt, daß vielfach die Leistung beim Verfüllen geringer ist als beim Aushub, da das Verfüllen von anderen Arbeiten, wie Entfernen der Schalung, Verdichten des Bodens usw. abhängig ist. Es kann sehr wohl sein, daß in einem solchen Fall ein Lader oder eine Planierraupe ausreichend sind. Eine solche Lösung mag für alle Beteiligten Vorteile haben. Der Unternehmer bekommt den Bagger endgültig frei und der Bauleiter erhält eine billigere Maschine, die für diesen Verwendungszweck ausreichend ist.

So muß man von Fall zu Fall Untersuchungen anstellen, welche Lösung unter Berücksichtigung der besonderen Verhältnisse, des Gerätebestandes des Unternehmers usw. am günstigsten ist. Gerade das Geräteprogramm gibt Veranlassung, solchen Problemen die notwendige Aufmerksamkeit zu schenken.

IX. Beispiele für Kostenberechnungen

Es würde den Rahmen des Buches weit überschreiten, wollte man ein Beispiel für die Kostenberechnung der Baueinrichtung einer auch nur kleinen Baustelle bringen. Es sollen daher hier nur Beispiele von vergleichenden Kostenberechnungen gebracht werden, wie sie oftmals angestellt werden, um zu finden, welche Arbeitsweise und welcher Geräteeinsatz am günstigten ist. Auch hier ist es notwendig, einfache Beispiele zu wählen, da sonst für eine vergleichende Untersuchung erst verschiedene Entwürfe für die Baueinrichtung aufzustellen gewesen wären.

Im übrigen aber ist auch bei solchen Vergleichen nicht immer eine Kostenberechnung für die Baueinrichtung ausreichend, sondern in vielen Fällen müssen auch die Kosten für die auszuführenden Leistungen mit einbezogen werden, denn nur die gesamten Kosten für eine Arbeit, d. h. für die Einrichtung der Arbeiten *und* deren Durchführung lassen ersehen, welche Lösung vorteilhafter ist.

Die wenigen Beispiele, die hier gegeben werden können, lassen aber erkennen, welche Wege bei diesen Berechnungen einzuschlagen sind.

Aufgabe 32.
Vergleich von Diesel- und Benzinantrieb bei Kompressoren

Ein kleiner Unternehmer beabsichtigt, einen Kompressor anzuschaffen. Welche Untersuchungen hat er anzustellen, um herauszufinden, ob für seinen Betrieb ein Kompressor mit Diesel- oder Benzinantrieb günstiger ist?

Lösung. Grundsätzlich kann man dazu sagen: Eine Maschine mit einem Benzinmotor wird in den Anschaffungskosten und damit auch bezüglich der Abschreibung und Verzinsung günstiger sein als eine mit einem Dieselmotor ausgerüstete Einrichtung. Auf der anderen Seite aber sind die Betriebskosten eines Benzinmotors höher als die eines Dieselmotors. Wenn der Unternehmer die Maschine nur gelegentlich, also nicht fast ständig, im Betrieb hat, kann der Fall eintreten, daß der mit einem Benzinmotor betriebene Kompressor billiger ist als der Dieselkompressor.

Der Anschaffungspreis eines fahrbaren Kolbenkompressors mit Dieselmotor für eine Ansaugleistung von 2 m³/min ist 7700 DM, der monatliche Betrag für Abschreibung und Verzinsung 160 DM. Für einen Kompressor gleicher Größe mit Benzinmotor ist der Anschaffungspreis 5900 DM und die monatliche Abschreibung und Verzinsung DM 122. Die monatlichen Mehrausgaben ohne Berücksichtigung der Betriebskosten betragen daher beim Kompressor mit Dieselmotor 38 DM.

Die Motorleistung ist 20 PS.

Der Brennstoffverbrauch bei einem Dieselmotor kann mit 0,2 kg je PS-Stunde bei Vollast angenommen werden. Somit ergeben sich bei einem Preis von Dieselöl von 0,50 DM je kg Kosten von

$$0,2 \cdot 20 \cdot 0,5 = 2 \text{ DM je Stunde bei Vollast.}$$

Da der Kompressor nicht während der ganzen Arbeitszeit voll belastet ist, kann man mit etwa $2 \cdot 0,7 = 1,40$ DM rechnen.

Bei einem Benzinmotor ist der Verbrauch 0,3 l je PS-Stunde bei Vollast. Bei einem Preis von 0,65 DM je l ergeben sich Kosten von

$$0,3 \cdot 20 \cdot 0,65 = 3,90 \text{ DM je Stunde Vollast.}$$

Mit der gleichen Annahme wie oben erhält man Betriebskosten von

$$3,90 \cdot 0,7 = 2,73 \text{ DM je Stunde.}$$

Der Unterschied in den Betriebskosten beträgt daher 1,33 DM je Stunde.

Der Ersparnis von 38 DM je Monat stehen also bei einem Benzinmotor höhere Betriebskosten von 1,33 DM je Stunde gegenüber.

Solange der Benzinmotor weniger als $38 : 1,33 = 28,6$ Stunden im Monat im Betrieb ist, stellt sich der Kompressor mit Benzinmotor billiger als ein mit Dieselmotor getriebener Kompressor. Die Zahl von rd. 28 Stunden ist sehr niedrig, wenn man bedenkt, daß die Arbeitszeit je Monat etwa 200 Stunden beträgt. Immerhin ist es aber möglich, daß ein Kompressor nicht länger zu laufen hat, denn er mag bei einem kleinen Unternehmer oft längere Zeit unbenutzt herumstehen und gerade Kompressoren sind nicht ständig im Betrieb, sondern oft nur für einige Stunden. Es kann daher für einen kleinen Unternehmer unter Umständen günstiger sein, einen Kompressor mit Benzinmotor zu beschaffen, insbesondere da in einem solchen Fall die Ersparnisse von 1800 DM bei der Anschaffung ins Gewicht fallen können.

Aufgabe 33. Vergleich zwischen Dampf- und Diesellöffelbaggern

Es ist ein Vergleich anzustellen zwischen einem 2,25 m³ Dampflöffelbagger und einem Diesellöffelbagger gleicher Größe, und zwar unter der Annahme voller Beschäftigung beider Bagger.

Lösung. Gegenüber der vorigen Aufgabe liegt hier ein grundsätzlicher Unterschied vor. Bei dem Kompressor war stillschweigend die Annahme gemacht, daß sich nur die Kosten des Brennstoffverbrauchs ändern, im übrigen aber die Lohn- und sonstigen Kosten in beiden Fällen gleich sind. Dies trifft bezüglich der Lohnkosten zu, da man sowohl für den Diesel- als auch für den Benzinmotor mit gleichen Bedienungskosten rechnen kann. Bezüglich anderer Kosten, wie für Instandhaltung usw. sind kleinere Unterschiede vorhanden, die aber nicht von Bedeutung sind. Anders liegen die Verhältnisse beim Einsatz von Dampf- und Dieselbaggern. Der Dieselbagger kann von einem Mann bedient werden, beim Dampfbagger aber ist außer dem Maschinisten noch ein Heizer notwendig, und zwar nicht nur 8 Stunden je Tag, sondern mit Rücksicht auf das Anheizen usw. mehr als 8 Stunden je Tag. Es treten daher zu den

Betriebskosten des Dampfbaggers noch höhere Lohnkosten hinzu, die auf eine solche Untersuchung großen Einfluß haben können.

Im vorliegenden Fall betragen Anschaffungskosten und Abschreibungs- und Verzinsungsbeträge wie folgt:

Löffelbagger 2,25 m³ mit Hochlöffelausrüstung (Dampfbagger)

Grundbagger . . . . . . Anschaffungskosten 162 000 DM, Abschreibung 2100 DM
Hochlöffel. . . . . Anschaffungskosten 41 500 DM, Abschreibung 540 DM
Zusammen . . . . Anschaffungskosten 203 500 DM, Abschreibung 2640 DM

Löffelbagger 2,25 m³ mit Hochlöffelausrüstung (Dieselbagger)

Grundbagger . . . . . . Anschaffungskosten 170 000 DM, Abschreibung 2550 DM
Hochlöffel . . . . Anschaffungskosten 42 300 DM, Abschreibung 630 DM
Zusammen . . . . Anschaffungskosten 212 300 DM, Abschreibung 3180 DM

Der Dieselbagger erfordert somit für Abschreibung und Verzinsung 3180 − 2640 = 540 DM je Monat mehr.

Die Kosten der Brennstoffe errechnen sich in ähnlicher Weise wie in der vorhergehenden Aufgabe, wobei man den Kohlenverbrauch bestimmen kann aus der Heizfläche, die hier 25 m² beträgt, und dem Kohleverbrauch von etwa 5 kg je m² Heizfläche und Stunde. Der Verbrauch an Dieselöl ergibt sich aus der Motorleistung von etwa 220 PS.

Man erhält somit für den Dampfbagger Brennstoffkosten von

$$25 \cdot 5 \cdot 0{,}110 \cong 13{,}90 \text{ DM je Stunde,}$$

wobei angenommen ist, daß der Kohlenpreis 110 DM/t beträgt.

Beim Dieselbagger ergeben sich Kosten von $220 \cdot 0{,}15 \cdot 0{,}5 = 16{,}5$ DM je Stunde, wobei mit einem Verbrauch von Dieselöl von 0,15 kg je PS und Stunde gerechnet ist und ein Preis für Dieselöl von 0,5 DM je kg zugrunde gelegt wurde.

Die monatlichen Ausgaben sind daher bei einem Einschichtenbetrieb
beim Dampfbagger: $2640 + 200 \cdot 13{,}90 = 5420$ DM und
beim Dieselbagger: $3180 + 200 \cdot 16{,}50 = 6480$ DM.

Der Unterschied ergibt sich zu 1060 DM je Monat zugunsten des Dampfbaggers.

Dem steht gegenüber die Mehrausgabe an Löhnen für den Heizer. Rechnet man mit 225 Stunden je Monat und mit einem Stundenlohn einschließlich sozialer Abgaben von rd. 3 DM/Std, so ergeben sich Kosten von 675 DM je Monat. Trotzdem verbleibt also noch ein Betrag von nahezu 400 DM/Mt, um den der Dampfbaggerbetrieb billiger ist.

Wenn auch das Ergebnis dieser Rechnung eine wirtschaftliche Überlegenheit des Dampfbaggers über den Dieselbagger zeigt, so stimmt es doch nicht mit den praktischen Erfahrungen überein, und zwar aus folgendem Grund: Bei dieser Rechnung ist die Leistung des betreffenden Baggers nicht berücksichtigt worden bzw. stillschweigend angenommen, daß beide Baggertypen gleichwertig seien und demzufolge auch gleiche

Leistung hätten. Dies ist jedoch keineswegs der Fall. Der hier angenommene Dampflöffelbagger ist, wie auch in der Baugeräteliste angegeben, ein Bagger älterer Bauart. Seine Bewegungen sind nicht so schnell wie die eines modernen Diesellöffelbaggers, dessen Werte zum Vergleich herangezogen worden sind. Die Leistungen eines solchen Dampfbaggers sind daher niedriger und die Kosten, nicht auf die Zeit, sondern auf die Leistung bezogen, nicht unwesentlich höher.

Wollte man einen zutreffenden Vergleich zwischen Dampf- und Dieselbetrieb aufstellen, so müßte man einen Dampfbagger heranziehen, der mit einem schnellaufenden „Dampfmotor" ausgerüstet ist. Dessen Leistung mag ungefähr die gleiche sein wie die eines Dieselbaggers. Die Gestehungskosten für einen derartigen modernen Dampfbagger sind aber etwa die gleichen wie für den Dieselbagger.

Aus diesem Beispiel ist ersichtlich, daß solche Wirtschaftlichkeitsberechnungen mit großer Vorsicht aufgestellt werden müssen, wenn man Fehlschlüsse vermeiden will. Man muß, um zu einem richtigen Ergebnis zu kommen, nicht nur die Abschreibungs- und Verzinsungssätze berücksichtigen, sondern auch Betriebsstoff- und Lohnkosten, ferner auch die mit den betreffenden Maschinen erzielbaren Leistungen. Bei einem genauen Vergleich ist es auch erforderlich, verschieden hohe Reparaturkosten mit einzubeziehen.

Aufgabe 34. Auswirkungen einer Verkürzung der wöchentlichen Arbeitszeit auf die Kosten der Baueinrichtung

Es ist zu untersuchen, wie sich eine Verkürzung der wöchentlichen Arbeitszeit auf die Kosten der Baueinrichtung auswirkt.

Lösung. Nimmt man an, daß bei einer Verkürzung der wöchentlichen Arbeitszeit die Bauzeit nicht verlängert werden soll, so muß die tägliche oder stündliche Leistung der Baueinrichtung vergrößert werden, d. h. die Baueinrichtung muß so verstärkt werden, daß in der gleichbleibenden gesamten Bauzeit trotz der verminderten wöchentlichen Arbeitszeit die ursprünglich vorgesehene Gesamtleistung erreicht wird. Läßt man dagegen die Leistung auf gleicher Höhe unverändert bestehen und verstärkt die Baueinrichtung nicht, so verlängert sich die Bauzeit ungefähr im Verhältnis der Verminderung der wöchentlichen Arbeitszeit.

Es ist in den meisten Fällen eine Sache des Bauherrn, zu entscheiden, ob er eine Verlängerung der Bauzeit in Kauf nehmen kann oder ob er eine Verstärkung der Baueinrichtung vorzieht. Was vom wirtschaftlichen Standpunkt aus günstiger ist, kann nicht allgemein entschieden werden. Auf jeden Fall bedeutet eine Verstärkung der Baueinrichtung ebenso eine Verteuerung wie auch eine Verlängerung der Bauzeit.

Es soll hier nicht untersucht werden, wie sich eine Verkürzung der wöchentlichen Arbeitszeit auf die gesamten Baukosten auswirkt, vielmehr soll nur die Auswirkung der Arbeitszeitverkürzung auf die Gerätekosten festgestellt werden.

Nimmt man zunächst an, daß die Baueinrichtung verstärkt wird und die Bauzeit demgemäß unverändert bleibt, so errechnen sich die Mehrkosten ohne weiteres aus der größeren Gerätemenge, die in diesem Fall erforderlich wird, sofern man die Abschreibungssätze je Monat unverändert bestehen läßt. Ob dieser Weg richtig ist, ist im folgenden noch im einzelnen zu untersuchen.

Wird die Baueinrichtung nicht verstärkt, dafür aber die Bauzeit verlängert, so errechnet sich die Verteuerung in einfachster Weise, wenn man auch hier die Abschreibungssätze in gleicher Höhe einsetzt, wie bisher.

Es ist jedoch die Frage, ob die bisher üblichen Sätze für Abschreibung und Verzinsung unverändert beibehalten werden können. Die Abschreibungs- und Verzinsungssätze in der Baugeräteliste sind errechnet unter der Annahme einer 48-Stunden-Woche und unter Zugrundelegung von 200 Stunden je Monat. Sie sind weiter aufgebaut auf die Annahme einer Nutzungsdauer, die, je nach Art des Gerätes, verschieden ist. Müssen nun die Abschreibungs- und Verzinsungssätze geändert, d. h. vermindert werden, wenn sich die wöchentliche Arbeitszeit, die bisher mit 48 Stunden angenommen war, ändert und, wenn dies als richtig angesehen werden sollte, in welcher Weise und in welchem Ausmaß?

Man könnte vielleicht aus den Festlegungen über Nutzungsdauer und Schichtzeit die Schlußfolgerung ziehen, daß – wenn sich die Schichtzeit ändert, in unserem Fall verkürzt wird – die Nutzungsdauer sich ändern müßte, also bei einer Verkürzung der Schichtzeit entsprechend verlängert werden müßte. Rechnerisch könnte man gegen eine solche Annahme nicht viel einwenden. Trotzdem aber würde man zu einem falschen Ergebnis kommen, denn die Nutzungsdauer hängt nicht allein von den mit der betreffenden Maschine tatsächlich geleisteten Stunden ab.

Nimmt man z. B. eine Maschine an, bei der eine Nutzungsdauer von 10 Jahren festgelegt ist, und zwar für eine normale Arbeitszeit (Schichtzeit) von 200 Stunden je Monat, entsprechend einer Anzahl von 48 Stunden je Woche und würde die Arbeitszeit von 48 Stunden auf 40 Stunden herabgesetzt werden, so könnte man entsprechend dem zuvor Gesagten annehmen, daß die Nutzungsdauer im Verhältnis 48 : 40 verlängert werden könnte, d. h. auf 12 Jahre.

Gegen diese Rechnung kann sehr viel eingewendet werden. Vor allem darf man nicht vergessen, daß eine Maschine, selbst wenn sie gar nicht arbeiten würde, veraltet und neuere Maschinen mit besseren Wirkungsgraden usw. an ihre Stelle treten. Gerade in unserer schnellebigen Zeit mit ihren zahllosen Erfindungen und Verbesserungen kann man nicht einfach die Nutzungsdauer ändern, ohne Gefahr zu laufen, daß man eines Tages einen überalterten Gerätepark besitzt, der es einer Firma unmöglich macht, konkurrenzfähig zu bleiben. Denkt man z. B. an einen Löffelbagger, dessen Nutzungsdauer gemäß Baugeräteliste mit 12 Jahren angenommen ist, so würde sich hier unter den zuvor gemachten Annahmen eine Nutzungsdauer von 14,4 Jahren errechnen. Es wird nur wenig Leute geben, die einen Bagger, der mehr als 14 Jahre in Betrieb war, noch als ein Gerät ansprechen, das „wirtschaftlich eingesetzt werden kann", wie es in der Baugeräteliste heißt.

Ein weiterer Punkt, der gegen eine solche Rechnung spricht, ist aber folgender: Die Abschreibung stellt, wie auch in den Erläuterungen zur Baugeräteliste festgelegt ist, „eine Rücklage dar, die denselben Betrag bis zum Ablauf der Gerätenutzungsdauer einbringt, wie ihn der Geräteneuwert, auf Zinseszins angelegt, ergeben würde". Die Verkürzung der Arbeitszeit hat zwangsläufig eine Erhöhung aller Preise zur Folge, und da die Arbeitszeitverkürzung nicht auf die Bauindustrie beschränkt ist, werden auch die Baumaschinen teurer und die oben erwähnte Rücklage reicht daher jetzt schon nicht aus, den Neukauf von Geräten zu decken, abgesehen davon, daß auch bereits seit 1952, dem Zeitpunkt, zu dem die Neuwerte der Baugeräteliste festgelegt wurden, sehr beträchtliche Preissteigerungen eingetreten sind, die sich bei zukünftiger Beschaffung neuer Geräte als Ersatz für veraltete Maschinen für den Unternehmer ungünstig auswirken werden.

Die bisherige Berechnungsweise der Abschreibungs- und Verzinsungssätze ist somit schon für den Unternehmer verlustbringend gewesen, da den Preissteigerungen keine Rechnung getragen wurde. Wenn man daher jetzt die Nutzungsdauer mit Rücksicht auf die Verkürzung der wöchentlichen Arbeitszeit verlängern wollte, was gleichbedeutend ist mit einer Herabsetzung der Abschreibungs- und Verzinsungsätze, so wäre dies ungerecht, da, wie bereits gesagt, die Nutzungsdauer nicht von der Schichtzeit allein abhängt, sondern diese nur eine geringe Roll spielt, aber Überalterung und Preissteigerungen einen viel größeren Einfluß haben als bisher berücksichtigt wurde. Es müssen daher die bisherigen Abschreibungs- und Verzinsungssätze mindestens unverändert bestehen bleiben, wenn man nicht die immer größeren Preissteigerungen zur Veranlassung nehmen will, die Neuwerte einer Revision zu unterziehen.

Die zweite Frage ist, wie sich die Verkürzung der Arbeitszeit und die dadurch bedingte Lohnsteigerung auf die Berechnung der Reparaturkosten auswirkt. Als angemessene Reparaturkosten konnten bisher eingesetzt werden 66% der Abschreibungs- und Verzinsungssätze, und zwar bei einer normalen einschichtigen Arbeitszeit. Es ist in den Bestimmungen weiter gesagt, daß 30% der Abschreibungs- und Verzinsungssätze zur Abgeltung der entsprechenden Lohnkosten dienen und die übrigen 36% zur Deckung der sonstigen Kosten, d.h. hauptsächlich der Kosten der Ersatzteile.

Die Lohnkosten für die Reparaturen steigen genau wie alle übrigen Löhne infolge der Verkürzung der Arbeitszeit bei gleichbleibendem Einkommen der Arbeiter, und zwar entsprechend der Verkürzung der wöchentlichen Arbeitszeit. Würde man Abschreibungs- und Verzinsungssätze herabsetzen, so würde bei Zugrundelegung dieser ermäßigten Beträge der Unternehmer keine Deckung finden für die Steigerung der bei den Reparaturen aufzuwendenden Löhne. Aus diesem Grunde muß also ebenfalls mindestens der bisherige Abschreibungs- und Verzinsungssatz der Berechnung des Anteils der Lohnkosten zugrunde gelegt werden, andernfalls der Unternehmer neue Verluste erleiden würde.

Bei den 36% für sonstige Kosten könnte man zunächst vielleicht bezweifeln, ob eine Steigerung berechtigt ist. Der Bedarf an Ersatzteilen ist in der Hauptsache abhängig von der Leistung bzw. von der Arbeitszeit der Maschine. Da die Leistung je Monat infolge der Arbeitszeitverkürzung sinkt, die Abschreibungs- und Verzinsungssätze nach dem oben Gesagten aber unverändert bleiben müssen, erhält der Unternehmer einen scheinbar zu hohen Reparaturkostenanteil, soweit davon Ersatzteile zu beschaffen sind. Dies ist jedoch eine Täuschung, denn auch die Fabriken, die die Ersatzteile herstellen, haben infolge der Verkürzung der Arbeitszeit höhere Löhne zu zahlen und müssen demzufolge auch die Preise für die Ersatzteile erhöhen, meist sogar wird die Steigerung der Kosten für die Ersatzteile höher sein als die Preissteigerungen im Baugewerbe.

Wenn daher die Reparaturkosten von den unveränderten Abschreibungs- und Verzinsungssätzen berechnet werden, wird der Unternehmer auf keinen Fall einen Gewinn daraus schlagen, sondern bestenfalls die tatsächlich entstehenden Mehrkosten vergütet erhalten. Dabei ist auch hier vernachlässigt worden, daß ebenso wie die Maschinen auch die Preise für die Ersatzteile nicht nur infolge der Verkürzung der Arbeitszeit gestiegen sind und noch weiter steigen werden, sondern daß auch die Preise für die Ersatzteile schon seit 1952 bis jetzt schon stark angezogen haben, wofür der Unternehmer keinen Ausgleich irgendwelcher Art erhalten hat.

Es seien hier noch einige Worte gesagt über die indirekte Auswirkung der Verkürzung der Arbeitszeit.

Während für einen Ein- und auch Zweischichtenbetrieb die Umstellung auf eine verkürzte Arbeitszeit ohne erhebliche Nachteile im Betrieb möglich ist, stößt die Änderung der wöchentlichen Arbeitszeit bei einem Dreischichtenbetrieb auf große Schwierigkeiten. Man könnte zwar annehmen, daß der Dreischichtenbetrieb bei einer 40-Stunden-Woche leichter möglich wäre als bei einer Arbeitszeit von 48 Stunden. Aber man darf nicht vergessen, daß die 40 Stunden auf 5 Tage verteilt werden sollen und nicht wie bisher auf 6. Somit müßte bei 5 Arbeitstagen je Woche die tägliche Arbeitszeit 24 Stunden sein, was aber völlig undurchführbar ist.

Wenn man 6 Arbeitstage zur Verfügung hätte, wäre die tägliche Arbeitszeit nur 20 Stunden und daher günstiger als die bisherige 48-Stunden-Woche.

An großen Baustellen, an denen vor allem der Dreischichtenbetrieb vorkommt, mag vielleicht manchmal die Durchführung der Arbeiten an 6 Tagen möglich sein, denn viele Arbeiter wohnen an der Baustelle und fahren nur in größeren Zeitabständen zu ihren Familien.

Im ganzen gesehen bringt die Einführung einer gegenüber dem bisherigen Stand verkürzten Bauzeit für den Unternehmer keine Verbesserung, insbesondere nicht, wenn mit der verminderten Stundenzahl die Einführung der 5 Arbeitstage je Woche verbunden ist.

Wieweit der arbeitsfreie Samstag sich vorteilhaft auswirkt, weil an diesem Tage Überholungen und Reparaturen der Geräte ausgeführt werden können, bleibt noch abzuwarten.

X. Schlußbemerkung

Manche Ingenieure und besonders Professoren der Technischen Hochschulen haben in der Zeit vor 1930 erklärt, Vorlesungen über Baueinrichtungen gehörten nicht an eine Hochschule, da es sich hier nicht um eine Wissenschaft handle, sondern um praktische Probleme der Bauausführung. Es mag vielleicht auch heute noch Leute geben, die die gleiche Auffassung vertreten oder mindestens der Meinung sind, daß man die zweckmäßige Einrichtung einer Baustelle nicht an einer Hochschule lernen könne. Sie haben bezüglich des letzten Punktes in gewisser Beziehung recht, denn man kann Dinge, die auf Erfahrungen aufgebaut sind, nicht aus Vorlesungen lernen, dafür muß man praktische Erfahrungen haben.

Aber gilt dasselbe nicht auch von anderen Wissenschaften? Ein Medizinstudent kann nicht an einer Universität lernen, wie man operiert. Auch hier ist jahrelange praktische Übung und Erfahrung notwendig. Trotzdem wird niemand sagen, daß es nicht erforderlich wäre, Medizin zu studieren, um später operieren zu können. Das Studium gibt dem Studenten das Rüstzeug in die Hand, das er für seine spätere Tätigkeit braucht. Diese Grundlagen, meist theoretischer Art, aber auch eine gewisse praktische Tätigkeit, sind notwendig, für die spätere weitere Ausbildung der jungen Ärzte.

Ähnlich verhält es sich auch mit den Studenten an den Technischen Hochschulen. Auch in theoretischen Fächern, wie z. B. in Statik, kann er an der Hochschule nur eine grundlegende Ausbildung erhalten, aber erst in der Praxis wird er die Möglichkeit haben, sich weiterzubilden und sich zu einem Statiker zu entwickeln. Ebenso ist es auf dem Gebiet der

Baueinrichtungen. Auch hier kann die Hochschule dem Studenten nur die grundlegenden Kenntnisse geben, die weitere Ausbildung muß dann aber in der Praxis erfolgen.

Niemand wird glauben – und am allerwenigsten der Verfasser – daß ein Student des Bauingenieurwesens oder auch ein junger Ingenieur, wenn er die vorliegenden drei Bände wirklich durcharbeitet, in der Lage wäre, eine Baueinrichtung zu entwerfen. Das ist eine Aufgabe, die jahrelange Erfahrung voraussetzt und viele Kenntnisse, die die Hochschule nicht vermitteln kann. Wichtig ist nur, daß er an der Hochschule soweit herangebildet wird, daß er dann in der Lage ist, sich selbst weiter zu bilden. Die Hochschule wie auch die Universität kann nur die grundlegende Ausbildung vermitteln, alles weitere ist Sache der Praxis und des eigenen Dranges zur Fortbildung und Vervollkommnung.

So ist es sehr wohl möglich, den Studenten des Bauingenieurwesens in Vorlesungen und vor allem in Übungen die grundlegenden Kenntnisse über Baueinrichtungen zu vermitteln, die ihn befähigen, späterhin nicht nur eine Baueinrichtung zu entwerfen, sondern auch, was oft noch wichtiger ist, herauszufinden, wo ein Baubetrieb noch verbessert werden kann und wo noch Leistungssteigerungen möglich sind.

Wenn die jetzt vorliegenden drei Bände mit dazu beitragen, dem Bauingenieurstudenten die grundlegenden Kenntnisse über Baumaschinen und Baueinrichtungen zu vermitteln, so wäre eine Aufgabe, die sich der Verfasser gestellt hat, erfüllt.

Darüber hinaus aber bedarf auch der in der Praxis stehende Ingenieur Hilfsmittel, um sich weiterzubilden. Das ist gerade heute von großer Bedeutung im Hinblick auf die stürmische Entwicklung des Bauwesens in den letzten Jahrzehnten und vor allem in der Zeit nach dem zweiten Krieg. Diese wichtige Aufgabe zu erleichtern, hat sich der Verfasser ebenfalls zum Ziel gesteckt.

Die Umstellung im Bauwesen, die in den letzten Jahren besonders deutlich in Erscheinung getreten ist, ist, wie auch schon an anderer Stelle erwähnt, noch keineswegs zum Abschluß gekommen. Auch die nächsten Jahre werden noch weitere Fortschritte bringen. Die Einführung und Verbreitung moderner lohnsparender Baumethoden erscheint im Hinblick auf die Entwicklung der Löhne in allen Ländern – nicht nur in Deutschland – besonders wichtig zu sein.

Die großen Bauaufgaben, die in fast allen Ländern zur Ausführung kommen werden, erfordern, daß sich alle Kräfte dafür einsetzen, moderne Arbeitsweisen einzuführen. Dabei spielt die Einrichtung der Baustellen eine sehr bedeutungsvolle Rolle, denn nur eine gut eingerichtete Baustelle, für die auch eine sorgfältige Planung der Aufeinanderfolge der verschiedenen Arbeiten durchgeführt wurde, kann in wirtschaftlicher Hinsicht erfolgreich bestehen.

Orts- und Sachverzeichnis